●グラフィック[経済学]— 8

Graphic

グラフィック
統 計 学

西尾 敦 著

新世社

Textbook

まえがき

　本書は，筆者の学部 1, 2 年生向けの統計学の講義ノートを再構成した，文科系の学生向け統計学の入門書である．前半の 3 章でデータの要約をテーマとし，後半の 4 章は確率論に基礎をおく内容を説明した．これは統計的方法を「記述」と「推測」にわける多くの入門書と同様である．筆者は，前・後半部それぞれの概略を週 1 回 1 学期の講義で説明することを毎年の目標に置いている．

　本書の特長は次のような点である．第 1 に，基本的な概念をできるだけ丁寧に説明することを目標としたことである．少し冗長であるかもしれないが，きわめて基本的なことについて学生諸君が抱くであろう疑問を，突き詰めて考えて書いた箇所もある．統計学の基本はすでに習得されている方にも参考にしていただければ幸いである．第 2 に，第 3 章では分割表の解析を例にして，確率概念の代わりにモンテカルロシミュレーションの結果を用いて，検定の概念を説明した．筆者の経験では，このやり方だと学生諸君の理解度はかなり高い．数年前，ある統計関連学会の統計教育のセッションで東京理科大学の芳賀敏郎先生が，入門教育での確率論不要論を展開された．筆者もこれにおおむね賛成である．本書においてこれを少しばかり実践してみた次第である．第 3 に，回帰分析について因果的な関係を表現する「モデル」の側面を強調した．実際，経済分析などでは，変数間の関係を表す式すなわちモデルと説明されることが多い．回帰式は独立変数の値毎の従属変数の条件付平均を表し，本来，因果関係とは異なる形式的な予測式の意味合いで用いられるものである．しかるに，回帰式の解釈では，これを因果的な関係の表現式とみなしがちである．本書では回帰式を，はじめからモデルの表現であるとしその限界を強調することで，読者が「回帰の錯誤」に陥らないように配

慮したつもりである。

　章末問題は，本文の内容を補う目的のものもあり，とくに後半部には難度が高いものも含まれる。それらには(**)印を付け，略解も少し丁寧に記した。具体的なデータの分析は（電卓の単純な使用を含め）手計算では不可能と思われるものもあり，それらには(*)印を付けた。この解を求めるには少なくとも表計算ソフトの利用が必須である。

　入門の統計学の理解のための計算機利用は，計算の手順が目に見える，できるだけ低レベルのソフトウェアが望ましい。データを入力するとすぐ（高度な解析の）結果が出るものはすすめられない。各種統計ソフトによる分析の解説書は数多あるが，ゼロから学ぶには，縄田和満『EXCELによる統計入門』朝倉書店（1996）をおすすめしたい。また少し専門家向きのソフトであるが，R.A.ベッカー・J.M.チェンバース・A.R.ウィルクス著／渋谷政昭・柴田里程訳『S言語——データ解析とグラフィックスのためのプログラミング環境〈1〉』共立出版（1991）は，進んだ学習につながるものである（ちなみに，本文中のデータ解析例はすべてS-plus（数理システム社）を用いて計算した）。なお近年「R」(Sとほど同等の統計解析環境で，GNUプロジェクトの一つとして，各国の統計学の専門家のボランティア活動によって開発が進行中）の引用をすすめる統計学者が増えている。Rについては間瀬　茂他『工学のためのデータサイエンス入門』数理工学社（2004）が参考になる。

　本書では，その性格から，各種定理の証明など数理技術的な内容は極力避けた。竹内　啓『数理統計学』東洋経済（1963）は，少し古いが基礎的な数理統計学の参考書としての価値をいまなお失っていない。経済分析に的を絞った参考書も多数あるが，森棟公夫『基礎コース計量経済学』新世社（2005），山本　拓『経済の時系列分析』創文社（1988）は，本書に続くレベルの参考書である。時系列の統計解析は本書では触れる余裕がなかったが，後者はその最適な入門書であると思う。

　モデルによる統計分析は，今後も重要さをさらに増していくものと思われる。これに関連して，坂元慶行・石黒真木夫・北川源四郎『情報量統計学』共

立出版（1983）がAIC（Akaike's Information Criterion）の説明とその応用に詳しい。

推測と切り離せない「確率解釈」について，本書では頻度の立場を強調して解説した．幅広く公平な見方を養うには，本書よりややレベルが高いが，細谷雄三『統計的証拠とその解釈』牧野書店（1995），繁桝算男『ベイズ統計学入門』東京大学出版会（1985）の一読をおすすめする．

本書中に散在する統計学史に関わる部分は，主として A.Hald *"History of Probability and Statistics before 1750"* Wiley（1988）および S.M.Stigler *"The History of Statistics —— The Measurement of Uncertainty before 1900"* Belknap（1986）を参考にしたが，筆者の理解に不十分な点があるかもしれない．諸賢のご指摘をいただければと思う．統計学の教科書の多くは，政治算術から数理統計学への流れを汲んでいるが，この歴史的な発展について体系的な記述があるものは，分量の制限のためか残念ながら見あたらないのが実情である．なお，統計学史を扱った和書では，小杉　肇『統計学史』恒星社厚生閣（1984）を挙げておく．

本書がきっかけで，多数の方が統計学に興味を抱き理解を深められることになれば幸いである．

執筆にあたって，新世社の御園生さんはじめ編集部の方々には大変お世話になった．また，執筆依頼があってからすでに5年近くが経過してしまったが，気長に待っていただいたことにも，この場で感謝の気持ちを表したい．

2006年9月

西尾　敦

目　次

■まえがき　　i

第 1 章　データ　1

1.1　はじめに　2
1.2　基礎的な概念　4
1.3　データの要約・グラフ化　14
1.4　2次元データ　18

第 2 章　基本統計量　31

2.1　分布の中心・位置　32
2.2　分布の広がり　48
2.3　データの変換　56
2.4　その他の特性と積率　62
2.5　数学的知識の補足　70

第 3 章　変数の間の関係　77

- 3.1　カテゴリー変数　78
- 3.2　数量変数　90
- 3.3　回帰モデル　108
- 3.4　数学的知識の補足　126

第 4 章　確率論入門　131

- 4.1　確率　132
- 4.2　確率変数と確率分布　142
- 4.3　確率分布の特性値　146
- 4.4　離散分布のモデル　160
- 4.5　大数法則　168
- 4.6　確率分布のその他の特性値　168
- 4.7　連続型の確率変数　170
- 4.8　正規分布　174
- 4.9　中心極限定理　182
- 4.10　数学的知識の補足　184

第 5 章　標本抽出と推測　197

- 5.1　無作為標本と母集団特性の推定　198
- 5.2　区間推定　210
- 5.3　正規母集団の推測　222
- 5.4　尤度に基づく推測　228
- 5.5　数学的知識の補足　240

第 6 章　仮説の検定　245

- 6.1　仮説検定の考え方　246
- 6.2　比率と平均の検定　254
- 6.3　2母集団の比較　262
- 6.4　適合度検定　272

第 7 章　モデルとその推測　287

7.1　回帰モデルの推測　288
7.2　2値データの回帰分析　304

- ■問 題 略 解　317
- ■付　表　327
- ■索　引　331

第1章 データ

ここでは統計学の基礎的な概念・用語法，データのタイプおよび簡単な表・グラフの作り方を説明し，後の章のための準備を行う。

1.1 はじめに
1.2 基礎的な概念
1.3 データの要約・グラフ化
1.4 2次元データ

1.1 はじめに

統計学（statistics）は，データの分析の方法論の体系であり，統計的方法（statistical methods）は，多岐にわたる科学技術における研究・開発の過程で必ずといっていいほど利用されているばかりではなく，日常生活の至る所に応用の可能性がある。

統計手法は，誤差を含むデータから得られる解析結果の評価に関わりをもつ。自然科学では，実験・観察によって得られたデータの解析に基づいて，理論が構築あるいは検証される。測定は，程度の大小はあれ必ず誤差を伴う。また，医学，薬学，生物学などでは，原因と結果の関係が必ずしも明らかでない現象を扱うことが多い。このような分野で，多くの要因の中から原因を絞り込むあるいは特定するため，あるいは新しい薬の効果を評価するときに，威力を発揮している。心理学では，実験やアンケートによって得られるデータの解析法がさまざまに工夫されており，計量心理学（psychometrics）という分野が確立している。

工業技術では，製品の品質管理に，製造過程の改良のための実験の計画・結果の解析に，統計的方法が適用され大量生産を背景に大きな成功を収めた。また，衛星写真などの画像は2値化（デジタル化）して送信・保存される。誤りを含む信号データあるいは不鮮明な画像の補正のため，統計処理が行われる。化学プラントでは，システムの安定した運転のため，投入される原料，空気，燃料などの量を制御するため，「統計モデル」が考案・実用化されている。

社会科学でも，統計的方法は重要である。経済学の分野では，各種変数間の関係の分析を通じて，経済理論を実証・補完し，予測，政策の評価などにも威力を発揮している。マーケティングでは，消費者の購買行動を統計的な方法で分析し，広告の効果の検証，新商品の開発などに結びつけている。また，社会現象を扱う社会学においては，各種のアンケート調査によって国民の意識などの分析を行っている。統計解析は，主観的な思い込みを排除し，データに基づく科学的な事実を重ねて「真理」に到達するために，なくてはなら

● コラム 1.1　統計学の源流① ●

　17世紀後半新興国家イングランドに興った政治算術（political arithmetics）が，現代統計学の一つの源である．ロンドンの反物商の家に生まれたグラント（J.Graunt, 1620-1674）による『死亡表に関する自然的および政治的諸観察』（この当時の書物は一般に非常に長い表題がつけられている．これを短縮した）は，主として 1601-1661 年にわたる教会の洗礼・埋葬の記録の数量的かつ組織的な分析結果である．ペストの流行した年とその前後の平年の死亡数の比較から，流行年におけるペストによる死亡率を算出したり，出生・死亡数の男女比など人口現象の安定性，人口の推計，生命表（表 1.1）の作成など，もちろん現代の視点から見れば不十分ではあるが，現代の統計解析につながるさまざまな分析を行っている．

表 1.1　グラントの生命表

年齢（階級値）	生存数	死亡数
0　（3）	100	36
6　（11）	64	24
16　（21）	40	15
26　（31）	25	9
36　（41）	16	6
46　（51）	10	4
56　（61）	6	3
66　（71）	3	2
76　（81）	1	1
86	0	

　グラントは，利用できる死因に関するデータから，乳幼児にのみ見られる原因による死亡数から 6 歳未満の死亡数，「高齢」による死亡数から高齢者の死亡数を求め残りの階級については，死亡率がほぼ一定であると仮定して，表 1.1 のような結果を得た（表は，文中に記された数値を拾って後に作られたものである）．

　グラントは，もともと人口の年齢分布（特に兵士になりうる年齢層の市民数）を求めようとした．しかし，彼は分布，平均（期待値）などの概念を知らなかったので，その議論にはかなりの混乱があり，その目的は達せられていない．表の死亡数は（定常な母集団を仮定すれば）寿命分布である．

　この歴史上最初の生命表は，「政治算術学」の発展とともに，その後多くの研究の対象となった．

ないものと考えられている。

1.2 基礎的な概念

1.2.1 母集団

統計データ (data) は，広い意味での数値の集まりである。それは，何らかの集団を対象として，その構成要素の全体あるいは一部分について，調査・測定・実験などを通して得られる。

分析対象となる集団を母集団 (population) といい，母集団から一定の方法で選ばれた——「抽出」という——一部分を標本 (sample) という（図1.1）。データを構成する要素の数を，その大きさまたはサイズ (size) という。意味のある統計データとして当然のことであるが，各属性について，その測定値は，集団の各要素間で値が異なる（変動する）ことが前提であり，各属性は，変数 (variable) あるいは変量 (variate) と呼ばれる。本書では，一般的に変数を x, y, z などの記号で表し，i 番目 ($i = 1, 2, \cdots, n$) の構成要素の，変数 $x, y, \cdots$ の値を $x_i, y_i, \cdots$ と書くことにする。

データを科学的な結論と結びつけるには，そのデータに対応する母集団の定義が明確でなければならない。「M 大学の男子学生の身長・体重」を考えるとき，その対象集団＝母集団は明らかなようであるが，「調査時点」（さらに細かいことをいえば，休学，留学中の学生をどう扱うかなど）を特定しなければ，その有用性は限られたものになる。また，得られたデータが，定期健康診断に伴う学生全員のデータであるのか，あるいは特定の目的のために選ばれた一部の学生のものであるのか，もし後者であるならそれをどのようにして選んだのかという情報も重要である。

上の例では，集団や変数は比較的わかりやすいが，「我が国の勤労者世帯における月間の消費支出額」（総務省統計局が実施している『家計調査』）を調べようとするときは，対象集団の要素＝「勤労者世帯」，調査する性質（属性）＝「消費支出額」などを厳密に定めなければ，調査を行うことができない。

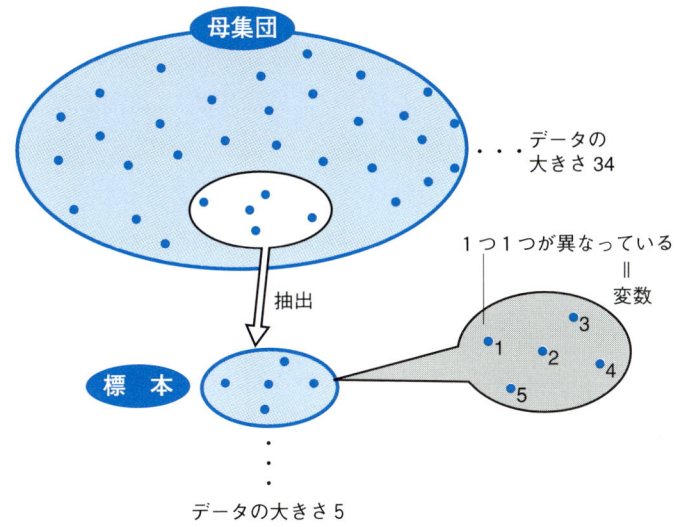

図 1.1　母集団と標本

母集団は厳密には「分析対象集団の各構成要素について特定の属性についての測定値を集めたものの全体」である。本書では，データを母集団の一部とみなす場合に，「標本」ということにする。また，データを構成する要素の数を，そのデータまたは標本のサイズという。「標本数」は，複数の母集団を分析（比較）するような場合に，その集団（から各々抽出した標本）の数（number）を指す。

◆ワンポイント 1.1　**変数**

- 変数（変量）：x, y, z などで表現
- x_1 …… 変数 x の 1 番目の値
  x_2 …… 変数 x の 2 番目の値
  x_3 …… 変数 x の 3 番目の値
  $\vdots$
  x_i …… 変数 x の i 番目の値

多くの場合，母集団全体を調査（**全数調査**；census）することは，主としてコスト面の制約から事実上不可能であり，**標本調査**（sample survey）が必要となる。標本は，その抽出法が異なれば分析の方法も異なる可能性があるから，調査結果の集計・分析のレポートには，標本抽出法に関する説明がなければならない。

「M 大学の学生全体」「勤労者世帯全体」などは社会的な集団であって，「実在」するものである。これに対して，「物質 A と物質 B の一定の量を一定の条件で反応させて化合物 C を合成する実験」は，実行可能性はともかく，思考の上では無限に同じ条件で繰り返すことを想定できる。「東京の午前 9 時の気温」は，毎日繰返し観測されるものであるが，これも無限にある仮説的な「東京の午前 9 時の気象状態の母集団」からの標本を観測していると考える。

自然科学の領域では，一般に「実験」あるいは自然現象の「観察」によってデータが得られる。このようなデータは，**無限母集団**から取り出された標本とみなす。一方，社会科学の分野では，実在する集団が対象となり，しばしば母集団は**有限**である。

1.2.2　数　値

統計データを構成する「数値」はその性質から，図 1.2 のようなタイプに分類できる。

数量（quantity, quantitative data）とは通常の意味での数値である。これは，さらに計数値と計量値に分類される。ある町で 1 日に起きた交通事故の件数，大学の就職部を訪れた学生の数など「数え上げ」によって得られる数が**計数値**である。これは，原則として 0，1，2，…というように非負の整数値である。

これに対して，長さ，重さ，速さ，圧力など，ものを「計測」して得られた数値を**計量値**という。ものの長さは，実際には精度の限界があるが，概念的には 175.0235… というようにいくらでも細かく測ることができる。数学では**実数**（real number）という。実数の厳密な定義は現代数学の根底に位

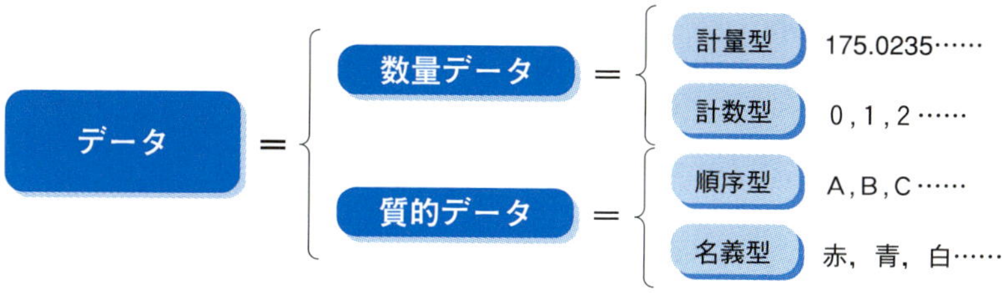

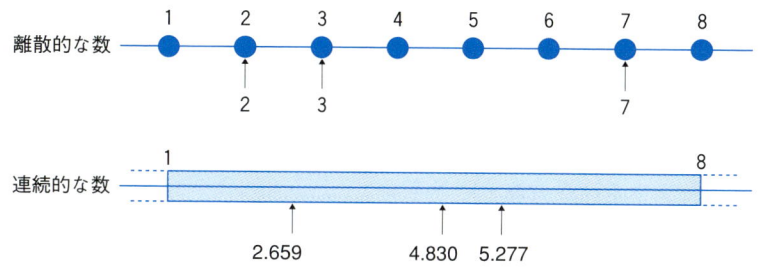

図 1.2 データを構成する数値のタイプ

図 1.3 離散的な数と連続的な数

数学では，数を「数直線」と呼ばれる直線の上の点として表すことがある．計数値すなわち整数は，数直線上で「とびとび」の位置に現れるから，これを離散的（discrete）な数という．一方，計量値すなわち実数は，数直線上いたるところに存在するから，これを連続的（continuous）な数という．

1.2 基礎的な概念　　7

置する．詳しくは，適当な数学の教科書を参考にされたい．

計数値と計量値の区別は，データの分析法に違いがあるため重要である．この区別は明瞭であるが，データをどちらとみなして分析するかは，必ずしも厳密に定められるものではない．実際問題としては，「データの取り得る値」の数が多ければ，計数的なデータも計量的とみなして取り扱うことがある．「1日の電話の着信数」は個人の家であれば，その件数は高々1桁の数であるが，電話局の交換機が処理する通話の数であれば，その数は膨大であり，得られるデータはたとえば0から数万の間に分布するであろう．後者のような場合は，データはしばしば計量値として扱われる．

統計データの中には，通常の「数値」でないものがある．アンケートで支持政党を調べれば，その回答は政党のリスト中から1つあるいは複数を選ぶという形式になる．このとき，「支持政党=変数」は，自民，民主，…というような カテゴリー（category）の値を取る．このような変数は，カテゴリー変数あるいは質的（qualitative）データなどという．

大学における成績評価は，「A」「B」「C」などのように表記され，これは質的データである．この場合，各カテゴリーには自然な順序が付けられる．カテゴリーに順序が導入されている変数は，順序型（ordered）と呼ばれる．これに対し，「好きな色」のカテゴリー，「赤」「青」「白」などには意味のある順序はない．このような変数を，名義型（nominal）という（図 1.2）．

1.2.3　データと時間

経済・社会の分析のためのデータでは，「時間」概念が重要である．「円／米ドルの為替レート」は，時々刻々変化する．時間とともに変化する現象に伴うデータ，言い換えれば時間を追って観測されるデータを 時系列（time series）という．ある年の「県別の米の収穫量」のように，特定の時点で，場所，集団ごとに値が得られるデータを，クロスセクション（cross sectional）または横断型データという．時間的な広がりをもつ時系列に対して横断型データは空間的な広がりをもつ（図 1.6）．

● コラム 1.2　統計学の源流② ●

　イングランドハンプシャー州の服地製造販売業者に出自をもつペティ（W.Petty, 1623-1687）は，政治算術（コラム 1.1 参照）を実践し，現代風にいえば社会経済の状況の認識のための新しい方法を主張した。その書『政治算術』は 1671-72 年頃執筆され，ペティの死後息子のチャールズによって出版された。以下は，その冒頭部の有名な一節である（『政治算術』（大内兵衛・松川七郎訳，岩波文庫）から引用）。

　　私がこのことをおこなうばあいに採用する方法は，現在のところあまりありふれたものではない。というのは，私は，比較級や最上級のことばのみを用いたり，思弁的な議論をするかわりに，（私がずっと以前からねらいさだめていた政治算術の一つの見本として）自分のいわんとするところを数（number）・量（weight）または尺度（measure）のみを用いて表現し，感覚にうったえる議論のみを用い，自然の中に実見しうるような諸原因のみを考察するという手つづきをとったからであって，個々人のうつり気・意見・好み・激情に左右されるような諸原因は，これを他の人たちが考察するにまかせておくのである。

　　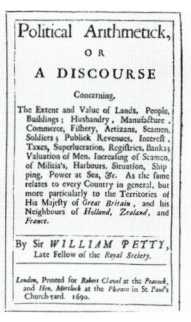

図 1.4　ウィリアム・ペティ卿　　図 1.5　『政治算術』の扉

通常,「横断型」というとき,値が観測される「地域」あるいは「集団」の間の物理的な「距離」はあまり意識されない。これに対して,「東京湾の各点における BOD（生物学的酸素要求量）」は,「観測地点」間に何らかの構造（通常は距離構造）を伴うデータである。このようなデータは空間データ（spacial data）という。空間データは 2 次元, 3 次元の広がりをもつが,通常の時系列も観測地点（時点）に 1 次元の構造をもった一種の空間データであるということもできる。

時系列と横断型双方の性質を併せもつデータをパネル（panel）データという（図 1.6）。複数年にわたって県別の生産額を継続的に集めたデータはその例である。

「気温」は常に（連続的に）観測でき,実際に連続的に（アナログ的に）観測・記録されている。日本の人口,資本ストックなども,実際に知ることができるかどうかはともかく常に存在する。このように,時間的に連続して存在する量をストック量という（図 1.7）。

一方,「初詣の人数」「米の収穫量」は,年に一度しか生起しない現象に関連する。このような量を集め並べたものは「離散観測」の時系列となる。離散観測の時系列には,いくつかのタイプがある。「雨量」あるいは「国内総生産（GDP）」などは年間雨量, 1 時間雨量, 4 半期 GDP というように,一定の時間間隔があって初めて計測あるいは定義される。一定の時間内の活動の結果として得られる量をフロー量という（図 1.7）。ストック量とともに経済学でよく用いられる概念である。「平均気温」は連続観測系列である「気温」を積分することによって得られる。これも一定の時間間隔があって初めて定義できる量である。

観測時刻のタイプはさまざまだが,連続観測の場合でも分析時には一定間隔ごとに値を取り出して（標本化; sampling）コンピュータにデータを入力する。時系列の統計解析では離散的な観測時刻を前提にする。

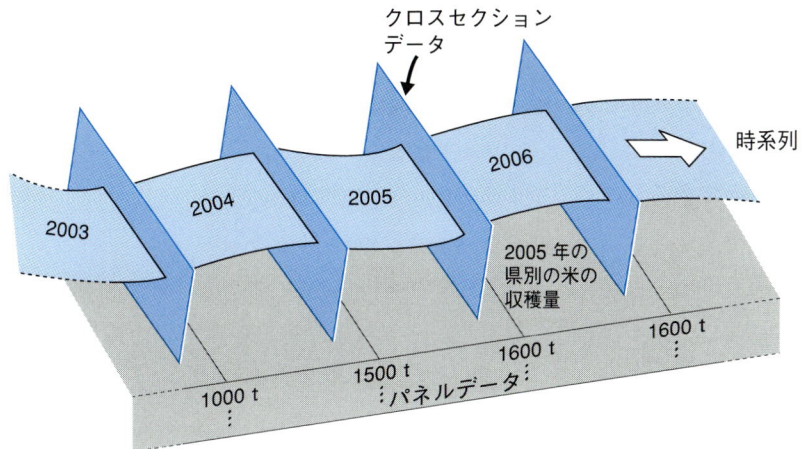

図 1.6　クロスセクションデータとパネルデータ

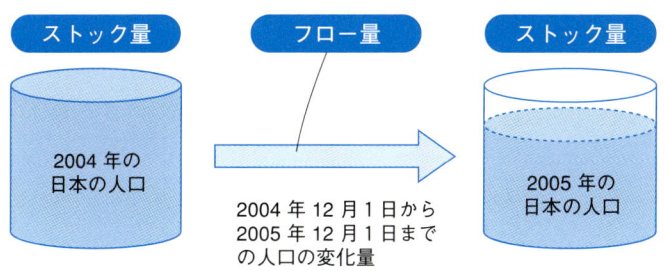

図 1.7　ストック量とフロー量

1.2　基礎的な概念　11

●クローズアップ 1.1　時系列

時系列は「観測値が時刻ごとに得られる」ことを強調するため，習慣的に添え字に t を用い，$x_t, t = 1, \cdots, T$ などと記す．時系列を図示するときは，観測時刻 t を横軸に，観測値 x_t を縦軸にとって，散布図と同じように $t - x$ 座標面に (t, x_t) をプロットする．点を線分で結び，折れ線状（折れ線グラフ）にするほうが見やすい．図1.8 は 1998 年初頭から 2003 年末までの米ドルの対円レートである．

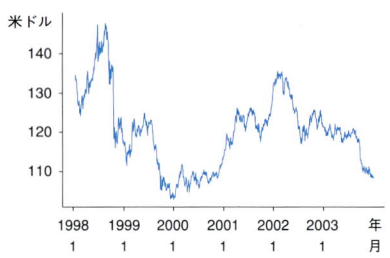

図 1.8　円／ドル為替レート

全期間にわたっての水準の変化が大きい時系列のグラフ（の縦軸）には対数目盛を用いるのがよい．図1.9 は 1885〜1994 年の日本の名目 GNE（国民総支出）（単位：100 万円）の時系列プロットである．図からは，戦前，GNE は低い水準でほとんど変化せず 1960 年頃になって初めて成長を始めているように見える．

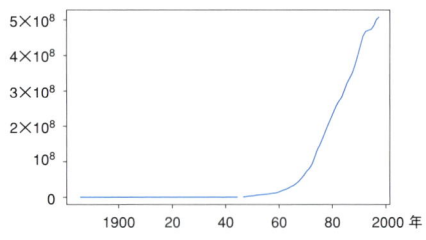

図 1.9　名目 GNE（長期系列）

12　第1章　データ

しかし，この図の戦前部分（1885〜1940年）だけを切り出した図 1.10a では，その期間においても GNE が変化しているようすが見てとれる。戦前期の GNE は相対的に小さいため，その詳細が全期間の図 1.9 では表現されないのである。

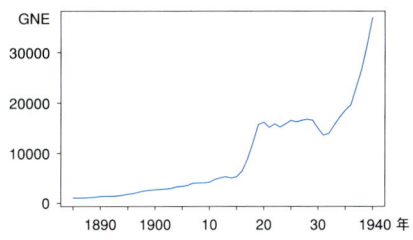

図 1.10a　名目 GNE（戦前期）

時系列プロットで，相対的な変化を適切に図示するには，縦軸を対数目盛とすればよい。図 1.10b では，縦軸に $10^3 = 1000, 10^4 = 10000, \cdots, 10^8 = 100000000$ が等間隔に目盛られている。対数目盛とは，このように，$x_t = 1000, 10000, \cdots$ に対して $\log x_t = 3, 4, \cdots$ を実際の y（縦）座標とする目盛りの方法である。比率（成長率＝相対的な変化の大きさ）が一定のとき，絶対的な水準にかかわらず，縦方向の一定の差となって図上に表れる。この図を図 1.9 と比べてほしい。

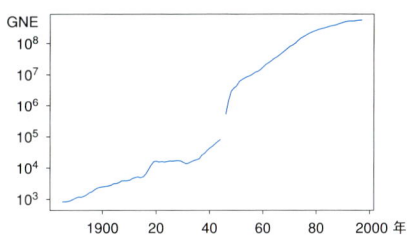

図 1.10b　名目 GNE（対数目盛）

1.2　基礎的な概念

1.3 データの要約・グラフ化

データ解析は，データのばらつきの状態を認識することからスタートする。度数分布表を作成したり，適切なグラフを描いてデータを視覚化すれば，多くの事実を「発見」することができる。

1.3.1 度数分布

データの要約の第一歩は，同じ（あるいは近い）値をもつ要素をいくつかのグループにまとめることである。このグループをクラス（class）あるいは階級といい，各クラスに入る要素の数を度数（frequency）（頻度という語もよく用いられる），各クラスへの度数の配分状態を度数分布（frequency distribution）という。度数分布にはデータの散らばり具合が要約される。度数は度数分布表（frequency table）あるいはグラフ（ヒストグラム，円グラフなど）にまとめられる。以下，「数値」のタイプ別に説明する。

● カテゴリーデータ

原則的には各カテゴリーをそれぞれ 1 クラスとして度数分布を得る。表にまとめるとき，度数の少ないカテゴリーはまとめる（プールする）こともある。表 1.2 は M 大学 E 学部のある年の入学試験における選択科目の選択数の度数分布表である。データの変動のようすを見るためには，各クラスの度数そのものよりも，それが全体の中で占める割合の方が本質的な意味をもつ。各カテゴリーの度数が全体に対して占める割合を相対度数（relative frequency）という。

ヒストグラム（histogram）は，「度数に比例する面積をもつ」長方形（柱）を並べ度数分布を図示したものである。柱状図ともいう。図 1.11 は選択科目分布のヒストグラムである。この図では目盛りは度数を表している。

円グラフ（pie chart）は，円盤を度数に応じた大きさの扇形に分割し，それぞれにカテゴリーを対応させて度数分布を図示したものである。ヒストグラムは度数のカテゴリー間の相対的な大きさを示すのに対し，円グラフは相

表1.2 選択科目の分布

科目	度数	相対度数 %
日本史	1341	50.1
世界史	693	25.9
政経	341	12.8
数学	299	11.2
計	2674	100.0

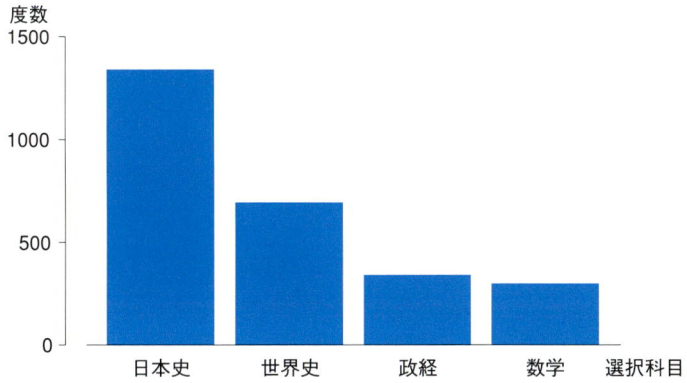

図1.11 ヒストグラム化した選択科目の分布

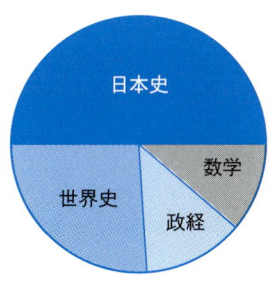

図1.12 円グラフ化した選択科目の分布

対度数をそのまま表現する。図 1.12 は選択科目分布の円グラフである。

カテゴリーデータの度数分布の図表を作成するときのカテゴリーの順序にはとくに決まりはない。カテゴリーの自然な順序に従うのがよい。ただし順序カテゴリーの場合はその順序に従うべきである。あるカテゴリー「以下」のカテゴリーの度数の合計を（そのカテゴリーまでの）累積度数（cummulative/cummulated frequency）といい，この全体に対する割合を累積相対度数（cummulative relative frequency）という。表 1.3 は統計学の成績評価の度数分布表である。累積度数から「合格者の数」などを読みとることができる。

円グラフの代わりに帯グラフ（bar chart）を用いて，相対度数を表すこともできる。図 1.13 は成績分布を帯グラフで示したものである。実際には，帯グラフは複数の度数分布の比較などに用いられ，ここでのように単独の分布の図示のために用いてもあまりメリットがない。

● 数値データ

計数型データの度数分布は，順序カテゴリーデータに準じて扱われる。すなわち，変数の値 0，1，2，…の各々を 1 つのグループとして集計する。世帯構成員数（全国，単位：1000）の度数分布はその一例である（表 1.4a）。表 1.4b は，コインを繰返し投げる実験で表または裏が続いた回数（この回数を連（run）という）を記録したものである。これはド・モルガン（1806–1871）らによって行われた実例である。計数型であっても「値」の範囲が広い場合には，クラス数が多くなりすぎるので，次の計量値の場合と同じように区間をクラスとする。

計量型のデータでは，値範囲をいくつかの「区間」にわけ，これを階級とする。表 1.5 は，あるゲームを毎日 10 回 12 日間にわたって行い，その得点を順に記録したデータの度数分布表である。この表では得点の範囲を 60 未満，60 以上 70 未満…というように，幅（width）10 の 9 クラスに分けた。各区間は中央の値（階級値）54.5，64.5，…によって代表される。

順序カテゴリーデータと同様に，度数を値の小さいクラスから順に加え合

表 1.3　成績の分布

評価	度数	相対度数	累積度数	累積相対度数
A	38	14.2	38	14.2
B	66	24.7	104	39.0
C	96	40.0	200	74.9
D	67	25.1	267	100.0
計	267	100.0%		(%)

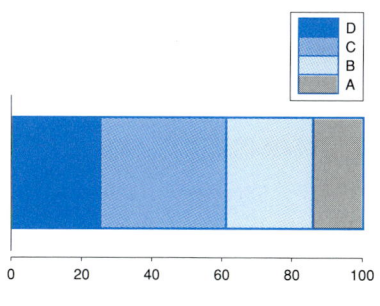

図 1.13　成績評価分布

表 1.4a　世帯構成員数

人数	度数	相対度数 %
1	12911	27.6
2	11743	25.1
3	8810	18.8
4	7924	16.9
5	3167	6.8
6 以上	2225	4.8
計	46780	100.0

（出所）：2000 年度国勢調査集計結果

表 1.4b　連の長さ

連の長さ	度数	連の長さ	度数
1	4165	9	17
2	2028	10	9
3	982	11	2
4	480	12	1
5	266	13	1
6	132	14	1
7	71	15	1
8	36	計	8192

わせた累積度数は有用である．各クラスの累積度数はそのクラス（区間）の上端以下の要素数である．累積度数をデータのサイズで割った累積相対度数は，中央値あるいは分位点（2.1 節，32 ページ）を知るための情報を含んでいる．

数値データのヒストグラムは，「各クラスに対応する区間を底辺として度数に比例する面積をもつ」長方形（柱）を並べ度数分布を図示する．区間の幅がすべて等しければ，各階級に対応する図の高さは度数に比例する．図 1.14 はゲームの得点分布のヒストグラムである．

● **区間の分け方**

度数分布におけるクラスの決め方には厳密な決まりはなく，データがどのようにして得られたかなどさまざまな要素によって左右される．一般的には，次のような目安に従うのがよいとされている．

- 区間の境界の値は区切りのよい数とする．
- 区間は等間隔で，その場合は区間数はデータのサイズを n とすれば $1+\log_2 n$ 程度とする（スタージェス（Sturges）の規則）．

得点分布の例（表 1.5）では，$n=120$ である．$\log_2 64 = 6$，$\log_2 128 = 7$ であるから，スタージェスの規則によれば得点分布のクラス数は 7 ないし 8 が適当とされる．幅をきりのよい 10 としたことを考えればこの例でのクラス分割の数 9 は妥当であろう．

1.4　2次元データ

2 変数 X, Y の間の「関係」を統計的に把握するためには，集団の各構成要素について，その変数の値を同時に測定したデータ $\{(x_1, y_1), (x_2, y_2), \cdots, (x_n, y_n)\}$ を集める必要がある．このような測定値の組を集めたものを，2次元（2変量）データという．2次元以上のデータの要約・図示は，変数間の関係を把握することを主な目的として行われる．

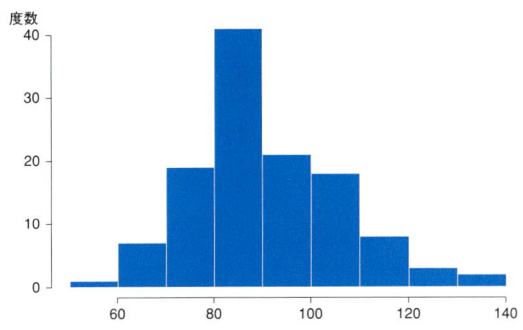

図 1.14　得点分布のヒストグラム

表 1.5　ゲームの得点分布

クラス	階級値	度数	相対度数	累積度数	累積相対度数
－ 59	54.5	1	0.8	1	0.8
60 － 69	64.5	7	5.8	8	6.7
70 － 79	74.5	19	15.8	27	22.5
80 － 89	84.5	41	34.2	68	56.7
90 － 99	94.5	21	17.5	89	74.2
100 － 109	104.5	18	15.0	107	89.2
110 － 119	114.5	8	6.7	115	95.8
120 － 129	124.5	3	2.5	118	98.3
130 －	134.5	2	1.7	120	100.0
計		120	100%		(%)

データが整数値であるので，たとえば 60 以上 70 未満のクラスには，60, 61, …. 69 の値が含まれる。階級値は，これらの値の中心 64.5 とした。とくに，度数分布表から平均などを求める場合，便宜的に階級値（をもつ要素）が度数分だけあるとして計算する（32 ページ参照）。この場合，階級値はちょうど中央の値が望ましい。
上下端（値が最小／最大）の区間には下限／上限はないが，この例のように階級幅が等しい分割を行っている場合は，両端の区間も同じ幅をもっているとみなしてその中央の値を階級を代表する値とするのが自然である。また，そのような処理を前提にすれば，一番小さい値の階級の下限を想定し，データの最小値がこれより大きくなるようにするべきであろう。

1.4.1 カテゴリーデータ

1995 年に M 大学で憲法 9 条についての意見を聞くアンケートを行った（表 1.6）。質問は，9 条を「守る」「改正する」の 2 つのカテゴリーのいずれかを選ぶもので，同時に「経済」「法」「社会」の 3 つのカテゴリーに分けた所属学部についても尋ねた。回答のパターンは，2 項目のカテゴリーの 6 通りの組合せのどれかである。1 変数の場合と同じように度数分布が得られるが，この場合は，表 1.6 のような 分割表（contingency table）にまとめるのがよい（クロス表（cross table）ともいう）。

数学の行列表記の習慣にならって，横方向の数字の並びを 行（row），縦の並びを 列（column）といい，行については上から，列については左から，第 1 行，第 1 列というように番号をつける。中央の枠内部分が表の本体であり，変数「意見」と変数「学部」のカテゴリー数に応じて行数が 2，列数が 3 である。表 1.6 は，「2×3」の分割表という（数学では，一般に行数 K，列数 L の行列を $K \times L$ 行列といい，行の数を先に記す）。分割表の大きさの表記も，これを踏襲している。中央の枠内部分が表の本体であり，意見と学部のカテゴリーの 6 通りの組合せの度数が記入される。カッコ内は総度数に対する割合すなわち相対度数である。この分布は，2 変数が組になって変動するようすを示すものであり，その 同時分布（joint distribution）または 結合分布 という。本体部分の数字が記入される場所を セル（cell）といい，「第 (1, 2) ーセルの度数は 77」などという。各行の右端の枠外には各行の度数の和（行和；row-sum）が記入される。これらは，「学部」変数は無視して「意見」だけについての（1 次元の）度数分布である。これを「意見」変数の 周辺分布（marginal distribution）という。同様に 列和（col-sum）も定義でき，これは「学部」変数の周辺度数である。右下には度数の総和すなわちデータの大きさが記される。

1.4.2 数値データ

2 つの数値変数の場合，データのサイズがあまり大きくなければ，データ

表 1.6 憲法 9 条についての意見のアンケート

意見＼学部	経済	法	社会	計
守る	218	77	160	455
	(36.9)	(13.0)	(27.1)	(77.0)
改正する	87	27	22	136
	(14.7)	(4.6)	(3.7)	(23.0)
計	305	104	182	591
	(51.6)	(17.6)	(30.8)	100%

行 / 列

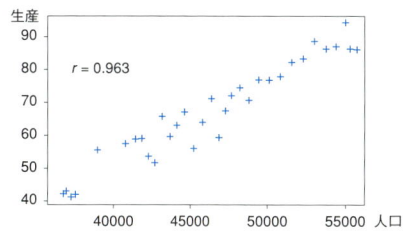

図 1.15 農業生産と人口（1879-1920 年）

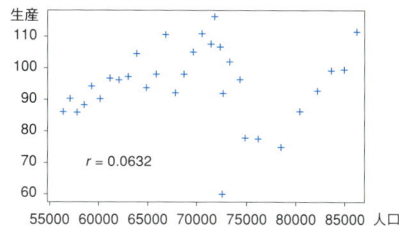

図 1.16 農業生産と人口（1920-1951 年）

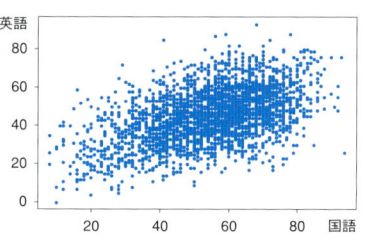

図 1.17 英語 × 国語

の変動の状態は，各要素に対応する対 (x_i, y_i) を「点」の座標とみなし，これらを xy-平面上にプロット（打点）して得られる散布図（scatter plot）によって視覚化するのがよい。

図 1.15，図 1.16 は，1879 年から 1920 年，1920 年から 1951 年までについての日本の人口と農業生産（1929–1931 年を 100 とした指数）の関係をそれぞれプロットしたものである。1930 年頃までは農業生産と人口がほぼ比例関係にあること，また 1930 年以後はその関係が崩れていることなどが図から読みとれる。

● 2 次元度数分布

図 1.17 は M 大学 E 学科の某年度入学試験における英語と国語の成績の散布図である。2 科目の得点の間には，明瞭ではないが緩やかな関連が観察される。この例のようにデータのサイズが大きい場合，各変数の範囲をそれぞれ 1 次元の場合と同じようにいくつかの区間に分割して「離散化」し，2 次元の度数分布表を作成するのもよい。表 1.7 は得点を 10 点の幅の区間に分割して得られた 2 次元度数分布表（同時分布）である。カテゴリー変数の場合と同様，表の右端には「英語」の周辺度数，最下段には「国語」の周辺度数が記載される。

この表を 2 次元ヒストグラムで表したものが図 1.18 であり，等高線図（contour plot）として図示したものが図 1.19 である。

表 1.7 2 次元度数分布

		国語 0–	10–	20–	30–	40–	50–	60–	70–	80–	90–	計
英語	0–	0	0	1	1	0	0	0	0	0	0	2
	10–	2	7	8	5	3	2	0	0	0	0	27
	20–	3	11	22	16	11	4	1	1	0	0	69
	30–	1	7	25	39	36	18	3	0	0	0	129
	40–	0	6	37	80	82	46	17	3	1	0	272
	50–	1	4	23	83	116	103	34	11	2	0	377
	60–	0	1	21	59	119	111	45	21	1	1	379
	70–	0	1	5	21	65	56	40	12	2	0	202
	80–	0	0	0	3	8	14	10	10	2	0	47
	90–	0	0	1	0	1	2	1	1	0	0	6
	計	7	37	143	307	441	356	151	59	8	1	1510

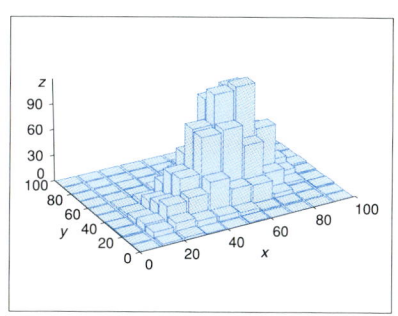

図 1.18　2 次元ヒストグラム

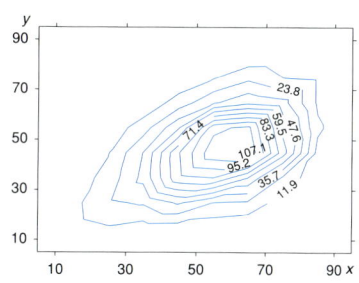

図 1.19　等高線図

1.4　2 次元データ　　23

◆ **ワンポイント 1.2 区間の幅が一定でない場合のヒストグラム**

表 1.8 は貯蓄動向調査に基づく勤労者世帯の貯蓄額の分布である。ここでは，高所得の階層では所得額の幅が大きくなっている。この種のデータでは隣接する区間では「値の比が一定」に近いことが多い）。図の柱の高さは「面積が度数に比例するように」すなわち度数（相対度数）を区間の幅で割った値にしなくてはならない（図 1.20 上図）。単純に度数に比例した高さとすると，幅が大きいクラスの頻度が強調される結果となる（図 1.20 下図）。

表 1.8 勤労者世帯の貯蓄額分布

貯蓄額	世帯数	貯蓄額	世帯数
0 - 50	228	1350 - 1500	468
50 - 150	533	1500 - 1800	555
150 - 300	1081	1800 - 2100	477
300 - 450	999	2100 - 2400	377
450 - 600	912	2400 - 2700	215
600 - 750	772	2700 - 3000	242
750 - 900	808	3000 - 3600	282
900 - 1050	595	3600 - 4200	152
1050 - 1200	468	4200 - 5100	169
1200 - 1350	418	5100 -	249
		計	

（出所）総務庁『貯蓄動向調査報告書』1995 年

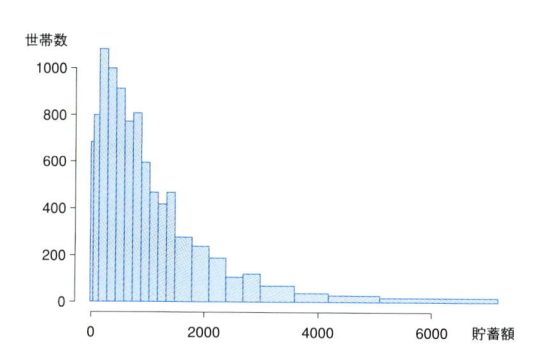

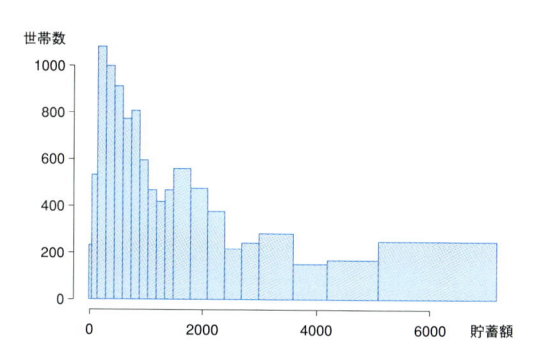

図 1.20　勤労者世帯の貯蓄額

● コラム 1.3　幹葉図 ●

　度数分布表あるいはそれを図示したヒストグラムは，データのもつ情報を完全には表現できない。ヒストグラム（度数分布表）から 60 – 70 のクラスの度数が 7 であることは読みとれるが，それが 61, 65, 67, 67, 67, 68, 69 であるというデータの詳細は失われている。分布のようすを視覚に訴えることができるというヒストグラムの働きを維持して，かつデータの情報を失わないための工夫が，幹葉図（stem and leaf diagram）である。

　図 1.21 はゲームの得点データの幹葉図である。幅 10 の各クラスを 10 の単位で表示し，各クラスに属する個別のデータは 1 の位の数で表している。各数字が占める幅は等しいから，並びの横の長さによってそのクラスの度数が表される。この図から，全体としてヒストグラムと同じ直観的な視覚情報が得られ，かつそれぞれの「幹」をよく見ると「葉」に書かれた数字によってデータの詳細を知ることができる。

```
 5   5
 6   1577789
 7   0002345666666678899
 8   00000011122233344555555566666677778 88999
 9   0011112224455566 78889
10   000122225677777788
11   22334456
12   014
13   06
```

図 1.21　幹葉図（ゲームの得点）

◆ **ワンポイント 1.3　分布の形**

　データのヒストグラムの形を「分布の形」という。図 1.22 はわが国の男子高校 3 年生の身長の分布である。この身長分布は左右対称で「釣鐘型」をしている。このような分布を正規分布（normal distribution）という（正規分布の厳密な定義は後に述べる）。

ひとり言 1.1　正規分布の形（図 1.22）を釣鐘形というが，日本の寺でよく見かける釣鐘とは少し違うようだ。英語のテキストには bell-shaped と書いてある。キリスト教会の鐘を連想しているとすれば，この分布の形を言い得ているような気がする。

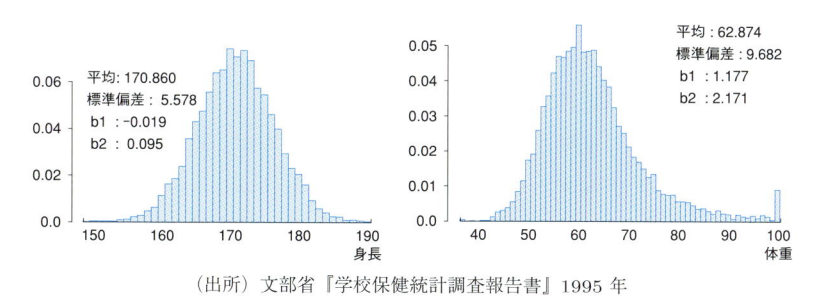

（出所）文部省『学校保健統計調査報告書』1995 年

図 1.22　男子高校 3 年生の身長分布　　図 1.23　男子高校 3 年生の体重分布

　図 1.14 のゲームの得点分布は，山の斜面は左側が急で右側が緩くしたがってピークが中央より少し左に寄っている。このような分布は「右に裾を引いている」あるいは「右に歪んでいる」という。図 1.21 の貯蓄額もそうであるし，難しい試験を行うとその成績分布はしばしば右に歪む（すなわち 0 に近い点が多くなる）。自然界では，生物に関係する測定値によく現れる。図 1.23 は男子高校 3 年生の体重の分布であるが，これも典型的な右に裾を引く分布である。このように右に裾を引いた分布はさまざまな場面で現れる。

　「左に歪んだ分布」は，やや例が少ないがやはりいろいろな現象に伴って現れる。図 1.24 は日本人男性の寿命の分布である。80 歳を越えたところにピークがあり，左側に裾を引いている。

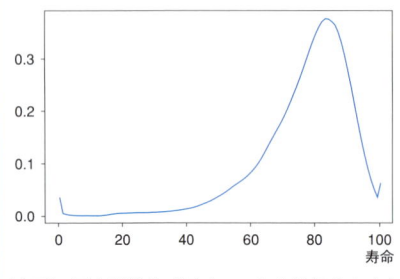

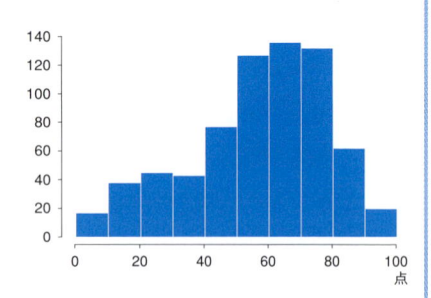

(出所）厚生労働省『平成 11 年度簡易生命表』

図 1.24　寿命分布　　　　　　　図 1.25　やさしい試験の成績

　図 1.25 はある年の M 大学の E 学部の入試におけるある科目の得点の分布である。この試験は比較的やさしく平均点が高かった（100 点満点で 58）。このような場合分布は高得点側に偏ることになり，分布が左に歪む結果となる。

　以上のような分布はピークが 1 つすなわち単峰（unimodal）であった。多くの分布は単峰であるが，まれには二山型すなわち双峰型（bimodal）あるいはさらに多くのピークをもつ多峰型の分布も見られる。

```
 0 : 4444899
 1 : 0003477777777
 2 : 111111122333334555566677788
 3 : 0011244455567888 89
 4 : 011223457777789
 5 : 1111112244556678 88999999
 6 : 00111233333445555566666666777778899
 7 : 000022334444444444456677788
 8 : 01112222344445555555567899999
 9 : 01113667
10 : 0
```

図 1.26　双峰型分布

　双峰型の分布は，変動に「複数の要因」がある場合，あるいは集団が複数の異質なグループからなる場合等に生ずる。図 1.26 はある年の「統計学」の成績の分布である。この現象は，学生全体にまじめな学生とそうでない学生の 2 つのグループがあると考えれば説明ができる。

表 1.9 は，イギリスのグリニッジで 1890-1904 年 7 月に観測された雲量の分布である．この分布の形状は，しばしば「バスタブ」型と呼ばれる（図 1.27）．分布の形の名称はあまり厳密ではなく，このように「文学的」であってもかまわない．

表 1.9 雲量の分布

雲量	度数	雲量	度数
0	320	6	55
1	129	7	65
2	74	8	90
3	68	9	148
4	45	10	676
5	45	計	1715

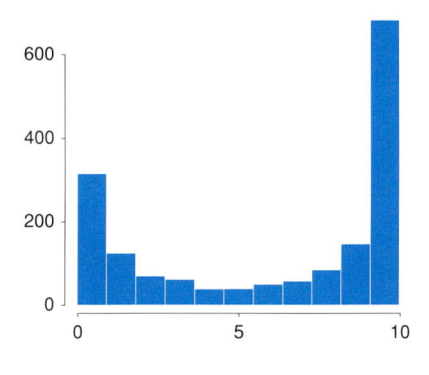

図 1.27 雲量の分布

問 題

1.1 次の表は，地球の重さを決定するための実験を29回繰り返して得られた値である（単位は水に対する比重）。このデータの度数分布表・幹葉図を作成しなさい。

5.50	5.55	5.57	5.34	5.42	5.30	5.61	5.36	5.53	5.79
5.47	5.75	5.88	5.29	5.62	5.10	5.63	5.68	5.07	5.58
5.29	5.27	5.34	5.85	5.26	5.65	5.44	5.39	5.46	

1.2 次のデータは，カッコウの卵の大きさ（L：長さ，B：幅）である。2変数の散布図，および2次元度数分布表を作成しなさい。

L	B	H	L	B	H	L	B	H	L	B	H	L	B	H
21.7	16.1	1	22.6	17.0	1	20.9	16.2	1	21.6	16.2	1	22.2	16.9	1
22.5	16.9	1	22.2	17.3	1	24.3	16.8	1	22.3	16.8	1	22.6	17.0	1
20.1	16.5	1	22.0	16.9	1	22.8	16.5	1	22.0	17.0	1	22.4	17.0	1
22.3	16.3	1	20.6	16.2	1	22.1	16.8	1	21.9	17.0	1	23.0	16.9	1
22.0	17.0	1	22.0	17.0	1	22.1	17.3	1	22.0	16.8	1	19.6	15.8	1
22.8	17.1	1	22.0	16.9	1	23.4	16.4	1	23.8	16.4	1	23.3	16.8	1
22.5	17.1	1	22.3	17.0	1	21.9	17.1	1	22.0	17.2	1	21.7	16.2	1
23.3	16.7	1	22.2	16.8	1	22.3	16.2	1	22.8	16.4	1	22.9	17.2	1
23.7	17.0	1	22.0	17.2	1	21.9	17.0	1	22.2	16.2	1	24.4	16.2	1
22.7	16.3	2	23.3	16.6	2	24.0	17.0	2	23.6	16.9	2	22.1	16.3	2
21.8	16.7	2	21.1	16.5	2	23.4	16.2	2	23.8	16.3	2	23.3	16.7	2
24.0	17.5	2	23.5	17.3	2	23.2	16.4	2	24.0	17.3	2	22.4	16.0	2
22.0	17.0	3	23.9	16.9	3	20.9	15.8	3	23.8	17.3	3	25.0	17.5	3
24.0	17.5	3	21.7	16.2	3	23.8	16.5	3	22.8	16.2	3	23.1	17.1	3
23.1	16.1	3	23.5	16.9	3	23.0	16.7	3	23.0	17.0	3	21.8	16.0	4
23.0	15.9	4	23.3	17.1	4	22.4	16.6	4	22.4	16.9	4	23.0	16.1	4
23.0	17.2	4	23.0	16.2	4	23.9	16.9	4	22.3	15.2	4	22.0	16.3	4
22.6	17.0	4	22.0	16.0	4	22.1	16.4	4	21.1	16.4	4	23.0	17.0	4
23.0	16.3	5	23.4	16.7	5	24.0	17.0	5	23.3	16.3	5	23.1	16.7	5
22.4	16.5	5	21.8	16.0	5	21.8	16.0	5	24.9	16.8	5	24.0	15.8	5
22.1	16.2	5	21.0	17.1	5	22.6	16.0	5	21.9	16.9	5	24.0	17.2	5
19.8	15.0	6	22.1	16.0	6	21.5	16.2	6	20.9	15.7	6	22.0	16.2	6
21.0	15.5	6	22.3	16.0	6	21.0	15.9	6	20.3	15.5	6	20.9	15.9	6
22.0	16.0	6	20.0	15.7	6	20.8	15.9	6	21.2	16.0	6	21.0	16.0	6

第2章 基本統計量

　データを一定の約束（定義）に従って加工して得られる数値を統計量（statistic）という。統計量は，特性値（characteristic）ともいい，分布の何らかの特徴を表すと考えられる。

　分布に関する情報は，さまざまな統計量に要約される。統計量は，分布についての判断の基準になる。とりわけ，複数の集団の特徴を比較するときに役立つ。たとえば日米の労働者の賃金を比較するには，そのヒストグラムを並べて見比べるよりも，両国の平均賃金を比較するほうが，その差を簡潔に見ることができる。

　本章では，1変量の数量データの分布を特徴づける基本的な統計量について述べる。

2.1　分布の中心・位置
2.2　分布の広がり
2.3　データの変換
2.4　その他の特性と積率
2.5　数学的知識の補足

2.1 分布の中心・位置

2.1.1 平　均

平均（mean）は最もなじみのある統計量である。

データ（変数 x についての測定値の集まり）の総和をサイズ n で割って得られる数値が平均（mean）である。平均は，$\bar{x}$ のように変数を表す文字に「¯」（バー）をつけて表すことにする。たとえば，3 個の数 $\mathcal{X}_1 = \{3, 4, 8\}$ の平均は $\bar{x} = \dfrac{3 + 4 + 8}{3} = 5$ である。

● **度数分布に基づく平均**

表 1.5（19 ページ）はゲームの得点分布である。図 1.21（26 ページ）の情報を合わせると，完全なデータが再現でき，これに基づいて平均得点を求めると，$\bar{x} = 10798/120 = 89.98$ である。

これに対し，度数分布表に集約した情報のみが利用可能である状況に，われわれはしばしば遭遇する。表 1.5 だけが利用できるものとしよう。この表について，54.5 が 1，64.5 が 7，…というように，各クラスの階級値の値をもつ要素が，その階級の度数分だけあるものとみなせば，平均得点は

$$\hat{\bar{x}} = \frac{54.5 \times 1 + 64.5 \times 7 + 74.5 \times 19 + \cdots + 134.5 \times 2}{120} = \frac{10810}{120} = 90.08$$

である。これは，完全データから求めた正確な値 $\bar{x} = 89.98$ と少し異なる。集計によって，データの詳細が失われたため，この程度の「誤差」が生じている。

ところで，$\hat{\bar{x}}$ を求める上の式は，次のように書き直される。

$$\hat{\bar{x}} = 54.5 \times \frac{1}{120} + 64.5 \times \frac{7}{120} + 74.5 \times \frac{19}{120} + \cdots + 134.5 \times \frac{2}{120}$$

すなわち，各クラスの階級値とそのクラスの相対度数の積をすべてのクラスについて加えたものである。これを数式様に表せば次のようになる。

$$\text{平均} = \sum_{\text{すべてのクラス}} (\text{階級値}) \times (\text{相対度数})$$

● *クローズアップ2.1*　**平均とは**

　平均は,「均（ひと）しくならす」ことである。図 2.1 は $x = 3, 4, 8$ の各数を「高さ」で表した。ここで，平均の高さは，その線から上に出た部分の合計 $8 - 5 = 3$ を，足りない部分 $(5 - 3) + (5 - 4) = 3$ にうまく配分すると，平らな台状になる水準であることがわかる。この事実を数式で表すと

$$(8 - 5) = (5 - 3) + (5 - 4)$$

である。ここで，右辺の項を左辺に移すと（符号が変わり）

$$(3 - 5) + (4 - 5) + (8 - 5) = 0$$

を得る。

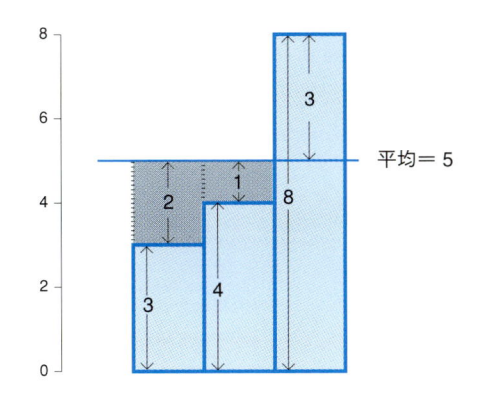

図 2.1　平均

　上の左辺の各項 $(3 - 5) \cdots$ は，データの各値の平均からの（符号付きの）ズレであり，**偏差**（deviation）と呼ばれる。上の結果は，「偏差の和が 0 となる」ことを示しているが，これは平均を特徴づける性質で，どのようなデータについても成立する。

2.1　分布の中心・位置

⟨まとめ 2.1⟩ データを 1.2 節のように，$x_1, x_2, \cdots, x_n$ と表記する。
(1) 平均は

$$\bar{x} = \frac{x_1 + x_2 + \cdots + x_n}{n} = \frac{1}{n}\sum_{i=1}^{n} x_i \tag{2.1}$$

である（$\sum$ についてはワンポイント 2.1 参照）。
(2) 平均は文字通り，不均一な数値を平らに均（なら）したものである。
(3) 各値 x_i と平均の差 $x_i - \bar{x}$ を（平均からの）偏差（deviation）という。偏差の和は 0 である。すなわち

$$\sum_{i=1}^{n}(x_i - \bar{x}) = 0 \tag{2.2}$$

言い換えると，正の偏差の合計と負の偏差の絶対値の合計は等しい。
(4) 度数分布（各クラスの階級値を $\tilde{x}_k$，度数を f_k，$k = 1, \cdots, K$ とする）が与えられたとき，平均は

$$\bar{x} = \frac{1}{n}\sum_{k=1}^{K} f_k \tilde{x}_k = \sum_{k=1}^{K} \tilde{x}_k \left(\frac{f_k}{n}\right) \tag{2.3}$$

つまり，階級値 $\tilde{x}_k$ と相対度数 f_k/n の積を，すべてのクラスについて加えて得られる。すなわち，平均は相対度数分布だけに依存することを意味する。

2.1.2 中央値

データを大きさの順に並べて，ちょうど真ん中の位置にある数値を中央値（median）という。本書では，変数を表す文字に頭文字 M を添えて x_M などと表すことにする。たとえば，5 個の数値 $\mathcal{X}_2 = \{2, 11, 9, 4, 5\}$ を考える。これを並べ換えると $\mathcal{X}_2 = \{2, 4, 5, 9, 11\}$ であり，中央値（すなわち 3 番目の値）は，$x_M = 5$ である。

データのサイズ n が「偶数」のときは，ちょうど中央の番号はないが，中央に最も近い 2 個の数値の平均を中央値とする。先の，5 個の数値に「1」を

◆ワンポイント2.1　$\sum$（シグマ）

$\sum$（総和記号）の意味と使い方

$$\sum_{i=1}^{n} x_i$$
- n ← 変えていく数の最後の値
- x_i ← 合計したいデータ（一般項 i で表現）
- $i=1$ ← 変えていく数（ダミー変数）の記号と最初の値
- 「$i=1$ から $i=n$ までの x_i の総和」
- $x_1 + x_2 + x_3 + \cdots + x_n$

データは通常配列あるいは表に収められている。

表2.1　配列

i	1	2	3	4	5 = n
x	2	4	7	9	12
	‖	‖	‖	‖	‖
	x_1	x_2	x_3	x_4	x_5

$\sum_{i=1}^{n} x_i$ は上のようなデータ配列要素（各箱の中の数）の総和である。

総和記号に関する公式

① $$\sum_{i=1}^{n} a = a + \cdots + a = na$$

すべての配列要素が等しく a である場合。

② $$\sum_{i=1}^{n} ax_i = a \sum_{i=1}^{n} x_i$$
‖　　　　‖
$ax_1 + ax_2 + \cdots + ax_n = a(x_1 + \cdots + x_n)$ （分配法則を表す）

③ $$\sum_{i=1}^{n}(x_i + y_i) = \sum_{i=1}^{n} x_i + \sum_{i=1}^{n} y_i$$
‖　　　　　　　　　　　‖
$(x_1 + y_1) + (x_2 + y_2) + \cdots + (x_n + y_n) = (x_1 + \cdots + x_n) + (y_1 + \cdots + y_n)$
（和の順序の変換）

ダミー変数は i とは限らない（次の場合は j がダミー変数）

$$x_{i1} + x_{i2} + \cdots + x_{in} = \sum_{j=1}^{n} x_{ij}$$

加えた $\mathcal{X}_3 = \{1, 2, 4, 5, 9, 11\}$ では，左から 3 番目の 4，右から 3 番目の 5 の平均が，中央値 $x_M = \dfrac{4+5}{2} = 4.5$ である。

ゲームの得点データでは，$n = 120$ であるから，中央値は 60 番目と 61 番目の中間である。実際に並べ換えを行うと，59 番目から 62 番目まではすべて 87 であり，$x_M = 87$ である。

中央値を求めるとき，度数分布表の累積度数欄が有用である。表 1.5 から 3 番目，4 番目のクラスの累積度数は，それぞれ 27, 68 である。これは，79 以下の値が 27 個，89 以下の値が 68 個，それぞれあることを示し，中央値に当たる 60 番目前後の値は 80 以上 89 以下であることがわかる。さらに，幹葉図（図 1.21）の 80 台の「幹」の 1 桁の数を表す「葉」を調べると，28 番目から 33 番目までが 80，…59 番目から 62 番目までが 87 である。

● 度数分布に基づく中央値

通常の度数分布表では，各クラス内のデータの詳細情報が失われているので，中央値を正確に定めることができない。このときは，便宜的に次のような考えに従って求める。

得点分布のヒストグラム（図 2.3）は，度数を柱の面積で表した図である。中央値は，度数を 2 等分する x の値である。ヒストグラムの面積をちょうど 2 等分する，y-軸に平行な直線の x 座標を中央値とすればよい。70 台のクラスまでの面積は 27 である。x_M より左側の面積を $120/2 = 60$ にするには，80 台を表す柱の面積 41 のうち $60 - 27 = 33$ が x_M の左になるようにすればよい。この方法によれば，$x_M = 80 + \dfrac{60-27}{41}(90-80) = 88.05$ である。

★注意 2.1　この方法は，完全な連続データを想定している。実際には，整数（離散型）データであり，「80 台のクラス」は，80〜89 であるから，これに対応する（連続化した）区間は，$[79.5, 89.5]$ とみなすほうがよい。この補正を行えば，$x_M = 87.55$ である。

データが整数であることを，より直接的に考慮して，80 台の度数 41 が 4.1 ずつ各整数値（80, 81, …, 89）に割り当てられていると考えることもあり得る。80 以下のデータの個数は $27 + 4.1 = 31.1$，81 以下は $27 + 4.1 \times 2 = 35.2$，…，87 以下

● **クローズアップ 2.2**　平均と中央値

　平均的な人間像，平均的な成績などのように私たちが日常使っている言葉としての「平均」は，「ふつう」という言葉で置き換えることができる。しかし統計用語としての平均は，この日常的な語感と異なる内容を示すことがある。10人の学生の1ヵ月の生活費の調査を行って，次のようなデータを得たとしよう。

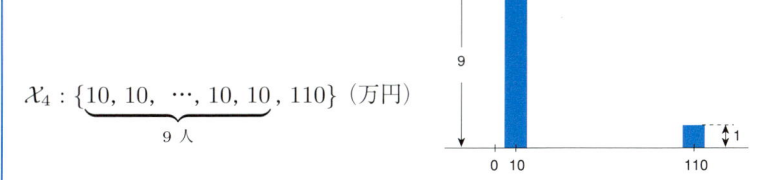

$$\mathcal{X}_4 : \{\underbrace{10, 10, \cdots, 10, 10}_{9人}, 110\}（万円）$$

図 2.2　生活費のヒストグラム

　ここでは，大多数の学生の生活費は10万円であるが，平均 $\bar{x} = 20$ とこれには隔たりがある。これに対し中央値は $x_M = 10$ で，一般学生の生活費をよく表している。「ふつう」の値を示したいときは中央値の方が適切である。このような日常の語感と定義のずれを利用した，統計でウソをつく例は一般社会でも随所に見られる（Huff, D.（1954）"*How to lie with statistics*", Penguin Books.）（『統計でウソをつく方法』高木秀玄訳，講談社）。

　上の例の「110」のように，1つだけ（あるいはごく少数）他と大きく異なる値を 外れ値（outlier）という。平均は外れ値の影響を大きく受ける。一方，中央値は外れ値に対し安定している。一般に外れ値に対して安定な統計手法は ロバスト（robust）であるといわれる。中央値は「真ん中」を表す統計量としてロバストである。

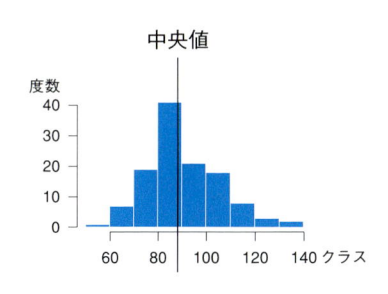

図 2.3　得点分布のヒストグラム

は $27 + 4.1 \times 8 = 59.8$，88 以下は $27 + 4.1 \times 9 = 63.9$ であるから，60，61 番目の値はともに 88 で，$x_M = 88$ を得る。

〈まとめ 2.2〉 (1) 中央値は，「その値より小さい要素の数と，大きい要素の数とが等しい数」である。
(2) データ $x_1, x_2, \cdots, x_n$ を小さい順に並べたものを $x_{(1)}, x_{(2)}, \cdots, x_{(n)}$ と表し，順序統計量（order statistics）という。$x_{(1)} \leq x_{(2)} \leq \cdots \leq x_{(n)}$ である。同じ数値をもつ要素がある場合（タイ（tie）があるという）はそれらをもとの順番に従って便宜的に順序をつける。この表記を用いれば，$x_{(1)}$ は最小値，$x_{(n)}$ は最大値である。中央値は

$$x_M = \frac{x_{([(n+1)/2])} + x_{([n/2]+1)}}{2} \tag{2.4}$$

と表すことができる。ただし [ ] はガウス記号といい $[a]$ は a を越えない最大の整数を表す。
(3) 度数分布表から，中央値は次のように求められる。k を累積相対度数 F_k が初めて 0.5 を越えるクラスの番号とする。また各クラスの下限と上限を $l_k = u_{k-1}$，u_k で表す。クラス k で，データが一様（等間隔）に分布しているものと仮定すると，中央値は

$$x_M = l_k + \frac{0.5 - F_{k-1}}{F_k - F_{k-1}}(u_k - l_k)$$

である。これは，ヒストグラムの面積を 2 等分する y 軸に平行な直線の x 座標である。

2.1.3 最頻値

データを度数分布表にまとめたとき，最も度数の大きいクラスの階級値を最頻値（モード；mode）という。最頻値も，しばしば「ふつうの」値を示すものとして用いられる。しかし，連続量データを扱うとき最頻値はクラスの決め方に依存する。データの分析主体の恣意が入る余地のある点で，客観的な指標としての価値が半減するものであることには注意が必要である。

● **クローズアップ 2.3** 分布の形と平均・中央値の大小

ゲーム得点データの分布（図 2.3），第 1 章の図 1.23 の体重分布のように右に歪んだ分布——上の生活費データもその一例である——では，一般的に平均値は中央値より大きい。実際，ゲーム得点では $\bar{x} = 89.98$ であったのに対し，$x_M = 87$ であった。左に歪んだ分布ではその逆である。また，対称な分布では両者は一致する。得点分布は，「右に裾を引いている」あるいは「右に歪んでいる」という。貯蓄額分布（図 1.21）も右に歪んでいる。

一般に
① 分布が左右対称（身長分布など）のとき，　　平均 ≈ 中央値
② 分布が右に歪んでいるとき，　　　　　　　 平均 > 中央値
③ 分布が左に歪んでいるとき（図 1.24），　　 平均 < 中央値
となりやすい。

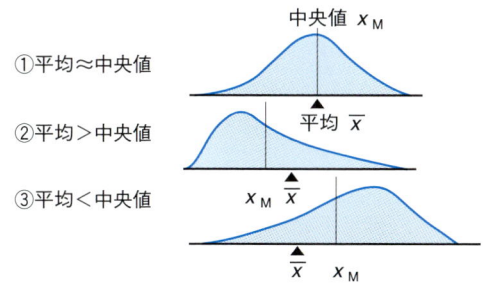

図 2.4 分布の形

● **コラム 2.1　平均** ●

数値データである限り，形式的にはどのような種類のデータについても平均を求めることができる。しかし，データの意味を考えると「平均」には次のように 3 つのケースが考えられる。「平均事故件数」はまれな例外を除いて整数にはならないから，「平均回数の事故が起こる日」はあり得ない。この場合の平均は，あくまでも「1 日あたりの」という意味である。

「平均身長」または「平均体重」をもつ人物（「平均人」）は実在する可能性がある。さらに，「平均体重」は物理的意味も明瞭である。平均が 600 kg である 10 人のグループは最大重量 660 kg のエレベータに乗ることができる，というように平均体重を利用することができる。

しかし平均身長には直接の利用価値がない。両者は「総和」に意味があるか否かに違いがある。身長，試験の得点などの場合，平均よりも「中央身長」「中央得点」の方が「真ん中」を表す数値としては適切であろう。

2.1.4 分位点・パーセント点

中央値はちょうど真ん中の位置を表すが，この概念を広げて，「データを大きさの順に並べたとき，大きいほうから4分の1，あるいは小さいほうから10％などの位置にくる値」を考える．一般に，小さいほうから数えて，全体の中で $q, (0 \leq q \leq 1)$ の割合にあるデータの値を q-分位点（quantile）という．本書では $x_{(1-q)}$ と表す．q-分位点は $(100 \times q)$ パーセント点（percentile）ともいう．$x_{(q)}$ は大きいほうから $100q$％の位置にある値を表す．これを上側パーセント点（upper percentile）という．上側分位点にこの記号 $x_{(q)}$ を用いるため「下側」分位点に対しては少し不自然な記法を用いた．また，順序統計量にも同じ記法を用いているが，分位点の場合は，括弧の中は整数ではないので，混同のおそれはない．

この用語法に従えば，中央値は50％点である．また，25％点，75％点を，それぞれ，第1（あるいは下側），第3（上側）四分位点（quartile）といい，それぞれ $Q^{(1)}, Q^{(3)}$ で表す．

パーセント点はその意味はわかりやすいが，与えられたデータから（たとえば $\mathcal{X}_5 = \{1, 2, 4, 5, 7\}$ の25％点を）具体的に定めようとすると，どうすればよいか迷うことになる．ワンポイント2.3のように分布関数を用いて考えるとわかりやすい．

⟨まとめ2.3⟩ 順序統計量を用いると $100 \times q$ パーセント点を次のように1つの式で表せる．この定義式は，コンピュータプログラム作成に好都合である．

$$x_{(q)} = \frac{1}{2}\{x_{(n-[n(1-q)])} + x_{([nq]+1)}\} \tag{2.5}$$

ただし n は標本のサイズ，$[x]$ はガウス記号（まとめ2.2）である．なお，$n - [n(1-q)]$ は nq の小数部分を切り上げて得られる整数である．

ゲーム得点データでは $n = 120$ であるから

$$Q^{(1)} = (x_{(30)} + x_{(31)})/2 = 80$$

◆ワンポイント 2.2　箱型図

箱型図（box plot）は，データの分布の概略を示すためよく用いられる。箱ヒゲ図ともいう。図 2.5 はゲームの得点（図 1.21，26 ページ）の箱型図である。図で「箱」は下側四分位点から上側四分位点までの範囲を表し，その外側の線分（ヒゲ；whisker）と点（* 印）で，データの存在範囲および外れ値を表している。また，箱の中の線（白抜き）は，中央値を示す。「ヒゲ」の部分の書き方には任意性がある。この図は，箱の両端から箱の長さ（四分位範囲，54 ページ参照）の 1.5 倍以上離れたものを外れ値として描かれた。

箱型図による分布の比較の例

カッコウは，自分の卵を他の鳥（宿主）の巣に産んで育てさせることで有名であるが，問題 1.2 のデータ（30 ページ）は，宿主の種（変数 H）に合わせて産み付ける卵の大きさを変えているかどうかを調べる目的で収集されたものである。

図 2.6 は，変数 H によってデータを分類したうえで，各グループごとの分布（条件付分布，104 ページ参照）を，その箱型図を並べ比較したものである。箱型図は，このように複数の分布の比較に適している。これから，カッコウの卵の大きさの分布が，宿主によって異なる，言い換えればカッコウは宿主（おそらくは宿主の卵の大きさ）に合わせて，大きさの異なる卵を産み分けているようすを観察することができる（ワンポイント 3.7，107 ページ）。

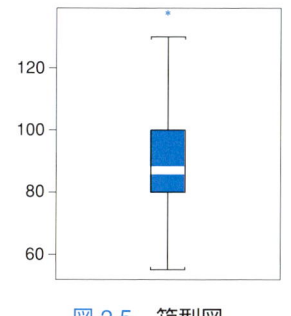

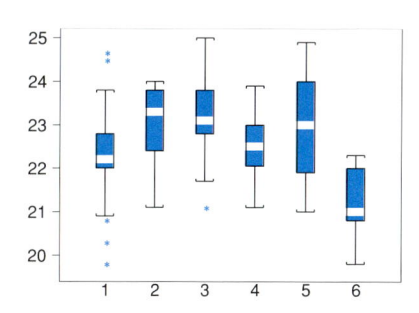

図 2.5　箱型図　　図 2.6　宿主ごとのカッコウの卵の長さの箱型図

$$Q^{(3)} = (x_{(90)} + x_{(91)})/2 = 100$$

である。

2.1.5 加重平均

ビールを製造する2社（A，B）について，価格・売上数量が表2.2のようであったとしよう。このとき「平均価格」はいくらになるであろうか？

2社の製品価格の平均は $(300+240)/2 = 270$ であるが，販売されているビール1本あたりの価格は $\dfrac{100 \times 300 + 200 \times 240}{100 + 200} = 260$ であり，「平均価格」としてはこちらの方が適切である。この計算式を書き換えると

$$\frac{100 \times 300 + 200 \times 240}{100 + 200} = \frac{100}{100+200} \times 300 + \frac{200}{100+200} \times 240 = 260$$

である。これを，2社製品の価格300, 240の売上数量100, 200を重み（weight）とする加重平均（weighted mean）という。「平均価格」は，通常の平均ではなく売上数量を重みとする加重平均とするのがふつうである。

〈まとめ2.4〉 データ $x_1, x_2, \cdots, x_m$ のそれぞれに $w_1, w_2, \cdots, w_m$ を対応させて得られる次のような「平均」

$$x_W = \frac{w_1 x_1 + w_2 x_2 + \cdots + w_m x_m}{w_1 + w_2 + \cdots + w_m} = \frac{\sum_{i=1}^{m} w_i x_i}{\sum_{i=1}^{m} w_i}$$

$$= w'_1 x_1 + w'_2 x_2 + \cdots + w'_m x_m = \sum_{i=1}^{m} w'_i x_i$$

を $x_1, x_2, \cdots, x_m$ の $w_1, w_2, \cdots, w_m$ を重みとする加重平均という。ただし，$w'_i = \dfrac{w_i}{\sum_{i=1}^{m} w_i}$ である。

表2.2　2社の価格・売上数量

	A社	B社
価格	300	240
売上数量	100	200

◆ ワンポイント 2.3　分布関数

データ $x_1, x_2, \cdots, x_n$ について，各実数 x に対して「x を越えない x_i の割合」を対応させる関数を分布関数「累積相対度数分布関数」といい $F(x)$ で表す。

$$F(x) = \frac{\#(\{i; 1 \leq i \leq n, x_i \leq x\})}{n}$$

ここで，$\#(A)$ は集合 A の要素の数を表す．図 2.7 は架空データ $\mathcal{X}_5 = \{1, 2, 4, 5, 7\}$，図 2.8 はゲームの得点分布の分布関数を図示したものである．分布関数は，このように階段状である．

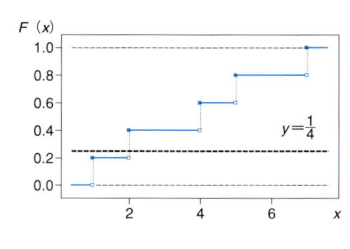

図 2.7　分布関数（例）　　図 2.8　分布関数（ゲーム得点）

中央値は「それ以下のデータの割合が $1/2$ であるような x」であるから，「分布関数 $F(x)$ が $1/2$ になる x」と言い換えてよい．図 2.7 では $x = 4$ を境に，$F(x)$ は 0.4 から 0.6 にジャンプするから，ここが中央値であるというように定めることができる．これを一般化して $100q$ パーセント点は，$F(x)$ のグラフ（ジャンプの点では下から上へグラフを直線でつなぐ）と直線 $y = q$ が交わる点の x 座標であるとするのが，パーセント点の自然な定義である．両者が重なり，そのような x 座標が一意に定まらないときは，重なった部分の中央の値とする．図 2.7 では，直線 $y = 1/4$ が描かれているが，これが $F(x)$ と交わる $x = 2$ が第 1（下側）四分位点である．

〔補足 2.1〕　データが非負であるならば，平均は，分布関数のグラフと y 軸によって囲まれる領域の面積である（各自確かめられたい）．

通常の平均をとくに加重平均と区別したいときは，これを 単純平均 ともいう。単純平均は，$w_i \equiv 1$（すべての重みを1）とする加重平均である。

度数分布表に基づく平均（(2.3) 式）は，各クラスの代表値 $\tilde{x}_k$ の度数 f_k を重みとする加重平均である。

● **特殊な平均 I**

ある企業の売り上げが 表2.3 のようであったとしよう。この企業の 2003 年から 2005 年にかけての 2 年間の「平均成長率」はどれほどであろうか？

一見して成長率の平均 $\dfrac{0+300}{2}=150\%$ と答えそうである。ところが，この場合，この答えは少し不都合である。ある期間の「平均成長」を考えることは，その期間内のバラツキのある成長の履歴を一定の成長に置き換えることである。150％の「平均成長」が 2 年間続くとすると，売り上げは毎年前年の 2.5 倍となるから 2 年後には $2.5 \times 2.5 = 6.25$ 倍とならなければならないが，実際の売り上げは 4 倍にしか増えていない。

ここでは，次のように考えて，平均の定義を変えるのがよい。平均成長率とされるべき毎年一定の前年同期比を x とおくと，2 年後には $x \times x = x^2$ 倍になる。一方，実際には 1 年目が $x_1 = 1$ 倍，2 年目が $x_2 = 4$ 倍であるから 2 年間では $x_1 \times x_2 = 4$ 倍になる。2 通りに求められる 2 年後の売り上げが一致するには $x^2 = x_1 \times x_2$ とすればよい。すなわち，$x = \sqrt{x_1 x_2}$ である。

一般に 1 年目 x_1，2 年目 x_2，… n 年目 x_n 倍に成長した企業の n 年間の平均成長は $x^n = x_1 \times x_2 \times \cdots \times x_n$，により定められる。この解，すなわち

$$\bar{x}_G = \sqrt[n]{x_1 x_2 \cdots x_n} \tag{2.6}$$

によって定められる $\bar{x}_G$ を，$x_1, x_2, \cdots, x_n$ の 幾何平均 （geometric mean）という。幾何平均を考えるとき，各 x_i は正数でなければならない。通常の平均 $\bar{x}$ は，幾何平均と区別してとくに 算術平均 （arithmetic mean）ということもある（高校の教科書では算術平均は相加平均，幾何平均は相乗平均と呼ばれている）。

表 2.3　ある企業の売り上げ

年度	2003	2004	2005
売り上げ（億円）	10	10	40
成長率（%）	−	0	300

◆ ワンポイント 2.4　平均寿命

　ある集団の平均寿命（life expectancy）は直接には求められず（たとえば今年生まれた日本人全員の寿命は 120 年（?）経たないとわからない！），これを求めるには工夫が必要である．実際には，年齢別の「死亡率」から寿命分布を「構成」する．

　架空のネズミの集団の平均寿命を求めることを考えてみよう．原データはあるネズミの集団のある年の年齢ごとの死亡率である（表 2.4 の左の枠内，架空データ）．この年齢ごとの死亡率が，将来にわたって変わらないと仮定する．「年齢 0」のネズミが 100 匹生まれた状態から始め，順に各年齢での死亡数の度数分布を構成してみよう．0 歳の死亡率が 40% だから，寿命が 0 のネズミの度数は 40（寿命 0 の相対度数が 40%）である．次に 1 年後に生き残っている $100 - 40 = 60$ 匹（生存率 60%）のネズミのうち 20% すなわち $60 \times 20\% = 12$ が年齢 1 で死亡し（寿命が 1），生存数 $= 60 \times (100 - 20)\% = 48\%$ が生き残る．以下同様に

　　　累積生存率 =（1 年齢前の）累積生存率 × 1 − 死亡率
　その年齢の相対度数 =（1 年齢前の）累積生存率 × その年齢の死亡率

を繰り返し，表 2.4 の最右列の寿命分布が得られる．これから（相対度数分布から平均を求める公式（2.3）に従って）平均寿命

$$\bar{x} = 0 \times 0.40 + 1 \times 0.12 + 2 \times 0.24 + 3 \times 0.24 = 1.32$$

を求めることができる．

表 2.4　ネズミの集団の寿命分布

年齢	死亡率	生存率	累積生存率	寿命分布（相対度数）
0	40%	60%	60%	40 %
1	20%	80%	48%	12 %
2	50%	50%	24%	24 %
3	100%	0%	0%	24 %

●特殊な平均 II

A 地点から B 地点まで飛行機で往復するとき，往きは速度 v_1 で飛行し帰りは v_2 かかったとしよう。往き帰りの飛行の平均速度はどう求めればよいだろうか？「速度」は $\dfrac{動いた距離}{かかった時間}$ である。A，B 間の距離を L とすると往復に要した時間は $\dfrac{L}{v_1} + \dfrac{L}{v_2}$ で，往復の距離は $2L$ だから平均速度は $\dfrac{2}{\frac{1}{v_1} + \frac{1}{v_2}}$ である。一般に A，B 間を折り返し n 回飛行し各回の速度が $v_1, v_2, \cdots, v_n$ であるとき，その平均速度は

$$\bar{v}_H = \frac{n}{\sum_{i=1}^{n} \dfrac{1}{v_i}} \tag{2.7}$$

である。この関係は $\dfrac{1}{\bar{v}_H} = \overline{\left(\dfrac{1}{v}\right)}$ と書き変えたほうがわかりやすい。(2.7) を $v_1, v_2, \cdots, v_n$ の 調和平均 (harmonic mean) という。

★注意 2.2 (1) 幾何平均の定義式 (2.6) の両辺の対数をとると

$$\log \bar{x}_G = \frac{1}{n} \sum_{i=1}^{n} \log x_i \tag{2.8}$$

を得る。つまり，幾何平均は対数の世界での平均である。

(2) 幾何平均，調和平均および算術平均について次の大小関係が成り立つ。

$$\bar{x} \geq \bar{x}_G \tag{2.9a}$$

$$\bar{x}_G \geq \bar{x}_H \tag{2.9b}$$

証明は 2.5 節参照のこと。

◆ワンポイント 2.5　平均余命

ワンポイント 2.4 と同じくネズミの集団を例にとる。現在 1 歳のネズミの集団の残りの寿命の平均を，(1 歳のネズミの) 平均余命という。平均余命を求めるには，1 歳のネズミ 100 匹から出発しワンポイント 2.4 とほぼ同様にして求めればよい（表 2.5）。平均余命は $0 \times 0.2 + 1 \times 0.4 + 2 \times 0.4 = 1.2$ である。

表 2.5　1 歳のネズミの余命分布

余命	死亡率	生存率	累積生存率	余命分布（相対度数）
0	20%	80%	80%	20%
1	50%	50%	40%	40%
2	100%	0%	0%	40%

人の集団に話を戻そう。簡単のため年単位の端数は無視する。ある年（初）に k 歳であった人の死亡率（1 年間で死亡した人の割合）が q_k であるとする。各年齢層のこの死亡率が将来にわたって不変であるとすると，k 年後の生存率 f_k は，$f_0 = 1$,

$$f_k = (1-q_m)(1-q_{m+1})\cdots(1-q_{m+k}), \quad k \geq 1$$

余命 k の相対度数は $q_{m+k} f_k$ であり，現在 m 歳の人の平均余命 $\bar{x}$ は

$$\bar{x} = 0 \times (q_m f_0) + 1 \times (q_{m+1} f_1) + \cdots + k \times q_{m+k} f_k + \cdots$$

である。なお「平均寿命は 0 歳の平均余命」である。

2.2 分布の広がり
2.2.1 標準偏差

統計分析の一つの大きな目的は，データのバラツキを処理すること，あるいはデータが示す現象の変動に対処することである。集団内のバラツキの大きさを表す統計量は重要である。

再び，データ $\mathcal{X}_2 = \{2, 11, 9, 4, 5\}$ を考えよう。分布の「広がり」を，「中心の値」から各値までの距離（すなわち「差」）の平均で測るのは自然な考えである。ところが，中心 = 平均（$\bar{x} = 6.2$）からの偏差 $2 - 6.2 = -4.2$，$\cdots$ の平均は 0 である（図 2.1 およびまとめ 2.1）。これでは意味がないので，マイナスの符号を除くために，次のように偏差をそれぞれ 2 乗し平均するという操作を行う。

$$\frac{1}{5}\{(2-6.2)^2 + (11-6.2)^2 + \cdots + (5-6.2)^2\} = 10.96$$

これをデータの 分散（variance）という。

分散の「次元」はデータの次元と異なるから，もとの次元に戻すために，この正の平方根をとる。このようにして得られる $\sqrt{10.96} = 3.31$ を 標準偏差 (standard deviation) といい，s_x で表す。

● 平方和と平均

a を任意の定数とするとき $\sum_{i=1}^{n}(x_i - a)^2$ を a のまわりの平方和（the sum of squares about a）という。とくに $a = 0$ のとき，これを原点まわりの平方和といい，また，$a = \bar{x}$ のとき，これを平均まわりの平方和あるいは単に平方和という。

a のまわりの平方和を a の関数と考え，これを $Q(a)$ と書くことにする。2.1.1 項冒頭の，3 個の数 $\mathcal{X}_1 = \{3, 4, 8\}$ について，平方和 $Q(a)$ は

$$Q(a) = (3-a)^2 + (4-a)^2 + (8-a)^2 = 3a^2 - 2(3+4+8)a + 89$$
$$= 3(a-5)^2 + 14$$

● *クローズアップ 2.4* **標準偏差**

　標準偏差を理解するため，いろいろなデータについてヒストグラムに標準偏差の長さを重ねてみる。図中，破線は平均 $\bar{x}$ の位置を示し，矢印の長さで標準偏差とその 2 倍を表す（平均偏差，54 ページ参照）。

平均 = 3.41
標準偏差 = 1.69
平均偏差 = 1.49

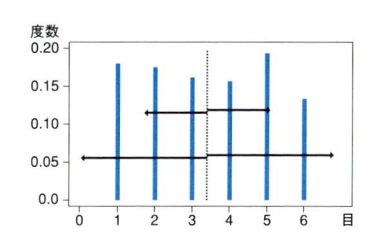

図 2.9 a　サイコロの目
サイコロを 600 回振って出た目の度数（133 ページ）。

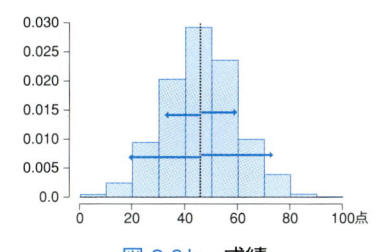

平均 = 45.93
標準偏差 = 13.69
平均偏差 = 10.84

図 2.9 b　成績
「国語」の成績（23 ページ）。

平均 = 39.83
標準偏差 = 2.03
平均偏差 = 1.63

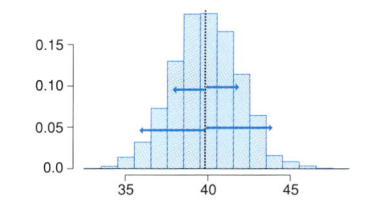

図 2.9 c　人の胸囲
スコットランド兵の胸囲，ケトレー（1846）による（単位：インチ）。

で，これは $a = 5 = \bar{x}$ のとき，最小値 $Q(\bar{x}) = 14$ をとる（図 2.10）。

つまり，平均 $\bar{x}$ は平方和 $Q(a)$ を最小にする a の値である。これは，後に回帰分析の節（3.3 節）で述べる，最小 2 乗解の最も簡単な場合である。

ところで $\bar{x} = 5, Q(\bar{x}) = 14$ であるから上の式は

$$Q(a) = 3(a - \bar{x})^2 + Q(\bar{x})$$

と表すことができる。この両辺のサイズ $n = 3$ で割ると，$Q(a)/3$ は a のまわりの偏差の 2 乗の平均（平均平方），$Q(\bar{x})/3$ は分散である。したがって

$$a \text{ のまわりの平均平方} = (a - \text{平均})^2 + \text{分散}$$

という関係が得られる。とくに，$a = 0$ とすれば

$$\text{分散} = (\text{データの 2 乗平均}) - (\text{平均})^2$$

であることもわかる。

〈まとめ 2.5〉 上に述べたことを数式を用いてまとめておく。
(1) 変数 x の分散 s_x^2 は

$$s_x^2 = \frac{1}{n} \sum_{i=1}^{n} (x_i - \bar{x})^2 \tag{2.10}$$

と定義される。すなわち，平均まわりの平方和（48 ページ参照）を n で割ったものである。なお，分散を「推定」するときは $n - 1$ で割ることが薦められている（5.1.2 項，200 ページ）。この違いはややわかりにくく，誤解をしやすいので注意が必要である。

(2) a は定数とする。$\sum_{i=1}^{n} (x_i - a)^2$ を（a のまわりの）平方和（sum of squares）という。これは，次のように（分解）できる（証明は 2.5 節参照）。

$$\sum_{i=1}^{n} (x_i - a)^2 = \sum_{i=1}^{n} (x_i - \bar{x})^2 + n(\bar{x} - a)^2 \tag{2.11}$$

◆ ワンポイント 2.6　偏差値

　受験界で有名な「偏差値」も一種の標準化得点（2.3.2 節）である。原データ $x_1, x_2, \cdots, x_n$ からその標準化得点 $x'_1, x'_2, \cdots, x'_n$ を用いて 偏差値$_i = 50 + 10 x'_i$ が得られる。偏差値は（試験の成績に似た点を作るという目的で）平均が 50，標準偏差が 10 とするために行う 1 次変換である。偏差値によって，受験生のある一定のグループの中での相対的な位置を知ることができる。

　たとえば 3 人の偏差値がそれぞれ 55，60，65 であることは，標準化得点が 0.5，1.0，1.5 であること，つまりそれぞれの得点が標準偏差の 0.5，1.0，1.5 倍分だけ平均点を上回っていることを意味する。さらに得点分布がおよそ正規分布であれば，それぞれ上位 31％，16％，7％ ほどの順位であることもわかる。

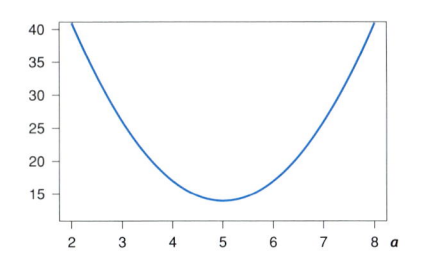

図 2.10　平方和 $Q(a)$（架空データ）

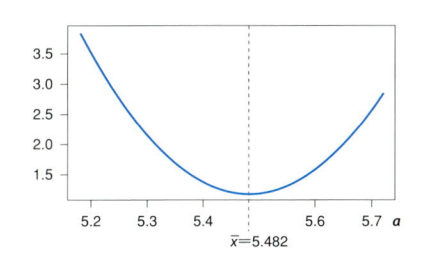

図 2.11　平方和 $Q(a)$（地球密度データ）

図 2.11 は地球密着の測定値（問題 1.1）についての平方和である。ここでも平均 $\bar{x} = 5.482$ で平方和が最小である。

2.2　分布の広がり

左辺を a の関数とみなすとき，これを最小にする a の値は平均 $\bar{x}$ である。
(3) (2.11) から，ただちに，分散を求める次の公式が得られる。

$$s_x^2 = \overline{(x-a)^2} - (\overline{x-a})^2 = \frac{1}{n}\sum_{i=1}^{n}(x_i - a)^2 - (\bar{x}-a)^2 \qquad (2.12\text{a})$$

この関係を用いて，分散の（手）計算を楽にすることができる（57 ページ）。とくに，$a = 0$ とすると，

$$s_x^2 = \overline{x^2} - \bar{x}^2 \qquad (2.12\text{b})$$

すなわち，分散は「2 乗の平均」と「平均の 2 乗」の差である。

● **度数分布から分散を計算する**

データについて，完全な情報がなく度数分布表だけが与えられているとする。平均を求めたときと同じように（30 ページ），各クラスについて，データ中に階級値 $\tilde{x}_k$ が f_k 個含まれているとみなすと，分散は

$$\tilde{s}_x^2 = \sum_{k=1}^{K}(\tilde{x}_k^2 - \bar{x})^2 \left(\frac{f_k}{n}\right) \qquad (2.13)$$

によって求められる。ただし，この方法はやや難点がある（ワンポイント 2.10 の一読を勧めたい）。

2.2.2 その他の広がりの特性値

標準偏差の他にも「広がり」を測る統計量が考えられている。それらを簡単に紹介する。

● **範　囲**

データの最大値と最小値の差を 範囲（range）（あるいは レインジ）という。

$$R_x = x_{(n)} - x_{(1)}$$

これは最も素朴にデータの値の広がりを測るものである。しかし，範囲は分布の特性を表す量としてはある意味で不適当である。

● クローズアップ 2.5　絶対偏差と中央値

平方和を最小にする a が平均であった。ここでは，a からの偏差の絶対値（絶対偏差）の和 $D(a) = \sum_{i=1}^{n} |x_i - a|$ を考える。再び3個の数 $\mathcal{X} = \{3, 4, 8\}$ をとりあげる。$D(a) = |3-a| + |4-a| + |8-a|$ のグラフは折れ線になる（図2.12）。

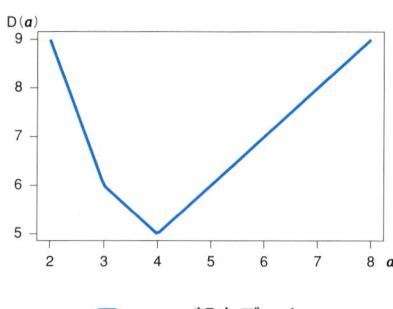

図 2.12　架空データ　　　　　図 2.13　地球密度

ここで，$D(a)$ は $a=4$，すなわち中央値で最小である。図2.13は地球密度データについての絶対偏差の和のグラフである。ここでも $D(a)$ に $a = x_M = 5.47$ で最小である。このように，「中央値 x_M は偏差の絶対値の和 $D(a)$ を最小にする」は，常に正しい。折れ線 $y = D(a)$ の傾きは（a より大きい x_i の数）−（a より小さい x_i の数）であり，中央値はこれが 0 となる a であることから，明らかであろう。

なお，上の数式を用いて表せば，中央値の満たす条件は次の通りである。

$$\sum_{i=1}^{n} \mathrm{sgn}\,(x_i - x_M) = 0 \tag{2.14}$$

ただし $\mathrm{sgn}\,(x)$ は符号関数（sign function），すなわち

$$\mathrm{sgn}\,(x) = \begin{cases} 1 & x > 0 \text{ のとき} \\ 0 & x = 0 \text{ のとき} \\ -1 & x < 0 \text{ のとき} \end{cases}$$

である。(2.2) と比べられたい。

一般に，分布の特徴は「相対度数」分布に現れる。ある集団について1,000人分のデータの「平均身長」と，さらに1,000人分のデータを追加して得られる2,000人の「平均身長」とは大きく違わない。同じような集団の特性値は，「データのサイズに依らず」同じような値であるべきである。ところが，データの「範囲」はデータを追加すれば必ず増加する。「範囲」はサイズに依存し，したがって「分布の特徴を表す目的で利用される」のは適当でない。外れ値の「はずれの程度」を測るなど特殊な目的で利用される。

● 四分位範囲

第3四分位点と第1四分位点の差を，四分位範囲 (inter quartile range) といい，IQ_x と表す。

$$IQ_x = Q_x^{(3)} - Q_x^{(1)} \qquad (2.15)$$

● 平均偏差

2.2.1項の冒頭で，「分布の「広がり」を，「中心の値」から各値までの距離（すなわち「差」）の平均で測るのは自然な考えである」と述べた。この考えをそのまま当てはめたものが，平均偏差 (mean deviation) である。これは平均からの偏差の絶対値の平均

$$\mathrm{MD}_x = \frac{1}{n}\sum_{i=1}^{n}|x_i - \bar{x}| \qquad (2.16)$$

で定義される。

前出のゲームの得点データ（図1.21）では四分位範囲は，$IQ = 100 - 80 = 20$，平均偏差は，$\mathrm{MD} = (|136 - 89.98| + \cdots + |55 - 89.98|)/120 = 11.90$，標準偏差は，$S_x = 14.94$ を得る（時間のある読者は確かめられたい）。

◆ワンポイント 2.7　なぜ「2乗」するのか①

　初学者にとって，標準偏差は摩訶不思議な概念であるようだ。広がりの統計量としては，平均偏差（54 ページ）のほうが遙かにわかりやすい。それにもかかわらずなぜ 2 乗するのかというのは素直な疑問である（これを抱えたまま単位だけは取得して卒業する学生が多い）。この理由はいくつもあるが，一つは「母集団特性（中心）の推定」に関係する。これを少し詳しく説明する。

　先に述べたように（まとめ 2.5 の(2)およびクローズアップ 2.5），分散・平方和は平均と，平均偏差・絶対偏差の和は中央値とそれぞれ密接な関係がある。平均と中央値を「推定」の観点から比較しよう。

　推定とは，母集団の一部（標本；sample）を（通常はでたらめに）取り出し，標本の値を用いて母集団の特性値を定めることである。対称な母集団の値の「中心」推定値として平均と中央値とどちらがよいかを調べてみる。例として，男子高校 3 年生の身長の母集団（図 1.22，平均 $m = 170.85$，中央値 $m_d = 170.87$）を考える。この母集団分布はほぼ対称であり，平均値 = 中央値 である。

　母集団から大きさ $n = 15$ の標本を抽出し，その平均（標本平均 $\bar{x}$）と中央値（標本中央値 x_M）を求め，どちらが母集団平均＝中央値に近いかを乱数実験（モンテカルロシミュレーション；Monte Carlo simulation, 215 ページ参照）によって調べてみる。1 回ごとの結果は偶然に左右されるので，標本抽出を多数回繰り返し，得られた平均値および中央値の分布を比較することによって，優劣を判断する。表 2.6 は，それぞれ 10,000 個の標本平均と標本中央値の度数分布である。

表 2.6　標本平均と標本中央値のシミュレーション分布

	< 167	< 168	< 169	< 170	< 171	< 172	< 173	< 174	< 175	> 175
$\bar{x}$	34	204	740	1806	2654	2425	1465	530	119	23
x_M	163	385	943	1659	2241	2089	1395	739	289	97

　表 2.6 から，平均値（$\bar{x}$）の分布のほうが「真の平均」の付近に集中していることがわかる。

　以上をまとめると，母集団の推測の観点からは，（中央値，平均偏差）の組合せより（平均，標準偏差）の組合せのほうが精度がよいことが結論される。これが広がりの統計量に 2 乗和が利用される理由の一つである。

2.3 データの変換
2.3.1 1次変換と標準偏差

身長の測定値（cm）175, 180, …について，100を引いて65, 80, …などと記録すると，入力の手間が軽減される。このような操作，すなわち，データの各値に一定値 a を足すあるいは引く（a 引くことは，$-a$ を足すことである）ことを，「原点の変更」という。また，(cm) 単位で計った値は，100 で割って (m) 単位で，1.65, 1.80 …などと表す操作もしばしば行われる。これは「単位の変更」である。

一般に，データ $x_1, x_2, \cdots, x_n$ に対して，関数 $f(\cdot)$ を用いて $y_i = f(x_i)$, $i = 1, \cdots, n$ によって得られる変数 y（または y_i）を変数 x（または x_i）の，関数 f による変換 (transformation) という。とくに，1次式 $y = a + bx$ による変換は，数学で一般に用いられる使い方とは異なるが，本書ではこれを 1 次変換ということにする。1次変換は統計分析ではいろいろなところに現れ，非常に重要である。原点・単位の変換は1次変換の例であり，また標準偏差の計算の簡単化（ワンポイント 2.8）のために用いる変換 $z = -8.45 + 0.1x$ などもその一例である。

● 1次変換と平均

3人分の身長データ 175, 162, 179 (cm) を考える。この平均は 172 (cm) である。原データから一律に 170 を引く（すなわち原点を変更する）と，それぞれ 5, -8, 9 となるが，この平均は $\frac{5 + (-8) + 9}{3} = 2$ で，原データの平均から同じく 170 を引いた値と一致する。また原データを (m) 単位に変更したデータ 1.75, 1.62, 1.79 の平均は $\frac{1.75 + 1.62 + 1.79}{3} = 1.72$ で，原データの平均を (m) 単位に変更したものと一致する。

このことは一般に成り立つ。1次変換 $y_i = a + bx_i, i = 1, \cdots, n$ について，変換後の変数 y の平均は，元の変数 x の平均を用いて

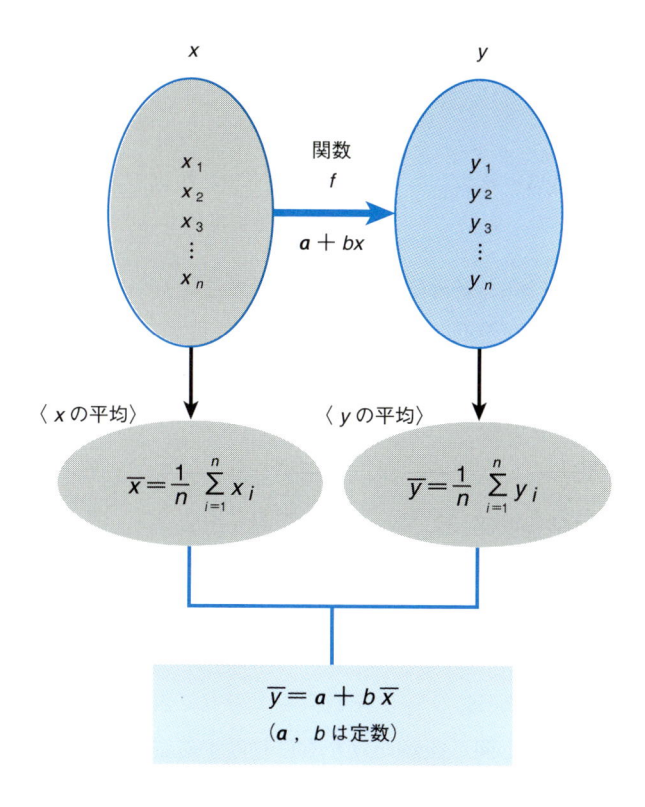

図 2.14　1 次変換と平均

(2.17) は，データを変換する式 $f(x) = a + bx$ の x に平均 $\bar{x}$ を代入すると変換後の データ y の平均が得られることを述べている。これは一見すると当たり前のようで あるが，一般には成り立たない関係である。次のような反例を挙げることができる。 $f(x) = x^2$ で $\mathcal{X} = \{x_1 = 0, x_2 = 10\}$ を変換し，$z_1 = f(x_1) = 0$, $z_2 = f(x_2) = 100$ とすれば $\bar{z} = 50$ である。$f(\bar{x}) = 25$ であって，$\bar{z} \neq f(\bar{x})$ である。

$$\bar{y} = a + b\bar{x} \tag{2.17}$$

と表される（2.5 節参照）。

★注意 2.3　平均，中央値，分位点はすべて，「データが数直線上でどのあたり（位置）に分布しているか」についての情報が集約されている。このような統計量を 位置（location）の統計量 という。

変数の 1 次変換 $y = a + bx$ を行うとき，($b > 0$ ならば）(2.17) と同様な関係が分位点についても成り立つ。

$$y_{(q)} = a + b x_{(q)}$$

一般に，この性質をもつ統計量を位置の統計量と定義することもある。

● 1 次変換とヒストグラム

1 次変換を行っても（クラスの端点を同じように変換すれば）度数分布は変わらない（表 2.8 参照）。したがって，ヒストグラムは，目盛りが変わるがその形状は変化しない。原点・単位の変更を行っても，対象となる集団の分布の状態は変わらないのだから，これは当然であろう。

● 1 次変換と分散・標準偏差

データの 1 次変換と標準偏差の関係で，2 つの重要なポイントがある。一つめは，データの各値に一定の数を加えたり引いたりしても分散・標準偏差は変わらないことである。データを数直線上の点で表すとき，一定数を加えることはすべての点を同じ距離だけ左右に移動することであるが，このとき点の間の相互の距離は不変だから「広がり」も変わらない。実際，データの各値にたとえば 10 を加えても，平均がやはり 10 増加するから，平均からの偏差は変わらず，分散は同じである。

2 つめは，単位の変更との関係である。たとえば，ある集団の身長が（m）単位で 1.65, 1.72, …と測られているものとし，その標準偏差が 0.05 であるとしよう。これを（cm）単位に変換し 165, 172, …として標準偏差を求めると（平均からの偏差が，100 倍となるから）$5 = (0.05 \times 100)$ になる。標準偏差はデータと同じ「次元」をもっていると言い換えてもよく，$s_x = 5$（cm）というように，求めた標準偏差にはデータと同じ単位をつけて表すのが適当

◆ **ワンポイント 2.8　平均・分散の簡易計算**

平均や標準偏差といった統計量を求める計算は単純だが手間がかかる。少し工夫するとこの手間を大きく減らすことができる。次のデータはあるゼミの男子学生 9 人の身長の計測値である。

$$\mathcal{X} = \{172, 178, 170, 166, 182, 165, 177, 171, 175\}$$

計算の省力化のポイントは，扱う数値（の桁）を大きくしないことである。このため扱うデータ（$x_1, x_2, \cdots, x_n$ としよう）から一定値 a（仮平均（working mean）という）を引いておく。これを $y_1, y_2, \cdots, y_n, y_i = x_i - a, i = 1, \cdots, n$ とする。これは「原点の変更」であるから，もとの変数 x の平均と y の平均には $\bar{y} = \bar{x} - a$ なる関係がある。$\bar{y}$ を求めれば，これに a を加えれば $\bar{x}$ が得られる。仮平均 a は最大値と最小値の平均に近く，また扱いやすい整数とする。ここでは $a = 173$ としよう。表 2.7 のような表を作ると間違いがない。

表 2.7　簡単計算の例

変数										合計	平均
x	172	178	170	166	182	165	177	171	175		
y	-1	5	-3	-7	9	-8	4	-2	2	-1	-0.11
y^2	1	25	9	49	81	64	16	4	4	273	90.33

$\bar{y} = -0.11$ だから $\bar{x} = a + \bar{y} = 172.9$ である。これは直接求めた値と確かに一致する。

標準偏差・分散の計算も同じように簡略化できる。(2.18) から $s_x = s_y$ である。$\bar{y}$ は定義式 (2.10) に従って直接求めるより，公式 (2.12a) を用いて計算するのがよい。このため，y^2 の表を作り（表 2.7 の最下段）これから $\overline{y^2}$ を求める。

$\overline{y^2} = 90.33$ だから $s_x^2 = s_y^2 = \overline{y^2} - \bar{y}^2 = 90.33 - (-0.11^2) = 90.32$, $s_x = \sqrt{90.32} = 9.50$ である。

である．

一般に，1次変換：$x_i \longrightarrow y_i = a + bx_i, i = 1, \cdots, n$ を考えよう．このとき，もとの変数 x の分散・標準偏差と変換後の変数 y の分散・標準偏差との間に次の関係が成り立つ．

$$s_y^2 = b^2 s_x^2 \qquad (2.18\text{a})$$

$$s_y = |b| s_x \qquad (2.18\text{b})$$

(2.18) が a を含まないことに注意する．広がりの統計量を，データの1次変換 $y_i = a + bx_i$ に伴って，(2.18b) と同じように変化する（すなわち $|b|$ 倍される）統計量と定義することもある（注意 2.3 参照）．

2.3.2 標 準 化

左右対称な分布，右に歪んだ分布といった「分布の形状」は，測定値の原点・単位に依存しない性質である．また，ある変数が他の変数に影響を及ぼす程度を知りたいというようなとき，2変数の関係の「程度」は，その変数がどの単位で計測されているかに依るべきではないだろう．このような分布の特徴をとらえたいときには，次のような標準化（standardization）の操作が行われる．

与えられたデータ $x_1, x_2, \cdots, x_n$ から平均 $\bar{x}$ と標準偏差 s_x を求め，各 x_i に対しその標準化得点 x_i' を

$$x_i' = \frac{x_i - \bar{x}}{s_x} \qquad (2.19)$$

と定める．たとえば $x_i' = 1.5$ は x_i が平均 $\bar{x}$ より標準偏差 s_x の 1.5 倍分だけ大きいことを意味する．標準化得点は「1次変換を行っても変わらない」，すなわち y が x の1次変換 $y = a + bx (b > 0)$ であるとき，x_i に対する標準化得点 x_i' と y_i に対する y_i' は等しい（問題 2.6）．標準化のこの性質を利用して，分布の非対称性を表す統計量などが定義される（2.4.2 項）．

また，標準化は，x の分布の中で各要素の値 x_i の相対的な位置を示すもの

◆ **ワンポイント 2.9** 度数分布から計算する場合

度数分布に基づいて平均を求める場合にも，仮平均を用いる方法は適用できる。ゲームの得点分布を例にとる。仮平均を 84.5 とし，$y = x - 84.5$ とする。また，クラス（区間）にも同じ操作を適用することにすれば，表 2.8 の第 4 列のようになり，各区間の y の度数は，x の度数と同じになる。y の階級値は 10 の倍数であるから，y の「単位」を変更して $z = \dfrac{y}{10}$，すなわち $z = \dfrac{y - 84.5}{10} = -8.45 + 0.1x$ とすると，階級値はより簡単になる（表 2.8 の 6 列）。次のような表を作成する。

表 2.8 ゲームの得点分布

クラス	階級値 (x)	度数 (f)	クラス (y)	階級値 (y)	階級値 (z)	z^2	fz	fz^2
$-$ 59	54.5	1	$-$ -25.5	-30	-3	9	-3	9
60 $-$ 69	64.5	7	$-24.5 -$ -15.5	-20	-2	4	-14	28
70 $-$ 79	74.5	19	$-14.5 -$ -5.5	-10	-1	1	-19	19
80 $-$ 89	84.5	41	$-4.5 -$ 4.5	0	0	0	0	0
90 $-$ 99	94.5	21	5.5 $-$ 14.5	10	1	1	21	21
100 $-$ 109	104.5	18	15.5 $-$ 24.5	20	2	4	26	72
110 $-$ 119	114.5	8	25.5 $-$ 34.5	30	3	9	24	72
120 $-$ 129	124.5	3	35.5 $-$ 44.5	40	4	16	12	48
130 $-$	134.5	2	45.5 $-$	50	5	25	10	50
計		120					67	319
平均				$-$			0.558	2.658

また，y の各クラスの階級値は，$54.5 - 84.5 = -30$，$64.5 - 84.5 = -20$，$\cdots$（表 2.8 の第 5 列）となる。y の平均は

$$\bar{y} = \frac{(-30) \times 1 + (-20) \times 7 + \cdots + 50 \times 2}{120} = 5.58$$

と比較的容易に得られ，$\bar{x} = \bar{y} + 84.5 = 90.08$ が得られる。

z の平均は，第 8 列によって 0.558 である。$\bar{z}$ から $\bar{x}$ が $\bar{x} = 84.5 + 10\bar{z}$ によって得られる。さらに，第 9 列から $\overline{z^2} = 2.658$ であるから，z の分散 $s_z^2 = 2.658 - 0.558^2 = 2.347$，標準偏差 $s_z = 1.53$ を得る。

としても重要である（ワンポイント 2.6）。

図 1.22（27 ページ）のような釣り鐘型の左右対称な分布は，正規分布（normal distribution）と呼ばれ，いろいろな現象に伴ってしばしば観察される（正規分布の厳密な定義は 4.8 節で述べる）。データ分布の形状がこれに近ければ，標準化得点 x'_i から要素 i のおよその順位，つまり上（下）から何パーセントの位置にあるかを知ることができる。このように標準化得点から順位がわかることは，分布の形状さえわかっていれば正規分布に限らない。表 2.9 はいろいろな標準化得点が上側何パーセント点に対応するかを示したものである（詳しくは付表 A 参照）。分布の対称性から，負の得点は下側パーセント点に対応する。

★注意 2.4　標準化は一種の 1 次変換である。(2.19) から，$x' = -\dfrac{\bar{x}}{s_x} + \dfrac{1}{s_x} x_i$，したがって

$$\overline{x'} = -\frac{\bar{x}}{s_x} + \frac{1}{s_x}\bar{x} = 0,$$

$$s_{x'} = \frac{1}{s_x} s_x = 1$$

である。標準化変換は，平均が 0，標準偏差が 1 となるような 1 次変換である（問題 2.6）ということができる。

2.4　その他の特性と積率

これまで「平均」に代表される位置の統計量，標準偏差に代表される「広がり」の統計量を見てきた。本節ではその他の統計量をいくつか紹介する。

2.4.1　バラツキの相対的な大きさ

●変動係数

標準偏差の平均に対する比 $\mathrm{CV}_x = \dfrac{s_x}{\bar{x}}$ は，変動係数（coefficient of variation）と呼ばれ，データの相対的なバラツキの大きさの指標として頻繁に用いられる。

表 2.9 標準化得点と上側パーセント点

x'	0.0	0.5	1.0	1.5	2.0	2.5	3.0
%	50	31	16	6.7	2.3	0.6	0.1

◆ ワンポイント 2.10　シェパードの補正

度数分布表から (2.13) 式に従って分散を求めると，正しい（すべての個別のデータを用いて計算した）分散よりやや大きめの値が得られる傾向がある。そのため $\tilde{s}_x^2$ を

$$s_x^2 = \tilde{s}_x^2 - \frac{1}{12}h^2 \tag{2.20}$$

と補正する（ただし，h はクラスの幅）。これを シェパードの補正（Sheppard's correction）という。

第 1 章の図 1.22（27 ページ）を考えよう。原データは 1 cm 単位で集計されている。これから公式 (2.13) に基づいて求めた分散は $\tilde{s}^2 = 31.12$ である。このデータについて，改めて幅 h cm（$h = 3, 5, 7, 9$）のクラスに集計し直し，公式 (2.13) によって分散 $\tilde{s}_{(h)}^2$ を求めた。その結果，表 2.10 の上段のようになった。これにシェパードの補正 (2.20) を施した結果が下段である。なお原データは小数点以下を丸めたデータであり，その意味で幅 $h = 1$ cm のクラスにグループ分けしたものとみなすことができる。

表 2.10　身長分布の標準偏差

h	1	3	5	7	9
$\tilde{s}_{(h)}^2$	31.12	31.64	33.00	35.40	37.66
補正値	31.04	30.89	30.91	31.31	30.91

単純に求めた分散は，h の増加に伴ってシェパードが指摘した通り増大している。一方，補正値は h の値によらずほぼ一定である。この結果は補正が非常にうまく働いていることを示唆している。

★注意 2.5　平均値は補正する必要がないとされている。

変動係数は，$\bar{x} \neq 0$ であれば，形式的に求められるが，マイナスの値が含まれる場合は意味をなさない。すべての値が非負であるようなデータにだけ適用される。

● ジニ係数

集団内格差あるいは産業における集中度などの分析にしばしば用いられる ジニ係数（Gini's index）GI_x は，次のように定義される。

$$\mathrm{GI}_x = \frac{\dfrac{1}{n^2} \sum_{i=1}^{n} \sum_{j=1}^{n} |x_i - x_j|}{2\bar{x}} \quad (2.21)$$

この右辺の分子 $\dfrac{1}{n^2} \sum_{i=1}^{n} \sum_{j=1}^{n} |x_i - x_j|$ を 平均差 という。これは「データの組とそのコピーを用意し，それぞれからでたらめに 1 つずつ数値を選んだときの差の絶対値の平均」，すなわち，一種の「広がりを表す統計量」である。ジニ係数は，平均差と平均の比すなわち「相対的なバラツキの大きさ」である。ジニ係数も正値データに対してだけ定義されることに注意されたい。なお，GI_x は (2.21) よりも，順序統計量 $x_{(i)}$ を用いる次の公式を用いる方が計算が容易である。

$$\mathrm{GI}_x = \frac{\sum_{i=1}^{n} (2i-1) x_{(i)}}{n^2 \bar{x}} - 1 \quad (2.22)$$

所得の差の絶対額が同じでも平均所得が大きければ「不平等感」は少ないであろう。「不平等」は格差の相対的な大きさである。ジニ係数はこのような実感をうまく織り込んだ指標である。

ローレンツ曲線（クローズアップ 2.6）は，集団内の格差あるいは集中度が進むにつれ，完全平等線から離れ右下に移動する。完全平等線とこの曲線によって囲まれる図形の面積は，一つの「不平等」を測る尺度と考えてよい。実は，この面積の 2 倍がジニ係数と一致する（ジニ係数はそのように定義された）（図 2.15）。

● **クローズアップ 2.6　ローレンツ曲線**

1つの国の中の所得格差の実態を「上位 10％ の階層で総所得の 50％ を占めている」などといい表すことがある。一般に上位 $100q$％ の階層全体が得る所得の，総所得に対する比率 $100y$％ を，いろいろな q について集めたデータは，その国の所得格差の現状を的確に示すものになっている。このデータを図に表したものが 図 2.15 の ローレンツ（Lorenz）曲線 である。

n 世帯の所得を $x_1, x_2, \cdots, x_n$ としよう。この順序統計量（大きさの順に並べたもの）を $x_{(1)} \leq x_{(2)} \leq \cdots \leq x_{(n)}$ とする。総所得は $n\bar{x}$ である。下から i 番目までの世帯の所得合計は $y_i = \sum_{j=1}^{i} x_{(i)}$ である。これらを相対化した $\left(\dfrac{i}{n}, \dfrac{y_i}{n\bar{x}}\right)$ を座標とする点を原点 $(0, 0)$ から出発して順につなぎ合わせたものがローレンツ曲線である。

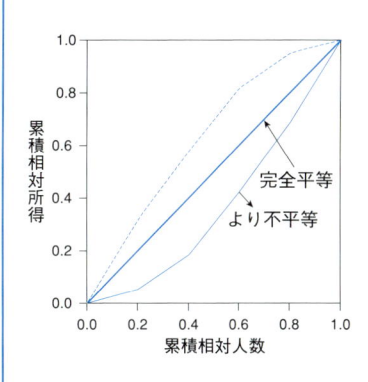

図 2.15　ローレンツ曲線

あるゼミの3年次生5人の1カ月に自由になる金額は $\mathcal{X}_6 = \{9, 10, 2, 5, 12\}$（万円）であった。このローレンツ曲線を描いてみる。$\sum x_i = 38$ だから累積人数比 $\{0.2, 0.4, 0.6, 0.8, 1\}$ に対する累積相対所得は順に $\{2/38 = 0.05, 7/38 = 0.18, 16/38 = 0.42, 26/38 = 0.68, 1\}$ である。原点から始めてこれらを結ぶと 図 2.15 の下側の折れ線が得られる。

完全に平等な社会では，$x_{(1)} = x_{(2)} = \cdots = x_{(n)}$ である。このとき $y_i = i\bar{y}$ だからローレンツ曲線は直線 $y = x$ すなわち 45 度線である。もう一方の極である完全不平等な社会では1人がすべての所得を独占する，すなわち $x_{(1)} = \cdots = x_{(n-1)} = 0,\ x_{(n)} = n\bar{x}$ である。社会全体について考えるような場合には n は非常に大きいから，このとき曲線は 図 2.15 の右下の曲線と一致する。一般に曲線が右下にあればあるほどその集団内の格差は大きいとみなせる（問題 2.7）。

2.4.2　分布の対称性

ワンポイント 1.3（27–29 ページ），図 1.22〜図 1.24 などに示した「対称」「右／左に裾を引く」といった形状は，このような分布の特徴の一つである。この特徴を数量的にとらえるための統計量を考えよう。

データ $\mathcal{X}_8 = \{-2, -1, -1, 4\}$ を考える。これは右に歪んでいる。分布が右に歪むとは，平均より左にあるデータの数が多く，（平均からの偏差の和が 0 であるから）右側の点は相対的に偏差（の絶対値）が大きいということである。したがって，絶対値が大きい値を強調（絶対値をより大きく）する変換 —— たとえば 3 乗する —— を行えば，そのようにして得られる右側の値の合計が大きくなる。このことを利用して非対称性をとらえることができる。

また，2.3.2 項では，非対称性などのデータに関する原点・単位の変更（データの 1 次変換）に依存しない性質は，標準化得点を基に測られるべきであると述べた。

このような考察から，次の歪度（skewness）b_1 が，分布の対称性を表すものであることが理解できる。

$$b_1 = \frac{1}{n} \sum_{i=1}^{n} \left(\frac{x_i - \bar{x}}{s} \right)^3 \tag{2.23}$$

b_1 は標準化得点の 3 乗平均である。分布が対称であれば $b_1 \sim 0$ であることは明らかである。また，分布が右に歪んでいれば，$b_1 > 0$ となる。逆に，左に歪んでいれば $b_1 < 0$ となる。たとえば，図 1.22〜図 1.24 について歪度はそれぞれ -0.019, 1.177, -1.698 である（問題 2.8 参照）。

2.4.3　分布の裾の重さ

標準化得点の 4 乗平均から 3 を引いたものを尖度（kurtosis）といい，b_2 で表す。

$$b_2 = \frac{1}{n} \sum_{i=1}^{n} \left(\frac{x_i - \bar{x}}{s} \right)^4 - 3 \tag{2.24}$$

● **クローズアップ2.7　一票の格差**

表2.11は衆議院議員選挙における「一票の格差」の変化をジニ係数によって調べたものである。一票の格差については，しばしば「最大格差」，すなわち「選挙区における議員1人あたりの有権者数の最大値と最小値の比」が問題になるが，最大値と最小値だけを用いた尺度は「集団全体の特徴」をとらえたとはいえない。選挙結果が有権者集団の意志を正確に表すべきだとすれば，ジニ係数のように集団全体の数値を使った「平均差」のほうが，より適切な「不平等」の指標といっていいかもしれない。

表2.11　衆議院定数配分の不平等度

選挙実施年	ジニ係数	最大格差	選挙実施年	ジニ係数	最大格差
1946	0.045	1.13	1972	0.199	4.99
1947	0.071	2.50	1976	0.172	3.50
1958	0.122	2.45	1979	0.177	3.87
1960	0.136	2.55	1980	0.179	3.94
1963	0.167	3.01	1983	0.187	4.41
1967	0.171	3.09	1986	0.171	2.92
1969	0.186	3.64			

1946年に行われた戦後初めての総選挙では，最大格差は1，ジニ係数は0にそれぞれ近く全国ほぼ平等であった。表2.11では，その後の最大格差の増減とジニ係数の増減がよく対応している。一方，両者には違いもある。表2.11から，1972年と1976年の総選挙の間，および1983年と1986年の総選挙の間に定数の是正があったことがうかがわれる。しかし，この間に最大格差はある程度減少しているが，ジニ係数の減少はそれほど大きくない。最大格差は一部の選挙区の定数を手直しすれば大きく改善できるが，ジニ係数に反映される定数／人口比の全体の「ゆがみ」を是正するのは容易ではないからであろう。選挙区間の議員定数の不平等を巡る論議にはジニ係数による計測も有用であると思われる。

正規分布（2.3.2 項）は，一つの典型的な分布である．正規分布ではデータは平均付近に集中しており，標準化得点が 3 以上のデータは稀である．実際，高校 3 年男子の身長分布では $\bar{x} = 170.9\,\mathrm{cm}$, $s_x = 5.6\,\mathrm{cm}$ であるから，「標準化得点が 3 以上」は「身長が 187.7 cm 以上」に相当する．標準化したときに 3 以上を外れ値と呼ぶことが多い（外れ値の定義は曖昧である．2 ないし 2.5 以上を外れとみなすこともある．この基準はデータのサイズにもよる）．外れ値が多いとき，分布の裾が重い（heavy-tailed）という．尖度は字義からは分布の「とがり」であるが，実際はこの裾の重さを表すものと考えてよい．裾が重ければ結果として尖った分布になりやすい（問題 2.9）．

2.4.4 積　率

分散は偏差の 2 乗平均であるのに対し，前節では，「3 乗平均あるいは 4 乗平均」が登場した．これらは，積率またはモーメント（moment）と呼ばれ，分散の拡張概念である．一般に

$$\frac{1}{n}\sum_{i=1}^{n}(x_i - a)^k \tag{2.25}$$

を a のまわりの k 次の積率（the k-th moment, the moment of order k, about a）という．

〈まとめ 2.6〉 (1) $a = \bar{x}$ のとき，すなわち平均まわりの積率を中心積率（central moment）といい，m_k と記す．$m_k = \frac{1}{n}\sum_{i=1}^{n}(x_i - \bar{x})^k$ である．分散は 2 次の中心積率 $s^2 = m_2$ である．
(2) $a = 0$ のとき，すなわち原点まわりの積率を単に積率あるいは原点積率，m'_k と記す．$m'_k = \frac{1}{n}\sum_{i=1}^{n}x_i^k$ である．平均は 1 次の原点積率，また 1 次の中心積率は 0 である．すなわち，$m'_1 = \bar{x}$, $m_1 = 0$ である．
(3) k が奇数の場合，平均からの偏差の絶対値の積率，絶対積率（absolute

◆ ワンポイント 2.11　金融データの非正規性

図 2.16 は 1998 年初頭から 2003 年末までの米ドルの対円レートである。これは時系列データである。時系列は「観測値が時刻ごとに得られる」ことを強調するため，習慣的に添え字に t を用い，$x_t, t = 1, \cdots, T$ などと記す。

時系列データで隣り合う値の差を差分あるいは階差（difference）といい，$\Delta x_t = x_t - x_{t-1}$ などと表す。Δ は差分オペレータと呼ばれる。階差の時系列 $\Delta x_2, \cdots, \Delta x_T$ を差分系列あるいは階差系列という。図 2.17 は，為替レートの階差系列を標準化したデータのヒストグラムである。この分布について，歪度 $b_1 = 1.345$，尖度 $b_2 = 11.27$ である。階差データのサイズは 739 であるが，そのうち 9 件について標準化得点が 3 以上でその最大値は 8.21，最小値は -5.01 である。標準化得点が 8 というのはかなりの「外れ値」であり，b_2 が大きいことはその存在を反映している。図に見られるように，為替レートは時々大きく変動する。それに対応して差分系列には「外れ値」が発生し，差分系列の分布は大きな b_2 をもつ。

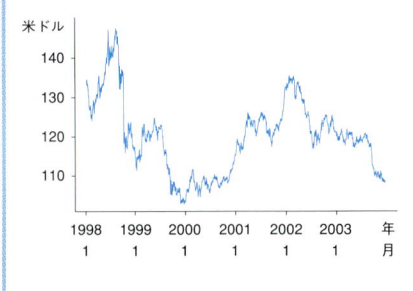

図 2.16　ドル／円為替レート

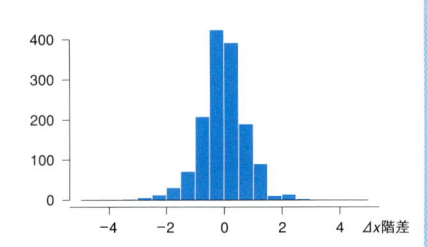

図 2.17　ドル／円為替レート（標準化階差）ヒストグラム

moment）もしばしば利用される。これは $v_k = \dfrac{1}{n}\sum_{i=1}^{n}|x_i - \bar{x}|^k$ と定義される。平均偏差は1次の絶対積率である。

(4) 歪度，尖度は，積率の記号を使って次のように表される。

$$b_1 = \frac{m_3}{\sqrt{m_2^3}}, \qquad b_2 = \frac{m_4}{m_2^2} - 3$$

2.5 数学的知識の補足

● (2.11)（平方和の分解）の証明（50ページ）

$(x_i - a)^2 = \{(x_i - \bar{x}) + (\bar{x} - a)\}^2 = (x_i - \bar{x})^2 + (\bar{x} - a)^2 + 2(\bar{x} - a)(x_i - \bar{x})$

である。これを i について加えると右辺第1項の和は平均まわりの平方和，第2項の和は $n(\bar{x} - a)^2$ である。第3項の和は平均からの偏差の和の $2(\bar{x} - a)$ 倍であるが偏差の和は0だから第3項の和も0である。

● (2.17)（1次変換と平均）の証明（58ページ）

$\displaystyle\sum_{i=1}^{n} y_i = \sum_{i=1}^{n}(a + bx_i) = na + b\sum_{i=1}^{n} x_i$ であるから，この両辺をサイズ n で割れば，(2.17) が得られる。

● イェンセン（Jensen）の不等式

凸（下に凸）関数 $g(x)$ によるデータの変換に関連して次の命題が成り立つ。

命題 2.1 $g(x)$ を任意の凸関数とすると

$$g(\bar{x}) \leq \frac{1}{n}\sum_{i=1}^{n} g(x_i) \tag{2.26}$$

である。(2.26) の右辺は，変換データ $g(x_i), i = 1, \cdots, n$ の平均であるが，これを一般に $\overline{g(x)}$ と書くことにする。

この不等式を応用すると，先に述べた幾何平均と算術平均に関する不等式 (2.9a) を示すことができる。実際 $g(x) = -\log x$ としてイェンセンの不等式を適用すると $-\log \bar{x} \leq -\overline{\log(x)}$ を得る。この両辺の符号を変え，対数を真

◆ワンポイント 2.12　なぜ「2 乗」するのか②（続き）

　ワンポイント 2.7 で述べた乱数実験で標本平均 ($\bar{x}$) の（シミュレーション）分布について平均・標準偏差はそれぞれ 170.85, 1.44, 標本中央値 (x_M) のシミュレーション分布では平均・標準偏差がそれぞれ 170.84, 1.77 であった。推定値の分布の標準偏差は，標準誤差（standard error）ともいい，この推定の精度を表すものと考えてよい。標準誤差は小さいほうがよいから「不正確度」というほうがよいかもしれない。標本平均のほうが標本中央値より精度が $1.77/1.44 = 1.23$ 倍だけよいことがわかる（理論的には，ほぼ $\sqrt{\pi/2} = 1.25$ であることが知られている）。これが中央値より平均が好まれる大きな理由である。

　標準偏差と平均偏差を「母集団の標準偏差（または平均偏差）の推定値」として用いた場合の精度＝標準誤差を同様のモンテカルロシミュレーションによって比較し，標準偏差の良さを確認することもできるが，ここでは割愛する。

　この議論をもう少し続ける。上の結論は，実は母集団分布の形状に依存する。両側指数（two-sided exponential）分布と呼ばれる図 2.18 の母集団分布を仮定しよう（このような形状の分布を仮定して分布の中心の推測を論じたラプラス（P.S.Laplace, 1749–1827）の名を冠することもある）。この母集団は，ワンポイント 2.7 で考えた身長分布と同じ平均・標準偏差をもつ。ワンポイント 2.7 の実験と同じように，この母集団から大きさ 15 の標本を 10,000 組取り出し，それぞれについて平均・中央値を求めるシミュレーションを行った。推定値の分布の平均・標準偏差は，標本平均を推定値とする場合は 170.86, 1.419, 標本中央値では，170.85,

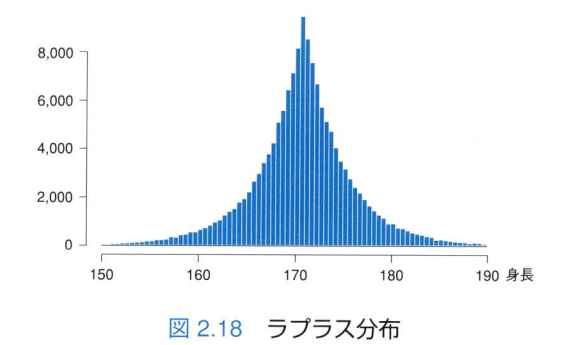

図 2.18　ラプラス分布

数に戻せば，(2.9a) が得られる。

● (2.26) の証明（70 ページ）

関数 $y = g(x)$ のグラフ C 上の点 $\mathrm{P}(\bar{x}, g(\bar{x}))$ を考える。関数が凸であるから，点 P を通ってグラフ C を下から支える（C より下にある）直線 l を引くことができる。l の式を $y - g(\bar{x}) = c(x - \bar{x})$ とする。曲線 C が直線 l より上にあるから

$$g(x_i) \geq g(\bar{x}) + c(x_i - \bar{x}), \quad i = 1, \cdots, n$$

である。この不等式の両辺を i について加え，n で割ると，$\sum_{i=1}^{n}(x_i - \bar{x}) = 0$ だから

$$\frac{1}{n}\sum_{i=1}^{n} g(x_i) \geq g(\bar{x}) + c\frac{1}{n}\sum_{i=1}^{n}(x_i - \bar{x}) = g(\bar{x})$$

を得る。

━━━━━━━━━━━━ 問　題 ━━━━━━━━━━━━

2.1 図 1.26 で示されるデータは，ある年の「統計学」の期末試験の成績の一部である。この平均得点を直接計算によって求めなさい。このデータについて，度数分布表を作成し，そこから平均点を求めなさい。

2.2 図 1.21（26 ページ）から読み取れるゲームの得点データから直接計算する中央値と，表 1.6（21 ページ）にまとめられた得点分布から (2.4) に従って中央値を求め，両者を比較しなさい。また，問題 2.1 で求めた平均とも比較してみなさい。

2.3 問題 2.2 と同様に，第 1，第 3 四分位点を求めなさい。

2.4 データ $\mathcal{X} = \{2, 3, 6, 8\}$ の第 1 四分位点はいくらか。またデータ $\mathcal{X} = \{2, 3, 6, 8, 9\}$ の第 3 四分位点はいくらか。

2.5 ワンポイント 2.8 の計算例で，仮平均 a は，173 でなくてもよい。他の値（たとえば $a = 150$）でも正しく $\bar{x}$ が得られる（ただし計算は少し面倒になる）ことを

1.205 であった．図 2.19 はそれぞれの分布の箱型図で，これをみても，中央値のほうが真の値（図の破線，170.85）のまわりに集中しているようすがわかる．このケースでは中央値が平均より精度がよいことがわかる．

話は振り出しに戻ってしまったが，論点を整理しておこう．2 乗和と絶対偏差の和の比較の問題を，平均と中央値の比較になぞらえ，これを母集団の推定の観点から論じた．このために，乱数を使って標本抽出の模擬実験を多数回行った（通常は，確率論がこの役割を果たす）．その結果，母集団の分布が正規分布（身長分布）のときは平均が，ラプラス分布のときは中央値が，それぞれ優れていることがわかった（図 2.20）．

結局，平均と中央値の優劣は，われわれが扱う問題の母集団の分布が，正規分布とラプラス分布のどちらであるか（あるいはどちらが現実の分布に近いか）という点に帰着する．さまざまな，データを観察すると（分布が対称である場合に限れば）多くは正規分布に近い（図 2.20 は，ラプラス分布からの標本中央値の分布（でさえ）正規分布に近いことを示している！）．これが，平均・平方和・標準偏差が好んで用いられる理由である．

なお，推定の観点をはなれても，平方和は絶対偏差の和に比べて数学的な取り扱いが容易であること，平方和だけがさまざまな「分解」を考えることができることなどの，技術的な理由からも好まれていることも付言しておく．

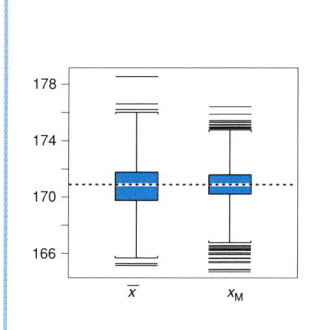

図 2.19 標本平均・標本中央値の分布の比較

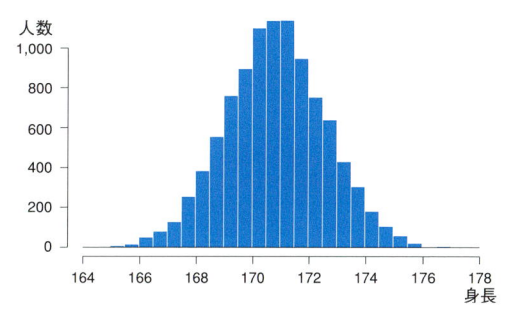

図 2.20 標本中央値分布

確かめてみよう。

2.6 データ $x_i, i=1, \cdots, n$ の任意の1次変換を $y_i, i=1, \cdots, n$ と得点すると $y_i = a + bx_i, i=1, \cdots, n$ である。ただし，$b>0$ とする。x_i, y_i の標準化をそれぞれ $x'_i, y'_i, i=1, \cdots, n$ とするとき，$y'_i = x'_i, i=1, \cdots, n$ であることを確かめなさい（これから，標準化得点は，測定の原点・単位に依存しないことがわかる）。

2.7 集団の各人すべての所得に正の一定額 $a>0$ を加えれば（すなわち一律・定額の補助金あるいは減税を施せば）ローレンツ曲線は上方に移動する。逆に負の一定額を加える（一律・定額の増税を行う）と曲線は下方に移動する。これを示しなさい。

2.8 クローズアップ2.2の生活費の架空データ $\mathcal{X}_4 = \{10, \cdots, 10, 110\}$ は右に歪んだデータの一例である。この歪度を求めなさい。

2.9 データ $\mathcal{X}_7 = \{-a, -1, -1, 0, 0, 0, 0, 0, 0, 1, 1, a\}$ を考えよう。$a=2$ とすると，このデータについて $\bar{x}=0, s_x=1, b_1=0, b_2=0$ であることを確かめ，一般の $a>2$ について b_2 を求めなさい。

2.10[**] 問題2.9で $a=2$ のときデータ $\mathcal{X}_7$ の相対度数分布は

x	-2	-1	0	1	2
相対度数	1/12	1/6	1/2	1/6	1/12

である。ここで，相対度数が1/12である「±2」のごく一部（ϵ）を $\pm a\,(a>2)$ として，次のような度数分布表を想定する。

x	$-a$	-2	-1	0	1	2	a
相対度数	ϵ	$1/12-\epsilon$	$1/6$		$1/6$	$1/12-\epsilon$	ϵ

このとき，$\epsilon \to 0, a \to \infty$ とすることにより b_2 はいくらでも大きくできることを確かめなさい。

2.11[**] **中心積率と原点積率の関係** 中心積率と原点積率の間の，次のような関係を示しなさい。

$$m_2 = m'_2 - m'^2_1$$

$$m_3 = m_3' - 3m_2'm_1' + 2m_1'^3$$
$$m_4 = m_4' - 4m_3'm_1' + 6m_2'm_1'^2 - 3m_1'^4$$

ヒント：第 1 式は分散に関する公式である。第 2 式は

$$m_3 = \frac{1}{n}\sum_{i=1}^n (x_i - \bar{x})^3 = \frac{1}{n}\sum_{i=1}^n \left(x_i^3 - 3\bar{x}x_i^2 + 3\bar{x}^2 x_i - \bar{x}^3\right)$$
$$= \frac{1}{n}\sum_{i=1}^n x_i^3 - 3\bar{x}\frac{1}{n}\sum_{i=1}^n x_i^2 + 3\bar{x}^2\frac{1}{n}\sum_{i=1}^n x_i - \bar{x}^3$$

から得られる。

2.12$^{(**)}$ 原点積率 m_k', $k = 1, 2, 3, 4$ を中心積率 m_l, $l = 1, 2, 3, 4$ を用いて表しなさい。

2.13$^{(**)}$ 幾何平均と調和平均の関係（2.9b）を示しなさい。
ヒント：$y_i = \log x_i$ として $g(y) = e^{-y}$ とおいて，イェンセンの不等式（2.26）を適用すればよい。

第3章 変数の間の関係

　統計データの分析の目的は，しばしば，「ある現象と他の現象との間にどのような関連があるか」を知ること，「ある現象の原因を探索する」こと，あるいは「ある要因がある現象にどの程度影響するかを知る」ことなどにある。本章では，このような複数の変数間の関係の統計分析の基礎概念について説明する。

3.1　カテゴリー変数
3.2　数 量 変 数
3.3　回帰モデル
3.4　数学的知識の補足

3.1 カテゴリー変数
3.1.1 分割表

2つのカテゴリー変数データは，分割表にまとめられる（1.4.1 項，20 ページ）。表3.1 は，腸チフスの予防接種の有無と発病の 2 変数についてのデータである（カテゴリー名は，それぞれ接種の「済」「未」，発病の「有」「無」とした）。

分析の目的は，接種の効果を知ることである。このためには，表3.2 のように，調査対象を「接種」＝「済」（変数「接種」のカテゴリー値が「済」）のグループと，「接種」＝「未」のグループに分け，それぞれについて「発病」の分布を調べてみるのがよい。「済」のグループでは，発病者の相対度数（発病率）は，$56/6815 = 0.82\%$，これに対し「未」のグループでは，$272/11668 = 2.33\%$，「未」のグループの発病者の割合は「済」のグループの約 3 倍弱である。変数「接種」は，変数「発病」に影響を与えている（予防に効果がある）ことが観察される（実は，この結論はやや早計で，「統計的検定」を行う必要がある。78 ページ以下の説明，および第 6 章を参照）。

それぞれのグループごとの「発病」の分布を条件付分布（conditional distribution）ともいう。条件付分布は，変数「接種」のカテゴリーの数だけあることに注意してほしい。

「発病」のカテゴリーによるグループごとに，「接種」の各カテゴリーの「条件付相対度数」を求めることもできる（表3.3）。形式的には全く同様だが，この場合は因果関係として理解するのがやや困難である。

3.1.2 変数の独立性

前項で，条件付分布の差は，2 変数の間の統計的な関係を示していると述べた。ここで仮に発病率が予防接種の有無にかかわらず同じであったとしよう。このようなときには，発病者の割合が予防接種の有無によらないから，われわれは「予防接種は発病に影響を与えない」と考えてよいだろう。このよう

表 3.1　予防接種と発病の関係

接種＼発病	有	無	
済	**56** **(0.30%)**	**6,759** **(36.57%)**	6,815 (36.87%)
未	**272** **(1.47%)**	**11,396** **(61.66%)**	11,668 (63.13%)
	328 (1.8%)	18,155 (98.2%)	18,483 (100%)

（出所）R.A.Fisher（1925）"Statistical methods for research workers".

表 3.2　グループ別の「発病」の分布

接種＼発病	有	無	
済	0.82%	99.18%	100%
未	0.82%	97.67%	100%
	1.77%	98.23%	100%

表 3.3　グループ別の「接種」の分布

接種＼発病	有	無	
済	17.07%	37.23%	36.87%
未	82.93%	62.77%	63.13%
	100%	100%	100%

なとき,「発病」は「接種」から独立であるという。

人工的な数値例で説明する。予防接種について「済」「未」の周辺度数がそれぞれ 100, 300 で発病率が等しく 20％であると仮定すると，表 3.4 のような分割表が得られる。（ ）内は，相対度数である。「接種」＝「済」の周辺相対度数は 0.25 で，そのうち発病者の割合は 0.2 だから，該当する (1, 1) セルの相対度数は $0.25 \times 0.2 = 0.05$ である。「接種」＝「未」の場合も同様に，(2, 1) セルの相対度数は $0.75 \times 0.2 = 0.15$ である。発病者の割合はすべて共通に 0.2 だから，「発病」＝「有」の周辺相対度数も 0.2 である（各自理由を考えられよ）。また「発病」＝「無」の列についても同様で，したがって

各セルの相対度数 ＝ 対応する（縦・横の）周辺相対度数の積　　(3.1)

であることがわかる。

条件付けの変数を取り替え,「発病」の各カテゴリーごとの「接種」の分布を求めると，これもすべて等しい。すなわち「「接種」も「発病」から独立」であることがわかる。この議論は「「発病」が「接種」から独立」であることから出発しているから，2 変数の分割表において一方の変数が他方から独立であれば，その逆も成り立つことを意味する。

このように，独立性は双方向的であるから,「一方の変数が他方から独立であること」と「同時分布について (3.1) が成り立つこと」は論理的に同値である。したがって 2 つのカテゴリー変数は，(3.1) が成り立つとき，互いに独立 (mutually independent) であるという。

この双方向性は，相対度数についての形式的な演算によって導かれる（問題 3.1）。分割表の分析を因果関係などに結びつけるには，データの背景となる固有の知識について十分な吟味が必要である。

● 独立性の検定

ここでは，確率の概念を用いずに仮説検定（第 6 章）の考え方を説明する。

大小 2 個のサイコロを同時に投げることを想定する。変数 X は大きいサイコロの目の {「偶数」「奇数」} を，Y は小さいサイコロの目の {「3 の倍数」

表 3.4 予防接種と発病（架空データ）

接種＼発病	有	無	
済	**20** (0.05)	**80** (0.20)	100 (0.25)
未	**60** (0.15)	**240** (0.60)	300 (0.75)
	80 (0.2)	320 (0.8)	400

◆ワンポイント 3.1　オッズ比とユールの Q

　サイコロを投げて「1の目が出る」ことに賭ける場合，勝つ確率は負ける確率の 1/5 だから，こちら側の賭け金と相手側の賭け金の比率が 1:5 であれば公平な賭けといえる。この賭け金の比率 1/5 を「1の目が出る」ことのオッズ（odds）という（歴史的には確率よりもオッズの方が古い概念である）。

　2×2 の分割表は，あることがら（発病）の頻度（確率）を 2 つのグループ（接種の有無）について比較したものと見ることができる。表 3.4 では上の段のオッズは $20/80 = 1/4$，下の段も $60/240 = 1/4$ で等しい。

　一方，表 3.1 では上段が $56/6759 = 0.00829$，下段が $272/11396 = 0.0239$ で，その比はおよそ 1/2.88 である。一般に 2×2 の分割表で第 1 行と第 2 行のオッズの比

$$OR = \frac{n_{11}}{n_{12}} \bigg/ \frac{n_{21}}{n_{22}} = \frac{n_{11} n_{22}}{n_{12} n_{21}}$$

をオッズ比（odds ratio）といい，2 つのカテゴリー変数間の関連の強さを表す指標とされている。OR は $0 \leq OR \leq \infty$ で，$OR = 1$ は 2 変数の独立を意味する。ユール（G.U. Yule, 1871–1951）は，オッズ比を基に，後述の相関係数に似た性質をもたせるため

$$Q = \frac{OR - 1}{OR + 1} = \frac{n_{11} n_{22} - n_{12} n_{22}}{n_{11} n_{22} + n_{12} n_{21}}$$

を提案した。これはユールの Q と呼ばれる，2 つの 2 値のカテゴリー変数間の関連の指標である。

「それ以外」} を表すことにする．2 つのサイコロの目は互いに影響しないから，Y の結果は，X の結果によらない（「独立」である）．サイコロが正しいとすると，各目の出る可能性は，すべて等しいから，理論的には表 3.5 のような度数（確率論では期待値（expectation）という．分割表の分析では，理論度数，期待度数などという）の同時分布が得られるはずである．

表 3.6 は，このような試行（trial）を 120 回行った結果である．表は，X が偶数のとき Y が「3 の倍数」であることの相対度数が，$27/68 = 39.7\%$ で，一方，X が「奇数」のときは，$15/52 = 28.8\%$ であることを示している．これから，「大きいサイコロの目が偶数のとき，小さいサイコロの目は 3 の倍数になりやすい」と結論できるであろうか？

観測度数（表 3.6）と理論度数（表 3.5）とのズレは，「偶然変動」が原因である．偶然によるズレが，見かけの関係（fallacious relation）を生む．データに多少の「関係」が見られても，必ずしもそれが真の関係であるとは限らないことを，この例は示している．分割表（に限らずすべての統計データ）から，「法則」を結論づけるには，それが「偶然変動」では説明できないほど，大きく明白な（統計学の用語法では「有意な（significant）」という）ものでなければならない．

表 3.7 は，配偶者の喫煙と肺ガンの関係を調べる目的で集められたデータである（Wolpert et al.（2004）"*Statistical science*"，pp. 450–471．このデータは，ケース＝コントロールスタディと呼ばれる方法で収集されているが，ここでは通常の無作為標本抽出を想定して説明する）．患者の割合は，配偶者が喫煙するグループで $73/261 = 28.0\%$，喫煙しないグループでは，$21/103 = 20.4\%$ で，配偶者の喫煙がガンの危険性を増しているように見られる．この関係が有意であるかどうかを調べる．

受動喫煙（以後配偶者の喫煙をこのように呼ぶ）と肺ガンが「無関係（独立）」であると仮定する．このとき，「理論度数」（整数でなくてもよい）は，各セルについて周辺度数から（3.1）によって求められる相対度数にサイズ $n = 364$

表 3.5 サイコロ実験（理論値）

X \ Y	3の倍数	それ以外	
偶数	20	40	60
奇数	20	40	60
	40	80	120

表 3.6 サイコロ実験（結果）

X \ Y	3の倍数	それ以外	
偶数	27	41	68
奇数	15	37	52
	42	78	120

表 3.7 受動喫煙と肺ガン

喫煙 \ 肺ガン	患者	健常	
有	73	188	261
無	21	82	103
	94	270	364

表 3.8 喫煙と肺ガン（期待度数）

喫煙 \ 肺ガン	患者	健常	
有	67.4	193.6	261
無	26.6	76.4	103
	94	270	364

● クローズアップ3.1　独立性の検定

　一般の $(m \times n)$ 分割表における独立性の検定 (test for independence) も同じ考えに基づいて行われる．ここで，技術的な問題として，仮説の下での χ^2 の分布が必要である．これを，いちいち多数回の実験で求めるわけにはいかないが，その分布は理論的に求められている．表3.9には，5% 有意水準に対応する臨界値が記されている（6.4節で説明する χ^2 分布による近似値．すべてのセルの理論度数が 5 以上であることがこの近似を用いるための条件とされている）．

表 3.9　χ^2 検定統計量の臨界値

自由度	1	2	3	4	5	6	7	8	9	10
臨界値	3.84	5.99	7.81	9.49	11.07	12.59	14.07	15.51	16.92	18.31

　なお，$(m \times n)$ 分割表の場合，自由度 (degrees of freedom)（258ページ）は次の式で求められる．

$$自由度 = (m-1)(n-1)$$

　今までの例はすべて 2×2 分割表であるので，自由度は 1，したがって臨界値は 3.84 である．問題 3.2 は 2×3 分割表の解析例である．このとき，自由度は $(2-1) \times (3-1) = 2$ である．

をかけて，たとえば (1, 1) セルでは $nq_1.q._1 = 364 \times \dfrac{73}{364} \times \dfrac{94}{364} = 64.4$ というように求められる（表 3.8，記号 $q_1.$ などについてはまとめ 3.1 参照）。表 3.7 と表 3.8 の「差」が「偶然変動」で説明できるか否かが問題である。

差の大きさを判断するためには，それを数量的に評価しなくてはならない。標準的な理論では，次のような統計量（**検定統計量**；test statistic）

$$\chi^2 = \sum_{\text{すべてのセル}} \frac{(\text{観測度数} - \text{理論度数})^2}{\text{理論度数}} \qquad (3.2)$$

を用いることがすすめられている（χ はギリシャ文字で，「カイ」とよむ）。観測値が理論値と一致すれば $\chi^2 = 0$ である。一方両者の差が大きければ，(観測度数 $-$ 理論度数)^2 が大きくなるから，χ^2 の値が大きくなる。χ^2 は差の程度に応じて大きくなる統計量である。

表 3.7 と表 3.8 から (3.2) に従って χ^2 を求めると

$$\chi^2 = \frac{(73-67.4)^2}{67.4} + \frac{(188-193.5)^2}{193.5} + \frac{(21-26.6)^2}{26.6} + \frac{(82-76.4)^2}{76.4} = 2.22$$

である。

この値「2.22」が大きいか否かを判断するために，次のような実験を行う。「有」「無」のカードをそれぞれ 261 枚，103 枚ずつ入れた「受動喫煙」の袋，「患者」「健常」のカードをそれぞれ 94 枚，270 枚ずつ入れた「肺ガン」の袋を，それぞれ用意する。それぞれの袋からでたらめに 1 枚ずつ取り出して，これを，1 番目対象者の状態とみなす。次にカードをもとに戻して同じ操作を行い，2 番目対象者の状態とみなす。以下同様に，364 回繰り返して，364 人分のデータを得る。このようにして得られる分割表においては，「受動喫煙」と「肺ガン」が互いに無関係に選ばれているから，ここでの観測度数と理論度数の差（およびその差を評価する χ^2 値）は，「偶然変動」だけによって生ずるものである。

図 3.1 は，上に説明した実験を 10,000 回繰り返して得られた 10,000 個の χ^2 の分布である（実際にはコンピュータ実験によって作成した）。カードを

図 3.1　χ^2 の分布（喫煙×ガン）

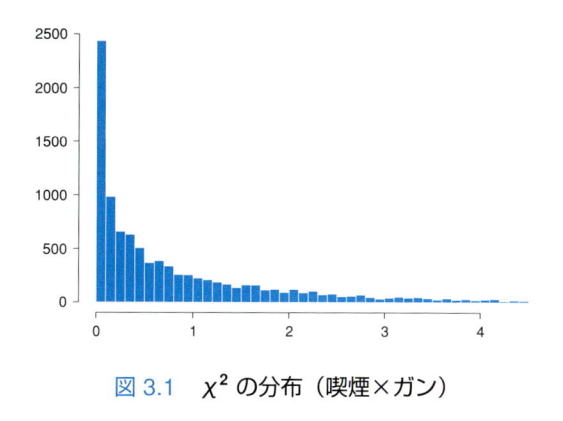

◆ ワンポイント 3.2　分割表のタイプ

　分割表は，周辺度数（あるいはデータの得られ方）の違いによって，3 つのタイプがある。
　第 1 は，2 変数の母集団からの単純な抽出で，2 つのサイコロのように，2 つの変数は（因果的に）対称な関係にある。この場合に周辺度数は実験の結果に左右される。第 2 は，2 つの母集団を比較する場合である。男女別に 100 人ずつ選んで意見を聞いた結果など，分割表の分析の多くはこれに該当する。変数の関係は（因果的に）非対称である。一方の周辺度数は事前に定まっていると考えるが，（男女の別なく調査対象を選んで意見を聞く場合のように）事後的に周辺度数が決まる場合も，このタイプと考えて良い。第 3 は，周辺度数が 2 つともあらかじめ決まっているタイプである。これは，変数が小中学校の相対評価のように，集団の中での 1 変数の分布が決まっている場合である。ほとんどの場合，少なくとも一方の変数について，「成績」のように潜在的な数値変数があり，その順序に従ってカテゴリー化して得られるものである。
　実は，分割表の検定においては，この 3 つのタイプのいずれにも，同じ手法が適用できる。したがって，この章の説明の過程で区別をしていないが，「独立性の検定」の名称は第 1 のタイプに対して用い，第 2 のタイプでは「2 母集団の比率の差（あるいは同等性）の検定」というほうが適切である。

$364 \times 10{,}000 = 3{,}460{,}000$ 回も取り出せない！ 偶然変動に伴って，χ^2 はこのように変動することがわかる。このうち，χ^2 が 2.22 以上となる回数は 1,317 であった。この割合 13.17％を P-値（P-value）という（P-値は，通常は確率論を適用して理論的に求められる）。$\chi^2 = 2.22$ という「差」は，偶然変動の結果として 7〜8 回に 1 回程度の割合で起きるのであるから，それほど大きな「差」ではなく，表 3.7 の結果は，偶然変動によって説明でき，喫煙と健康に関連があることの証拠とはいえないであろう。

統計的仮説検定論では，データによってその真偽を判定したい命題を帰無仮説（null hypothesis）という（単に仮説ということもある）。上の結論は「肺ガンと受動喫煙は独立（無関係）である」という仮説が否定できないというものである。

P-値は，「データが示していると思われる関係」の「証拠力」の評価基準である。しかし，一般に統計データは不確実さを伴い，そこから「絶対確実な」結論は得られない。したがって，P-値のみに基づいて「仮説の真偽を断定」することはできない。

それにもかかわらず，現実には「黒白」を決定する必要に迫られていることもあろう。そのようなときには，あらかじめ有意水準（significance level），または危険率と呼ばれる「小さい」値を定め（慣習的に有意水準はギリシャ文字 α で表され，その値は 5％とされることが多い），P-値がこれより小さいときに，「観測値と理論値の差が大きい」，言い換えれば「データの示す関係は偶然変動の結果とはみなせない」と判断する。一方，P-値が有意水準より大きければデータと帰無仮説は矛盾しない，すなわちデータの示した「関係」は偶然である可能性が排除できないと判断する。前者のケースのとき，帰無仮説は有意水準 α（5％）で棄却（reject）されるといい，後者のときは受容（accept）されるという。

なお，P-値がちょうど有意水準の値になるような検定統計量の値を臨界値（critical value）という。実際に P-値を求めることは，上の例でもわかるように容易ではないから，5％あるいは 1％といった代表的な有意水準に対応す

● クローズアップ 3.2　独立性検定の例

　表 3.10 は H, M 2 つの高校の生徒が集まるある会合の参加者について髪が茶色の生徒の数を数えた結果である。「茶髪率」は，それぞれ 8/22 = 36.4%，11/13 = 84.6% でかなりの差がある。生徒の髪の色の母集団分布に高校差がない（これが帰無仮説である）と仮定すれば，(3.5) によって，それぞれのセルの理論度数は表 3.11 であり，(3.2) によって求められる χ^2 統計量は 5.81 である。図 3.2 は，図 3.1 と同様に 10,000 回のコンピュータ実験から得た χ^2 の分布である（「仮説の下での」検定統計量の分布という）。これによれば $\chi^2 = 5.81$ に対する P-値は約 1.6% である。このように大きなズレ（χ^2 の値）は，偶然変動によっては 60 回に 1 回しか起きず，2 つの高校には茶髪率に差がある（校風の差か？）と考えざるを得ない。仮説は有意水準 5% で棄却された。

　アウトドアスポーツの好き嫌いについてのアンケートの回答を，男女ごとに集計した結果が表 3.12 である。「好き」の割合は，女性では 10/16 = 62.5%，男性では 15/17 = 88.2% とかなりの差があるように思われる。しかし，このデータでは $\chi^2 = 2.97$ で，前の 2 つの例と同様に行った 10,000 回の実験から得られる P-値は約 9.5% である。

　有意水準を 5% とすれば，この程度の差では男女に好みの差があるという結論は下せない（男女差がないという仮説が棄却されない）。このようなとき，(帰無)仮説は受容された。

表 3.10　髪の色の調査結果

出身校＼髪の色	黒	茶	
H 高校	14	8	22
M 高校	2	11	13
	16	19	35

表 3.11　髪の色（期待度数）

出身校＼髪の色	黒	茶	
H 高校	10.1	11.9	22
M 高校	5.9	7.1	13
	16	19	35

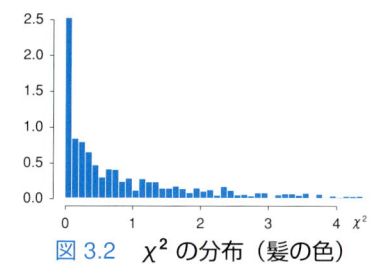

表 3.12　アウトドアスポーツの好き嫌い

性別＼屋外	好き	嫌い	計
女	10	6	16
男	15	2	17
計	25	8	33

図 3.2　χ^2 の分布（髪の色）

3.1　カテゴリー変数

る臨界値が用意され，検定統計量（ここでは $\mathcal{X}^2$）が臨界値以上になったとき仮説を棄却するのが，伝統的な検定の方法である（クローズアップ 3.1）．

⟨まとめ 3.1⟩　(1)　**一般の分割表**　一般に 2 つのカテゴリー変数 X, Y の取り得るカテゴリーがそれぞれ $\tilde{x}_1, \tilde{x}_2, \cdots, \tilde{x}_K, \tilde{y}_1, \tilde{y}_2, \cdots, \tilde{y}_L$ であるとき，X, Y の各カテゴリーの組に対する度数分布は表3.13のような **$K \times L$ 分割表**（$K \times L$ contingency table）にまとめられる．

ここで，n_{kl}, $k = 1, \cdots, K$, $l = 1, \cdots, L$ は，(k, l) セルの度数，$n_{k\cdot}$, $k = 1, \cdots, K$ は行和，$n_{\cdot l}$, $l = 1, \cdots, L$ は列和，$n_{\cdot\cdot}$ は総和を，それぞれ表す．
相対度数の表記　表3.13で用いた度数の表記 n_{ij} などに並行して，同時相対度数を $q_{kl} = n_{kl}/n_{\cdot\cdot}$，$X$ の周辺相対度数を $q_{k\cdot} = n_{k\cdot}/n_{\cdot\cdot}$，$Y$ の周辺相対度数を $q_{\cdot l} = n_{\cdot l}/n_{\cdot\cdot}$ と表す．

(2)　「条件 $\{X = \tilde{x}_k\}$ の下での $Y = \tilde{y}_l$ の条件付相対度数」を $q\{Y = \tilde{y}_l | X = \tilde{x}_k\}$ と書く．

$$q\{Y = \tilde{y}_l | X = \tilde{x}_k\} = n_{kl}/n_{k\cdot} = q_{kl}/q_{k\cdot}. \qquad (3.3)$$

である．とくに混乱のおそれのないときは，$q_{\tilde{y}_l|\tilde{x}_k} = q\{Y = \tilde{y}_l | X = \tilde{x}_k\}$ あるいは，変数名をも省略し $q_{l|k}$ などと略記する．「条件 $\{Y = \tilde{y}_l\}$ の下での $X = \tilde{x}_k$ の条件付相対度数」$q\{X = \tilde{x}_k | Y = \tilde{y}_l\} = q_{\tilde{x}_k|\tilde{y}_l}$ も同様に定められ

$$q_{\tilde{x}_k|\tilde{y}_l} = n_{kl}/n_{\cdot l} = q_{kl}/q_{\cdot l} \qquad (3.4)$$

である．
(3)　各セルの相対度数が対応する周辺相対度数の積に等しい，すなわち

$$q_{kl} = q_{k\cdot} q_{\cdot l}, \qquad k = 1, \cdots, K, l = 1, \cdots, L \qquad (3.5)$$

であるとき X と Y は互いに**独立**であるという．

X と Y が互いに独立であれば，$X = \tilde{x}_k$ の下での Y の条件付分布 $q_{\tilde{y}_l|\tilde{x}_k}$, $l = 1, \cdots, L$ は，すべての k について等しい．逆に，$X = \tilde{x}_k$ の下での Y の条件付分布が，すべての k について等しければ，X と Y は互いに独立であ

表 3.13 K × L 分割表

X \ Y	$\widetilde{y}_1$	$\widetilde{y}_2$	⋯	$\widetilde{y}_l$	⋯	$\widetilde{y}_L$	
$\widetilde{x}_1$	n_{11}	n_{12}	⋯	n_{1l}	⋯	n_{1L}	$n_{1\cdot}$
$\widetilde{x}_2$	n_{21}	n_{22}	⋯	n_{2l}	⋯	n_{2L}	$n_{2\cdot}$
⋮	⋮	⋮		⋮		⋮	⋮
$\widetilde{x}_k$	n_{k1}	n_{k2}	⋯	n_{kl}	⋯	n_{kL}	$n_{k\cdot}$
⋮	⋮	⋮		⋮		⋮	⋮
$\widetilde{x}_K$	n_{K1}	n_{K2}	⋯	n_{Kl}	⋯	n_{KL}	$n_{K\cdot}$
	$n_{\cdot 1}$	$n_{\cdot 2}$	⋯	$n_{\cdot l}$	⋯	$n_{\cdot L}$	$n_{\cdot\cdot}$

(X:カテゴリー、Y:カテゴリー、右列:Xの周辺分布、下行:Yの周辺分布)

$n_{k\cdot}$ は「nk ドット」, $n_{\cdot l}$ は「n ドット l」と読む. ・記号はその位置にある添字についての和であることを示す.

◆ ワンポイント 3.3 2 重総和記号

$\sum_{k=1}^{K}\sum_{l=1}^{L}$ のような 2 重総和記号は,2 次元的に並べられた数の総和を表す.
分割表 (表 3.13) の総度数 $n_{\cdot\cdot}$ を求めるには,まず各行の行和(周辺変数)$n_{k\cdot} = \sum_{l=1}^{L} n_{kl}$ を求め,これらを合計して求める.つまり

$$n_{\cdot\cdot} = \sum_{k=1}^{K} n_{k\cdot} = \sum_{k=1}^{K}\left(\sum_{l=1}^{L} n_{kl}\right)$$

である.これが 2 重総和記号の意味である.通常カッコ ( ) は省略される.
　総和を求める過程で列和を先に求め,これを合計しても当然同じ値を得る.一般に総和記号の順序は入れ換えることができる.

$$\sum_{k=1}^{K}\sum_{l=1}^{L} a_{kl} = \sum_{l=1}^{L}\sum_{k=1}^{K} a_{kl}$$

る．このことは，X と Y を交換しても同様である．

3.2 数量変数

2 つの数量変数 x, y の組についてのデータ $(x_1, y_1), (x_2, y_2), \cdots, (x_n, y_n)$ が観測されているとしよう．「変数間の関係」には，直線（的）関係，2 次曲線，折れ線などさまざまなものがあり得るが，ここでは，変数間の直線的な関係を数値的にとらえるための方法を説明する．一般の「関係」の記述については，次節で改めて述べる．

3.2.1 相関関係

統計的な方法は，一見して完全な決定論的関係が存在しないように思われる現象の分析に適用される．統計的な「関係」とは，程度の差はあるが「傾向」を表すものである．トルコの為替レートデータ（表 7.1，293 ページ）を x-y 平面上にプロットすると図 7.3（293 ページ）のようにほぼ一直線上に並ぶ．農業生産と人口データをプロットした図 1.15（21 ページ）は完全に一直線にはならないが，明瞭に直線的な関係が見られた．また，入学試験における英語と国語の得点データ（図 1.17，21 ページ）では，両科目の得点には英語の得点が高いものは国語の得点も高いという「傾向」があるという程度のゆるい関係がある．

統計学の用語法では，直線的な関係を相関関係 (correlation) あるいは単に相関という．上に挙げた例では，「一方の変数 x の値が大きい要素は，他の変数 y の値も大きい傾向がある」すなわち「散布図が右上がり」である．このような関係を正の (positive) 相関という．

一方，国ごとの 1 人あたり GNP（国民総生産）と非識字率（図 3.4）（1 人あたり GNP は米ドル表示の金額の常用対数）のように，所得が高い国は非識字率が低いという「右下がり」の関係もある．これは負の (negative) 相関という．

● コラム 3.1　統計学の源流③ ●

統計学史上の重鎮カール・ピアソン（K.Pearson, 1857–1936）の講義録をまとめた書『*The history of statistics in the 17 & 18th centuries*』（1978, E.S. Pearson 編）によれば，「統計学」という名称には，次のようなやや複雑な経緯がある。

「統計学（statistics）」という名称の成立は，16 世紀イタリアで stato（= state，政治的体制としての国）を司る statistica（= statesman）が必要とする事項が講ぜられたことがその起源である。

図 3.3　ピアソン

その後，17 世紀後半，この学問の中心はドイツに移り，1660 年コンリング（H. Conring, 1609–1681）がヘルムスタッド大学で，各国の政治体制，国力，産業などを論じたことに始まり，18 世紀中頃アッヘンワル（G. Achenwall, 1719–1772）によって一応の完成を見たとされる国状学（staatskunde）が多くの大学での必須科目となった。この流れの中，「Statistik」の名称はアッヘンワルが用いたのが，その嚆矢とされている。

この時期は，英国で政治算術（コラム 1.1，3 ページ参照）が，大陸では国状学がそれぞれ発展を遂げたことになる。しかしながら，政治算術が数と量を通した分析法を発展させたのに対し，18 世紀までの国状学はまさにペティが批判し乗り越えようとした「言葉のみによる記述」が中心であった。ピアソンは，「初期の国状学の文献の多くで数字はページ番号だけだ」と酷評し，現代の統計学の源流とみなせるのは「政治算術」であるとしている。ピアソンによれば，1798 年シンクレア卿という人物が，『*The statistical account of Scotland*』という書を表したときに，この言葉を（政治算術の側に）盗用した。その後，ドイツにおいても，数量に基づく方法の重要性の認識が徐々に浸透し，1850 年，『独立の学問としての統計学』（C. クニース，高野岩三郎訳）においてこの名称を政治算術派に与えるのが適当であると結論づけられた時点で「統計学」の現代的な性格づけが完成した。

相関関係は，一方の変数の増加とともに他方の変数が増加（負の相関の場合は減少）するという「単調な」関係を指す．したがって，たとえば図 1.16（21 ページ）のような「折れ線状」の関係は，相関関係とはみなされない．

3.2.2　相関係数

ここでは「相関」関係の程度を表す統計量を説明する．図 3.5 は正の相関をもつデータの典型的な散布図である．2 変数間に正の相関があると x の偏差が正 $((x_i - \bar{x}) > 0)$ なら y の偏差が正 $((y_i - \bar{y}) > 0)$ になりやすく，また x の偏差が負 $((x_i - \bar{x}) < 0)$ のときは y の偏差が負 $((y_i - \bar{y}) < 0)$ になりやすい．したがって，図のように x, y の平均値を原点とする座標をとれば，その第 1 象限（右上），第 3 象限（左下）に点が多く集まる．逆に x, y に負の相関があれば，第 2, 4 象限（左上，右下）の点が多くなる．

この性質だけに注目した統計量として，たとえば

$$\frac{第 1, 3 象限の点の数 - 第 2, 4 象限の点の数}{データのサイズ}$$

が考えられる．この統計量（符号相関ということにする）は，すべての点が第 1, 3 象限にあれば $+1$，逆にすべてが第 2, 4 象限にあれば -1 となる．しかし，これは相関の「方向」はとらえるが，その「程度」を十分表すとはいえない場合がある．たとえば，図 3.6 の左右の図を比較されたい．左の図は明瞭な直線関係があるのに対し右の図はそうとはいえない．しかるに，符号相関はどちらについても 1 であり，両者を区別しない．このような欠点などのため，符号相関は実際にはあまり用いられない．

● 相関係数

x, y の偏差は，第 1, 3 象限では符号が同じであり，その積が正であることに注目すると，上の統計量は $\frac{1}{n}\sum_{i=1}^{n} \text{sgn}(x_i - \bar{x})(y_i - \bar{y})$ と表されることがわかる（$\text{sgn}(x)$ は x の符号関数．クローズアップ 2.5, 53 ページ参照）．符号相関では，偏差の積の「符号」を平均しているが，代わりに偏差の積を直接

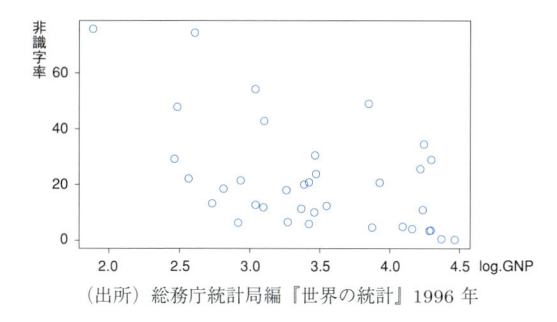

図 3.4 １人あたり GNP と非識字率

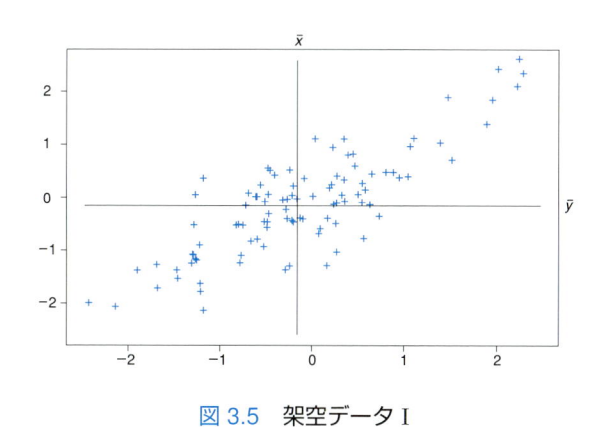

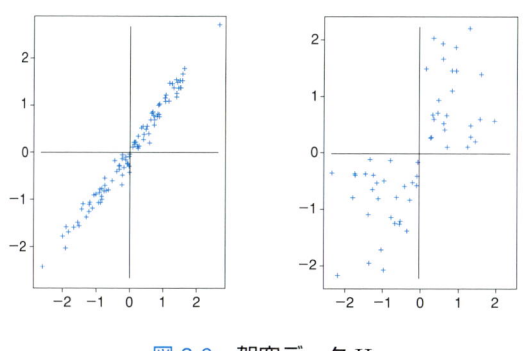

（出所）総務庁統計局編『世界の統計』1996 年

図 3.5 架空データ I

図 3.6 架空データ II

平均することも可能であろう．また，相関関係は測定の単位によらない概念であり，これを特徴づける統計量は 2.2.2 項で述べたように両変数の標準化を基にして構成されるべきである．これらを勘案すると，次のような統計量 r_{xy} すなわち「2 変数 x, y の標準化得点の積の平均」が考えられる．

$$r_{xy} = \frac{1}{n} \sum_{i=1}^{n} \left(\frac{x_i - \bar{x}}{s_x} \right) \left(\frac{y_i - \bar{y}}{s_y} \right) \tag{3.6}$$

これを，相関係数（correlation coefficient）という．他のいろいろな「相関係数」と区別するために，ピアソン（Pearson）の積率相関などと呼ばれることもあるが，単に相関係数といえばこれを指すと思ってよい．

⟨まとめ 3.2⟩ 相関係数は，次のような性質をもつ．
(1) 相関係数の符号は相関の正負に対応する．散布図が右上がりなら $r_{xy} > 0$，右下がりなら $r_{xy} < 0$ である．
(2) 相関係数の絶対値は 1 を越えない．$-1 \leq r_{xy} \leq 1$ である（証明は 3.4 節）．
(3) $|r_{xy}|$ が 1 に近ければ近いほど x, y の直線的関係は明瞭になる．とくに $r_{xy} = \pm 1$ のとき 2 変数間には完全な直線関係がある．すなわち散布図ですべての点が一直線上に並ぶ（3.3.1 項参照）．たとえば，図 3.5 のデータについて相関係数はおよそ 0.8，図 3.6 の左の図ではおよそ 0.99，右の図ではおよそ 0.64 である．
(4) 相関係数が 0 に近ければ x, y に直線的な関係がない．ただし，$r_{xy} \sim 0$ が必ずしも「無関係」を意味するわけではない．
(5) 相関係数は x, y の 1 次変換を行っても変わらない．
(6) 相関係数 r_{xy} は，共分散（次項）を x, y 両変数の標準偏差で順に割って得られる．

$$r_{xy} = \frac{s_{xy}}{s_x s_y} \tag{3.7}$$

◆ワンポイント 3.4　順位相関

　データ $x_1, x_2, \cdots, x_n$ を小さい順に並べたときの各 x_i の位置を x_i の順位（rank）という。たとえば，データ $\mathcal{X} = \{3, 6, 1, 10\}$ について，$x_1 = 3$ の順位は 2，$x_2 = 6$ の順位は 3 である。

　2 変数データ (x_1, y_1)，$\cdots$，(x_n, y_n) について，各 x_i, y_i をそれぞれ変数 x における順位（a_i と書く），変数 y における順位（b_i と書く）で置き換えて得られる順位対 $(a_1, b_1) \cdots (a_n, b_n)$ から求められる相関係数を，順位相関係数（rank correlation）あるいはスピアマン（Spearman）の ρ（ロー）という。

表 3.14　原データと順位データ

x	y
3	2.5
6	-1
1	6
10	1

原データ

a	b	$d = a - b$
2	3	-1
3	1	2
1	4	-3
4	2	2

順位データ

データにタイがなければ，$d_i = a_i - b_i$ とすると

$$\rho = 1 - \frac{6 \sum_{i=1}^{n} d_i^2}{n^3 - n} \tag{3.8}$$

である（問題 3.5）。上の例では $\rho = 1 - \dfrac{6 \times 18}{60} = -0.8$ となる。

3.2.3 共 分 散

（標準化を行う前の）偏差の積の平均を s_{xy} で表し，これを $(x, y$ の）共分散（covariance）という。

$$s_{xy} = \frac{1}{n}\sum_{i=1}^{n}(x_i - \bar{x})(y_i - \bar{y})$$

共分散 s_{xy} を x, y 両変数の標準偏差の積で割ると相関係数 r_{xy} が得られることに注意する。

ここで形式的に「y」を「x」で置き換えると $s_{xx} = \sum_{i=1}^{n}(x_i - \bar{x})^2/n$ すなわち x の分散を得る。分散は共分散の特別な場合である。多変数を扱う枠組みの中では，分散は s_x^2 よりもむしろ s_{xx} と表記するほうが便利である。

⟨まとめ 3.3⟩ 共分散は，次のような性質をもつ。
(1) a, b を定数とすると

$$\sum_{i=1}^{n}(x_i - a)(y_i - b) = \sum_{i=1}^{n}(x_i - \bar{x})(y_i - \bar{y}) + n(\bar{x} - a)(\bar{y} - b) \quad (3.9)$$

が成り立つ（3.4 節参照）。

(2) **共分散の公式** 上の (3.9) を n で割って，適当に項を移動すると，分散に関する (2.12)（52 ページ）に類似の次の公式が得られる。

$$s_{xy} = \frac{1}{n}\sum_{i=1}^{n}(x_i - a)(y_i - b) - (\bar{x} - a)(\bar{y} - b)$$
$$= \overline{(x-a)(y-b)} - \overline{(x-a)}\,\overline{(y-b)} \quad (3.10\text{a})$$

ここで，$a = b = 0$ とおくと

$$s_{xy} = \frac{1}{n}\sum_{i=1}^{n}x_i y_i - \bar{x}\bar{y} = \overline{xy} - \bar{x}\,\bar{y} \quad (3.10\text{b})$$

すなわち，共分散は 2 変数の積の平均から平均の積を引いた値に等しい。

● コラム 3.2　相関・回帰 ●

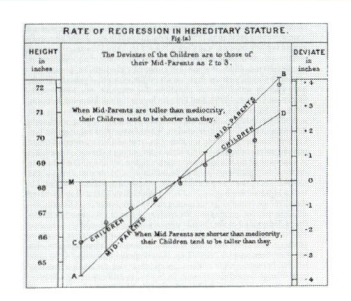

図 3.7　ゴールトン　　　図 3.8　回帰（人類学会誌，1886 年）

　ゴールトン（Francis Galton, 1822–1911）は，ケンブリッジ大学で医学を修めたが，医者としての経歴を離れ，地理学，気象学などに功績を残した後，（おそらく従兄弟の C. ダーウィンの『種の起源』（1859）に刺激され）1865 年頃から遺伝の研究を始めた。その後約 25 年にわたる研究の過程で，相関と回帰の概念と名前を世に示し，その創始者の名を得ている。

　初期の研究で，天才の家系について，最も優れた人物からの血縁の近さ（親等）と天才の出現頻度を調べ，世代を経るにつれ「凡人」の比率が高まることを示した。この事実は，遺伝法則についての彼の認識を左右し，回帰の概念に結びつく。

　親（両親の平均 x インチ）によるグループごとの（男の）子の身長（y）の平均が，ほぼ直線 $\bar{y}. - 68.2 = \frac{2}{3}(x - 68.2)$ であること，すなわち，親の世代の特性（身長）は子の世代においてより 1/3 だけ「並」（mediocrity）の方向に回帰（regress）するとしている（図 3.8）。このような一連の研究の中で回帰（103 ページ）の名前が使われている。

　ところで，上の例で子の身長に，親の身長の平均を求める，つまり x と y の役割を入れ替えて同様の関係式を求めると，$\bar{y}. - 68.2 = \frac{1}{3}(x - 68.2)$ である。すなわち，子の身長から親の身長への「回帰係数」がその逆の場合と一致しない。ゴールトンは，両変数を同じ尺度になおす（われわれの概念を使えば「標準化」を行うことによって，このような「非対称性」がなくなることに気がついた（王立協会講演，1888 年）（上の例で計算すれば $y' = 0.46x'$, $x' = 0.46y'$ である）。この共通の関係式（の係数）を「co-relation」と呼んだことが，「相関」の始まりである。

　なお，回帰分析で，従属変数と独立変数をともに標準化したときの係数を標準回帰係数という。単回帰の場合，これが相関係数に一致することは容易に確かめられる。

3.2.4　2次元度数分布

1.4.2項の入学試験データの例では，英語（x）と国語（y）の得点によって分類し，カテゴリーデータの分割表に準じて，2次元度数分布表（表 1.7，23ページ）を作成した．カテゴリー変数の分割表と同様に，これを2科目の得点の同時分布（joint distribution）という．度数の行和（右端）は，英語得点の周辺度数または周辺分布（marginal distribution）である．同じく列和（最下段）は，国語の周辺分布である．

〈まとめ 3.4〉　一般に，離散型データ，あるいは連続型データで次のようなクラス分けがなされているとしよう．

$$x \quad K \text{クラス：階級値 } \tilde{x}_1, \cdots, \tilde{x}_K$$
$$y \quad L \text{クラス：階級値 } \tilde{y}_1, \cdots, \tilde{y}_L$$

この分類に対応して，各クラス（(k, l) で番号づけられ，階級値が $(\tilde{x}_k, \tilde{y}_l)$ であるクラス）の度数を f_{kl}，および相対度数を $q_{kl} = f_{kl}/n$ で表す．また，周辺分布を $q_{k\cdot}$, $q_{\cdot l}$ で表す．すなわち，$q_{k\cdot} = \sum_{l=1}^{L} q_{kl} = \{x = \tilde{x}_k \text{ の相対度数 }\}$，$q_{\cdot l} = \sum_{k=1}^{K} q_{kl} = \{y = \tilde{y}_l \text{ の相対度数 }\}$ である．

(1)　変数ごとの平均・分散は，その変数についての周辺分布から，それぞれ (2.3)（34 ページ），(2.13)（52 ページ）に従って求められる．x, y の間の共分散は

$$s_{xy} = \sum_{k=1}^{K} \sum_{l=1}^{L} (\tilde{x}_k - \bar{x})(\tilde{y}_l - \bar{y}) q_{kl} \tag{3.11}$$

である．また，共分散に関する公式 (3.10a) に対応して (3.11) は

$$s_{xy} = \sum_{k=1}^{K} \sum_{l=1}^{L} (\tilde{x}_k - a)(\tilde{y}_l - b) q_{kl} - \left(\sum_{k=1}^{K} \tilde{x}_k q_{k\cdot} - a \right) \left(\sum_{l=1}^{L} \tilde{y}_l q_{\cdot l} - b \right) \tag{3.12}$$

のように表される．

◆ ワンポイント 3.5　2 次元度数分布に基づく基本統計量の計算例

英語，国語それぞれの平均は，その周辺分布から，公式（2.3）により求められる。

$$\bar{x} = (4.5 \times 2 + 14.5 \times 27 + \cdots + 94.5 \times 6)/1510 = 55.12$$

$$\bar{y} = (4.5 \times 7 + + \cdots + 94.5 \times 1)/1510 = 45.43$$

また，分散・標準偏差は，公式（2.13）に従って計算すれば，$s_x^2 = 237.83$, $s_x = 15.42$ である。同様に $s_y = 13.99$ である。

共分散 s_{xy} を求めるには，同時分布を用いる必要がある。たとえば，x, y の仮平均を 54.5, 44.5 として

$$\overline{(x-54.5)(y-44.5)} = \frac{1}{n}\{0 + 0 + (4.5-54.5) \times (24.5-44.5) \times 1 + \cdots$$
$$+ (14.5-54.5) \times (4.5-44.5) \times 2 + (14.5-54.5) \times (14.5-44.5) \times 7 + \cdots$$
$$\vdots$$
$$+ 0 + 0 + \cdots + (94.5-54.5) \times (24.5-44.5) \times 1 + \cdots + 0\}$$
$$= 95.50$$

である。上の式では，各セルに対応する項（偏差の積と相対度数の積）がすべて加えられている。公式（3.10a）から，共分散は

$$s_{xy} = \overline{(x-54.5)(y-44.5)} - (\bar{x}-54.5)(\bar{y}-44.5) = 94.93$$

である。これより，相関係数の値 0.440 を得る。

3.2.5 変数の和

英語 (x) 国語 (y) の得点データを再び考える。ここでは，各クラス (k, l セル) に属する要素はすべて階級値 ($\tilde{x}_k$, $\tilde{y}_l$) をとるものとする。入学試験では，科目の合計点 ($z = x + y$) が重要である。z の分布を求めてみよう。たとえば $z = 19$ となるのは $x = 4.5$, $y = 14.5$ の場合と $x = 14.5$, $y = 4.5$ の 2 通りであるから，それぞれの度数 $0, 2$ を合わせて $z = 19$ の度数は 2 である。以下同様にして，表 3.15 のような z の分布が求められる。

これより，$\bar{z} = (19 \times 2 + 29 \times 11 + \cdots + 169 \times 3)/1510 = 100.54$ である。当然予想されることだが，これは $\bar{x} + \bar{y} = 55.12 + 45.43 = 100.55$ に一致する ($\bar{x}$, s_x^2, $\bar{y}$, s_y^2 はワンポイント 3.5 で求めた。最後の桁での不一致は，表記のための四捨五入による)。このことは偶然ではなく，一般に，$z = x + y$ の平均は

$$\bar{z} = \bar{x} + \bar{y} \tag{3.13a}$$

のように，x, y それぞれの平均の和に一致する。

次に，表 3.15 の度数分布から，z の分散を求めると，$s_z^2 = 623.38$ である。平均の場合とは異なり，s_z^2 は $s_x^2 + s_y^2 = 237.83 + 195.70 = 433.53$ と一致しない。両者の差は $623.38 - 433.53 = 189.85$ である。これは，x, y の共分散 $s_{xy} = 94.93$ (ワンポイント 3.5) の 2 倍であることが確認できる。一般に，$z = x + y$ の分散は

$$s_{zz} = s_{xx} + 2s_{xy} + s_{yy} \tag{3.13b}$$

である。

〈まとめ 3.5〉 2 変数 x, y (測定値の組 (x_1, y_1), $\cdots$, (x_n, y_n)) の 1 次式を $z = ax + by$ ($z_i = ax_i + by_i$, $i = 1, \cdots, n$) とする。このとき，次の公式が成立する。

表 3.15 科目の合計点（z）の分布

z	9	19	29	39	49	59	69	79	89	99
度数	0	2	11	21	34	51	93	144	206	230
z	109	119	129	139	149	159	169	179	189	
度数	260	217	121	78	25	14	3	0	0	

◆ ワンポイント 3.6　ケンドールの τ（タウ）

　ワンポイント 3.4（95 ページ）と同じく，x_i, y_i の順位をそれぞれ a_i, b_i で表す。2 点 (x_i, y_i)，(x_j, y_j) について，$(a_i - a_j)(b_i - b_j) < 0$ つまり散布図上で右下がりの位置にあるとき，この 2 点は逆順であるという。全部で $\dfrac{n(n-1)}{2}$ 個の対の中の逆順の対の数を S とする。変数 x, y に完全な正の相関関係があれば $S = 0$ であり，完全な負の相関のときは $S = \dfrac{n(n+1)}{2}$ となる。これを，通常の相関係数に合わせて $[-1, 1]$ に基準化した

$$\tau = 1 - \frac{4S}{n(n-1)}$$

を，ケンドール（Kendall）の順位相関係数，または τ（タウ）という。

　逆順数 S を求めるには，95 ページの表 3.14 のように，変数 x, y を順位 a, b に変換したうえで，一方の変数（ここでは a）の順に並べ換える（表 3.16）。

表 3.16　順位データ

a	1	2	3	4
b	4	3	1	2
c	3	2	0	0

表の c の行には，変数 b について，「その列の右側にあるその列の数より小さい数の数」を記す。たとえば，第 1 列では $b = 4$ であるが，その右の b の値は 3, 1, 2 であるから c は 3 である。この c の合計が S である。この例では，$\tau = 1 - \dfrac{20}{12} = -0.67$ である。

$$\bar{z} = a\bar{x} + b\bar{y} \tag{3.14a}$$

$$s_{zz} = a^2 s_{xx} + 2ab s_{xy} + b^2 s_{yy} \tag{3.14b}$$

である。上では $a=b=1$ の場合を例示している。とくに x, y が無相関であれば

$$s_{zz} = a^2 s_{xx} + b^2 s_{yy} \tag{3.14c}$$

である。

● 独立性と共分散

2 変数 x, y の独立性は，カテゴリー変数と同様に定義される。2 つの数量変数 x, y が互いに独立であるとは

$$\text{すべての } k, l \text{ で} \quad q_{kl} = q_{k\cdot} q_{\cdot l} \tag{3.15}$$

であることをいう。(3.15) は条件付分布 $q_{\tilde{y}_l|\tilde{x}_k}$, $l=1, \cdots, L$ が $\tilde{x}_k$ の値に依存しないことと同値である。

x, y が互いに独立ならば $\overline{xy} = \bar{x}\bar{y}$ である（証明は 3.4 節）。これから，共分散が $s_{xy} = \overline{xy} - \bar{x}\bar{y} = 0$ であることがわかる。したがって，2 変数 x, y が互いに独立であれば，それらの相関係数 r_{xy} は 0 である。独立性は「無相関」を意味するが，先にまとめ 3.2 の (4) でふれたように，「無相関」であることは必ずしも「独立性」を意味しない。

3.2.6 分散・平方和の分解

[例 3.1]　$(n=6)$ 人のゼミ生を，遠距離通学生のグループ A と徒歩・自転車通学生のグループ B に分けて，1 週間の学習時間 (x) を調べたところ，表 3.17 のような結果が得られたとしよう。

各グループごとの平均・分散は，$\bar{x}_A = 6$, $\bar{x}_B = 10$, $s_A^2 = s_B^2 = 8/3$ である。全体の和は，各グループの和の合計であり，したがって 6 人全体の平均は，各グループ平均の平均である（$\bar{x} = (\bar{x}_A + \bar{x}_B)/2$）。これに対して平方

表 3.17　ゼミ生の学習時間

グループ	学習時間	和	平均 ($\bar{x}$)	平方和 (T)	分散 (S^2)
A	4　6　8	18	$\bar{x}_A = 6$	$T_A = 8$	8/3
B	8　10　12	30	$\bar{x}_B = 10$	$T_B = 8$	8/3
全体		48	$\bar{x} = 8$	$T = 40$	20/3

● クローズアップ 3.3　分散分析

　(3.17) 式で表される平方和の分解を，表にまとめたものが次の分散分析表である。

表 3.18　分散分析表

要因	平方和	自由度	不偏分散	F 比
グループ	$T - (T_A + T_B) = 24$	1	24	$24/4 = 6$
群内変動（誤差）	$T_A + T_B = 16$	4	4	
全変動	$T = 40$	5		

　ある変数の値（の分布）に対する，グループ分けの影響を検証する場合，分析の第 1 段階では，観察されたグループごとの平均の違いが偶然変動では説明できないほど大きいかどうかを調べることが必要である。

　群内変動は，個体差，測定誤差等によって生ずる「偶然変動」である。群間変動は，「偶然変動」によっても生ずるが，「グループ間の差」が実際の測定値に影響を与えている場合には，顕著な大きさになる。したがって，グループ間に差異があるか，あるいはグループが測定値に影響を与えてはいないかを，群間変動が群内変動に比べて大きいかどうかを判断することによって調べる（検定する）ことができる。この考え方は，次のような 分散分析（analysis of variance；ANOVA）として実現される。

　群間平方和（T_G）の大きさは，群内平方和（T_E）に対する比で測ることができる。実際にはそれぞれをその 自由度 で割った 不偏分散 と呼ばれる量，$S_G = T_G/df_G$, $S_E = T_E/df_E$ の比

$$F = \frac{S_G}{S_E}$$

を検定統計量とする。以上が，実験データの解析に頻繁に用いられる分散分析の基本的な考え方である。ワンポイント 3.7 にこの実例を示す。

和では，全体の和（T）と，各グループの平方和（T_A, T_B）の合計が異なる（$T - (T_A + T_B) = 24$）。

この差は，グループごとの平方和では，各グループそれぞれの平均（$\bar{x}_A$, $\bar{x}_B$）のまわりの平方和を考えているのに対し，全体の平方和では，全体平均（$\bar{x}$）のまわりの平方和を考えていることによる。実際 (2.11)（50 ページ）によって，T に対するグループ A の「寄与」は $(4-\bar{x})^2+(6-\bar{x})^2+(8-\bar{x})^2 = T_A+3(\bar{x}_A-\bar{x})^2$ である。B の寄与も同様であるから

$$T = T_A + T_B + 3(\bar{x}_A - \bar{x})^2 + 3(\bar{x}_B - \bar{x})^2 \tag{3.16}$$

この両辺を，サイズ 6 で割ると

$$s^2 = \frac{s_A^2 + s_B^2}{2} + \frac{(\bar{x}_A - \bar{x})^2 + (\bar{x}_B - \bar{x})^2}{2} \tag{3.17}$$

を得る。ここで，第 1 項は，「グループごとの分散」の平均であり，第 2 項は，「グループ平均」の分散である。前者を **群内分散**（intraclass variance），後者を **群間分散**（interclass variance）という。(3.17) 式は全データの分散 s^2 が群内分数 s_W^2 と群間分数 s_B^2 の和に分解されることを示している。同様に (3.16) 式は全平方和（全変動）T の群内平方和 $T_W = T_A + T_B$ 群間平方和 $T_B = 3(\bar{x}_A - \bar{x})^2 + 3(\bar{x}_B + \bar{x})^2$ への分解（平方和の分解）を表している。

この例は最も簡単な場合であるが，このような平方和・分散の分解は，さまざまに形を変えて統計分析の各所に表れている。

3.2.7　条件付分布・条件付平均・条件付分散

2 つの（あるいはそれ以上の）変数の分析で，一方の変数（x）のクラスに基づいてデータをグループに分け，それぞれのグループごとの他の変数（y）の分布を調べることは，y に対する x の影響を見るために重要である。

たとえば，英語の得点が $50 \leq x < 59$ のグループの国語の点 y の分布を，23 ページの 表 1.7 から抜き出すと，表 3.19 のようになる。この分布（**条件付分布**；conditional distribution）について，平均を求めると

表 3.19　得点の条件付分布

階級値 (y)	4.5	14.5	24.5	34.5	44.5	54.5	64.5	74.5	84.5	94.5	計
度数	1	4	23	83	116	103	34	11	2	0	377

● クローズアップ 3.4　2 次元分布と回帰

　表 3.20 は男子高校 3 年生の身長・体重の同時分布を，身長は 5 cm，体重は 10 kg の幅でクラス分けをして要約した表である．右端の 3 列は身長のクラスごとの体重の条件付平均・分散・標準偏差である．身長の各クラスの階級値 152, 157, 162, … に対してそれぞれのクラスの（条件付）平均体重をプロットすると図 3.9 のようになる．身長が高くなるにつれ体重（分布の平均）が大きくなるようすがよくわかる．

表 3.20　身長・体重の同時分布

相対度数（×1/1000）

身長＼体重	40−	50−	60−	70−	80−	90−	100−	平均	分散	標準偏差
< 155	1	1	0	0	0	0	0	50.0	25.0	5.0
155−	6	8	2	0	0	0	0	52.5	43.8	6.6
160−	13	62	24	5	1	0	0	57.3	57.6	7.6
165−	12	135	97	20	7	2	1	60.8	77.6	8.8
170−	4	117	158	44	13	5	3	64.1	89.6	9.5
175−	0	35	99	41	10	4	3	67.5	91.9	9.6
180−	0	5	26	16	6	2	1	70.8	100.7	10.0
185−	0	0	2	3	1	0	0	73.3	47.2	6.9

（出所）文部省『学校保健調査報告書』1995 年

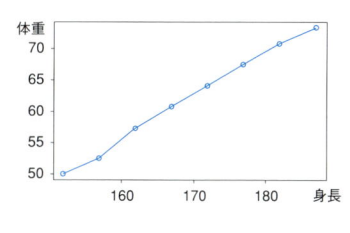

図 3.9　身長別平均体重

回帰　一般に，ある変数（x とする）の各値に他の変数（y とする）の条件付平均を対応させることを，「y を x に回帰（regress y on x）させる」といい，そのような対応関係（を表す関数 $f(x)$）をデータから定めることを回帰分析（regression analysis）（3.3 節および第 7 章参照）という．回帰関係 $y = f(x)$ は，x に応じて y が変化する現象を説明するモデル（model）とみなされ，現象の分析・予測・制御のために用いられる．図 3.9 は，体重の身長への回帰関数のグラフである．

$$\frac{4.5 \times 1 + 14.5 \times 4 + \cdots + 94.5 \times 0}{377} = 46.28$$

を得る。これを，このクラスの（$50 \leq x < 59$ のときの），y の 条件付平均 (conditional mean) という。また，条件付分散 (conditional variance) は（仮平均を 44.5 として）

$$\frac{(-40)^2 \times 1 + (-30)^2 \times 4 + \cdots + 40^2 \times 2}{377} - (46.28 - 44.5)^2 = 155.2$$

これから，条件付標準偏差は $\sqrt{155.2} = 12.5$ である。条件付平均という呼び方に対応して，全データの平均（周辺分布の平均）を 無条件平均 (unconditional mean) あるいは 全平均 (overall mean) などともいう。

一般に $x = \tilde{x}_k$ のときの y の 条件付相対度数 を $q_{\tilde{y}_l | \tilde{x}_k}$ と書く。

$$q_{\tilde{y}_l | \tilde{x}_k} = \frac{q_{kl}}{q_{k\cdot}} \qquad l = 1, \cdots, L \tag{3.18}$$

である。$y = \tilde{y}_l$ のときの x の条件付相対度数 $q_{\tilde{x}_k | \tilde{y}_l}$ も同様に $q_{\tilde{x}_k | \tilde{y}_l} = q_{kl}/q_{\cdot l}$ と定義される。$\sum_{l=1}^{L} q_{\tilde{y}_l | \tilde{x}_k} = 1$ であるから，各 $\tilde{x}_k$ について $q_{\tilde{y}_l | \tilde{x}_k}$, $l = 1, \cdots, L$ を集めれば，これは一つの相対度数分布であり，$x = \tilde{x}_k$ のときの y の条件付分布という。

平均・分散・分位点…（すなわち相対度数分布から求められるすべての特性値）を，条件付分布について定義することができる。「平均」は

$$\bar{y}_{\cdot | \tilde{x}_k} = \sum_{l=1}^{L} \tilde{y}_l q_{\tilde{y}_l | \tilde{x}_k}$$

であり，これを（$x = \tilde{x}_k$ のときの）条件付平均という。同じく，条件付分散は次のように定義される。

$$s^2_{(y | x = \tilde{x}_k)} = \sum_{l=1}^{K} (\tilde{y}_l - \bar{y}_{(\cdot | \tilde{x}_k)})^2 q_{(\tilde{y}_l | \tilde{x}_k)}.$$

◆ワンポイント 3.7　分散分析の実例

　カッコウの卵（長さ L）データ（問題 1.2）について，宿主（H）を基に分類し，平方和を分解する．表 3.21 は，各群についての，サイズ（n），平均（$\bar{x}_i$），群内平方和，群間平方和，全平方和である．全体平均（22.45）のまわりの平方和（「全」）は，(2.11)（50 ページ）に従って，群内（群平均のまわりの）平方和と，群間（群平均と全体平均の差に起因する）平方和に分解されるが，表の 4, 5 列は，これを数値で表している．

　最下段より，全データに対する平方和の分解 $136.24 = 93.41 + 42.84$ が得られる．分解の結果は，表 3.22 のような分散分析表にまとめられる．

グループの無差別性の検定　表 3.21 あるいは図 2.6（41 ページ）から，カッコウの卵の大きさはその平均（あるいは分布）が，宿主によって異なると考えられる．この仮説を「証明」するためには，帰無仮説「卵の大きさの分布は宿主による差がない」の検定が必要である．ここでは次のように行う．

　検定統計量は，クローズアップ 3.4 で説明した F とする．グループ差は F の大小で判断できる．ここでは，$F = 10.45$ である．これが偶然変動の結果とみなし得るか否かを検定する．帰無仮説は「すべての測定値は同じ母集団からのものである」とする．仮説の下でデータは 120 個の卵がたまたまそれぞれの宿主に割り当てられた結果である．したがって，120 個の卵の別の（でたらめな）並べかえも，同じように実現するはずである．図 3.10 は，120 個の測定値を，でたらめにそれぞれのグループに割り当てたデータから F を求める操作を 10,000 回繰り返して得られた F の分布である．これを見ると，F の値はほぼ 0 から 4 の間（最大値 6.47）にあり，実際に観察されたデータに基づく値 $F = 10.45$ は，極めて大きい値（P-値は 1/10,000 以下で高度に有意）であることがわかる．

表 3.21　宿主ごとの統計量

H	n	$\bar{x}_i$	群内	群間	全
1	45	22.29	37.21	1.15	38.36
2	15	23.08	10.84	5.95	16.79
3	14	23.11	14.32	6.10	20.42
4	16	22.56	6.98	0.19	7.17
5	15	22.89	16.10	2.90	19.00
6	15	21.12	7.96	26.53	34.49
全	120	22.45	93.41	42.84	136.24

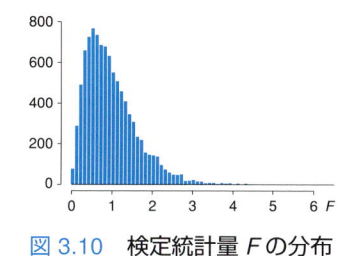

図 3.10　検定統計量 F の分布

表 3.22　分散分析表

要因	平方和 T	自由度 df	分散 $S = T/\mathrm{df}$	F S_G/S_E
群間（H）	42.84	5	8.567	10.45
群内（誤差）	93.41	114	0.819	

3.3 回帰モデル

勤労者世帯の家計の収入 x と消費支出 y の関係を考えてみよう。収入が同じ x であっても，支出額 y は，世帯ごとの方針，資産の多寡によって異なるであろう。また同じ世帯であっても月ごとにさまざまな一時的な要因によって変動する。このようにいろいろな原因によって，収入 x に対する支出額 y にはバラツキが生じる。とはいえ，一般に収入 x が多ければ，それだけ支出 y は大きくなる「傾向」があると考えるのは自然である。そのような「統計的な関係」は x に対する y の平均すなわち，条件付平均 $\bar{y}_{\cdot|x}$ によってとらえることができる。

変数 x に他の変数の条件付平均 $\bar{y}_{\cdot|x}$ を対応させることを 回帰 (regression) という（クローズアップ 3.4 参照）。この対応関係

$$\bar{y}_{\cdot|x} = f(x) \tag{3.19}$$

を，回帰モデル (regression models)（図 3.11）といい，どのような関数 $f(x)$ が現象のモデルあるいは近似として適当であるのかを，データに基づいて追究することを，回帰分析 (regression analysis) という。結果として得られる関数 $f(x)$ は，問題に応じて——上の例ならば，収入 x が所与であるときの「標準的」または「平均的」な支出を表している——解釈される。

3.3.1 直線の当てはめ（単回帰）

クローズアップ 3.4 で高校生の身長 x・体重 y の分布について，身長のグループ別の平均体重が身長に対応してほぼ直線的に増加することを見た（表 3.20，図 3.9）。この例のように，データのサイズが極めて大きければ，x の値をもとにグループを作り，グループごとの平均を求めることによって，（およその）回帰関係を求めることができる（このように，特定の「関数の型」を仮定せずに行われる回帰分析を，次に述べる母数モデルに対して，非母数型回帰 (nonparametric regression) あるいは ノンパラメトリック回帰）と

$$y = f(x) + e \qquad (3.20)$$

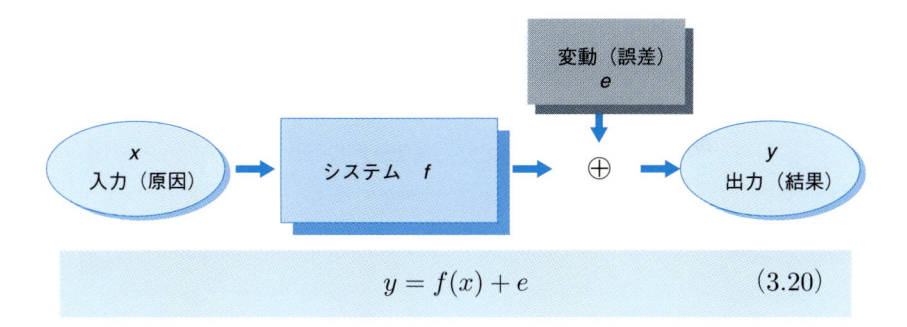

図 3.11　回帰モデル

回帰モデルは，図 3.11 のように，x が y に影響を与えるシステムが想定される場合に用いられる。

(3.20) で x は独立変数（independent variable），先決変数（pre-determined variable），説明変数（explanatory variable）あるいは regressor などと呼ばれる。y は従属変数（dependent variable），被説明変数（explained variable），目的変数（target variable），応答変数（response）あるいは regressand などと呼ばれる。e は平均のまわりのバラツキを表す変数である。誤差（error）と呼ばれることが多い。

いう。

　データのサイズが小さい場合は，このような分析を行うことはできない。代わって，$y = a + bx$ —— これがこの節の主題である —— のような簡単な関係を「想定」し，その枠組みの中で分析を行うこととなる。家計の収入と支出の例を示した図 3.14 を見ると，データを表す点がほぼ直線上に並んでいるようすが見られる。このような場合，収入と支出との間に直線で表される関係を考えることには，十分な合理性がある。

● 単回帰モデル

　2 変数 x, y についての測定値の組 (x_1, y_1), (x_2, y_2), $\cdots$, (x_n, y_n) に基づいて，x, y の間の直線関係を求めることを考えよう。「直線関係」とは「各 x_i に対して多くの y が観測されたとすれば，それらから求める y の（条件付）平均（$\bar{y}_i$ と書く）が，次の関係式を満たす」ことである。

$$\bar{y}_i = a + bx_i \tag{3.21}$$

　これは，仮想的な母集団を仮定し，データがそこからの標本であると考えることに他ならない（標本抽出については，第 5 章を参照）。このようなとき，分析の目標はデータに最も相応しい直線，すなわち直線を表す式 (3.21) に含まれる係数（回帰係数；regression coefficients）a, b を求めることである。これを単回帰分析（simple regression analysis）という。少数の数（ここでは，a, b）によって，モデルが完全に定められるとき，これらの数を母数（parameters）といい，そのような回帰モデルを母数型モデルという。回帰係数は単回帰モデルの母数である。

● 最小 2 乗法

　データから回帰係数を決定する方法を説明する。「平均 $\bar{y}$」を特徴づける性質の一つは「そのまわりの偏差の平方和 $\sum (y_i - c)^2$ が最小になる値 c」であった（50 ページ）。今考えている状況では，各 i ごとに説明変数 x_i がそれぞれ異なり，それに応ずる「条件付平均 $\bar{y}_i$」も異なるから，「定数 c のまわりの平方和」を考えることはできない。代わりに「平均を表す共通の法則：

●クローズアップ3.5　回帰分析

変数間の相関係数は x, y について対称であった．回帰分析でも，形式的には x, y を交換し

$$\bar{x}_{\bullet|y} = g(y)$$

を考えることができる．しかし収入と支出の関係では，「収入に応じて支出が定まる」と考えることは自然であるが，支出が先に決まっていてそれに収入が追随するとは考えにくい．回帰分析は，一方の変数が他の変数に影響を与えている状況に適用するのが自然な使い方である．実際にどちらが原因でどちらが結果であるという関係が明瞭でなくても，少なくとも，そうであると「仮定」して分析するために用いられる．その意味で（3.19）あるいは（3.20）は「モデル」，言い換えればわれわれの視点の表現である．

たとえば，ある作物の収穫量に対する肥料，日照量などの影響の分析に，回帰モデルは有効である（図3.12）．しかし反対に，日照量を「収穫量」で説明することは，ごく特殊な場合――たとえば，気候のデータがなくその代わりに収穫量が利用可能であるとき，日照量を推定するために収穫を利用するような場合――でなければ，意味のある分析とは思われない．

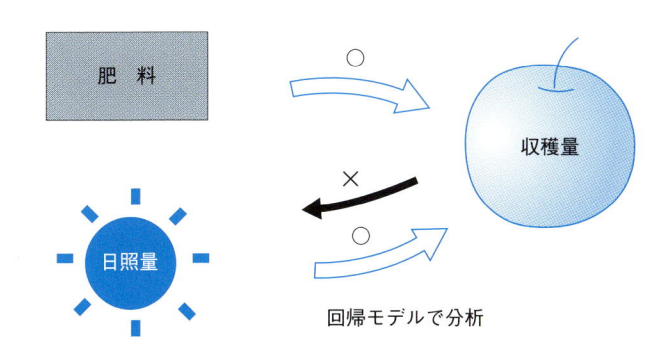

図3.12　回帰モデルの有効性

$\bar{y}_i = a + bx_i$ のまわりの偏差 $y_i - (a + bx_i)$ の平方和」を考える。平方和法則を表す a, b を求めることは，上のような平均の性質から示唆される方法である。

【メモ 3.1】

2 変数 x, y についての測定値の組 $(x_1, y_1), (x_2, y_2), \cdots, (x_n, y_n)$ について，平方和

$$Q(a, b) = \sum_{i=1}^{n}(y_i - \bar{y}_i)^2 = \sum_{i=1}^{n}\{y_i - (a + bx_i)\}^2 \qquad (3.22)$$

は，a, b の 2 次式である。これを最小にする a, b は

$$b = \hat{b} = \frac{s_{xy}}{s_{xx}} \qquad (3.23\text{a})$$

$$a = \hat{a} = \bar{y} - \hat{b}\bar{x} \qquad (3.23\text{b})$$

で表され，そのときの最小値は

$$Q(\hat{a}, \hat{b}) = n\left(s_{yy} - \frac{s_{xy}^2}{s_{xx}}\right) = ns_{yy}(1 - r_{xy}^2) \qquad (3.24)$$

である（証明はワンポイント 3.10）。ここで，r_{xy} は x, y の間の相関係数である。

$Q(a, b)$ は y_i とモデルの値 $a + bx_i$ とのズレすなわち 誤差 (error) $e_i = y_i - (a + bx_i)$ の 2 乗和である。誤差の 2 乗和を基準とし，これを最小にするように係数などを定める方法を 最小 2 乗法 (method of least squares) といい，そのようにして得られる母数の値（ここでは (3.23) の $\hat{a}, \hat{b}$）をその 最小 2 乗推定値 (least squares estimate) という。

$\hat{a}, \hat{b}$ を用いた式（回帰式）$y = \hat{a} + \hat{b}x$ は「推定された」回帰直線を表す。独立変数の値 x に対する従属変数の値 $\hat{y} = \hat{a} + \hat{b}x$ は，回帰式による従属変数 y の 予測値 (prediction) である。データの値 x_i に対応する予測値 $\hat{y}_i = \hat{a} + \hat{b}x_i$, $i = 1, \cdots, n$ と実際の従属変数の値 y_i との差 $\hat{e}_i = y_i - \hat{y}_i$ を 残差 (residuals)

● クローズアップ 3.6　最小 2 乗法

表 3.23 のデータで，最小 2 乗法を説明する．

表 3.23　測定値

x	4	-2	10	6	6	0
y	10	-8	16	4	16	-2

測定値の組 $(x_1, y_1) = (4, 10)$ について，$x = 4$ に対する y の平均は $a + 4b$ であるから，誤差は $10 - (a + 4b)$．測定値の組 $(x_2, y_2) = (-2, -8)$ に対して，誤差は $(-8) - (a - 2b)$，…であり，これらを合わせて「平方和」は

$$Q(a, b) = \{10 - (a + 4b)\}^2 + \{(-8) - (a - 2b)\}^2 + \cdots + \{0 - (a - 2b)\}^2$$
$$= 696 - 72a - 672b + 6a^2 + 48ab + 192b^2$$

である．この右辺は $6\{a - (6 - 4b)\}^2 + 96(b - 2)^2 + 96$ と変形され，$Q(a, b)$ は，$b = 2$, $a = -2$ のとき最小値 $Q(-2, 2) = 96$ をとることがわかる．したがって求める直線の方程式は

$$y = -2 + 2x$$

である．

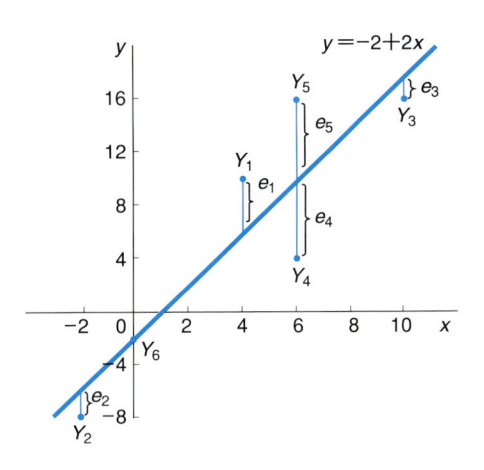

図 3.13　回帰直線と誤差

という。残差はモデルとデータの乖離を示している。残差の吟味は，外れ値の検出，モデルの適切さの評価，モデルの改善の指針などにつながり，重要である。とくに残差平方和（residual sum of squares）RSS $= \sum_{i=1}^{n} \hat{e}_i^2 = Q(\hat{a}, \hat{b})$ はモデルの適切さの一つの基準である。なお，$\hat{y}_i$ は予測値と呼ばれることが多いが，当てはめ値（fitted values）あるいはモデル値というほうが適切である。

● 平方和の分解

モデル値と残差について

$$\sum_{i=1}^{n} \hat{e}_i = 0, \quad \sum_{i=1}^{n} \hat{y}_i = \bar{y}, \quad \sum_{i}(\hat{y}_i - \bar{y})\hat{e}_i = \sum_{i=1}^{n} \hat{y}_i \hat{e}_i = 0 \quad (3.25)$$

が成り立つ（クローズアップ 3.6 の例について各自確かめられよ。また証明はワンポイント 3.10 後半を参照）。すなわち，$\bar{\hat{e}} = 0$, $\bar{\hat{y}} = \bar{y}$, $s_{\hat{y}\hat{e}} = 0$ である（この性質は回帰式が「定数項」を含むときにのみ成り立つことに注意（問題3.4））。また，次のような「平方和の分解」の式が成り立つ。

$$\sum_{i=1}^{n}(y_i - \bar{y})^2 = \sum_{i=1}^{n}(\hat{y}_i - \bar{y})^2 + \sum_{i=1}^{n} \hat{e}_i^2 \quad (3.26)$$

(3.26) は，従属変数 y の「全変動」がモデル値 $\hat{y}$ の「変動」と残差 $\hat{e}$ の「変動」の和であることを表している。前者は独立変数によって「説明」された部分，後者は説明しきれずに残った部分の大きさである。「全変動のうち回帰式によって説明された部分の割合」を決定係数（coefficient of determination）といい，R^2 で表す。すなわち

$$R^2 = \frac{\sum_{i=1}^{n}(\hat{y}_i - \bar{\hat{y}})^2}{\sum_{i=1}^{n}(y_i - \bar{y})^2} = \frac{s_{\hat{y}\hat{y}}}{s_{yy}}$$

である。残差平方和は $\sum \hat{e}_i^2 = nS_{yy}(1 - R^2)$ と表されるから，R^2 が 1 に近いことは，残差すなわち直線からの乖離が相対的に小さく，直線関係が明

● クローズアップ 3.7　家計支出の分析

表 3.24 は『家計調査』の収入階級別の年平均 1 カ月あたりの収入（実収入 − 非消費支出）Y と消費支出 C を示している。図 3.14 はその散布図である。図を見るとデータを表す点がほぼ直線上に並んでいるようすが見られる。

表 3.24　勤労者世帯の収入と支出 I

（単位：1,000 円）

収入	185	187	224	202	239	252
支出	183	211	205	218	250	255
収入	273	296	314	308	323	345
支出	258	275	285	290	311	303
収入	399	411	461	537	727	
支出	344	385	423	449	651	

（出所）総務省統計局ホームページ『家計調査調査結果』2001 年 4 月（年間収入階級別集計）

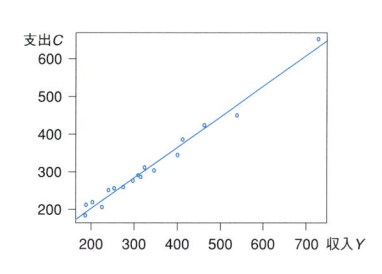

図 3.14　収入と支出 I

家計の消費支出を説明する関数を 消費関数 という。表 3.24 のデータに対し，独立変数を Y，従属変数を C として，直線 $C = a + bY$ を当てはめよう。最も簡単な消費関数を考えて，これを推定するわけである。データから

$$\bar{Y} = 334.29, \quad \bar{C} = 311.53, \quad s_{YY} = 18676.80,$$
$$s_{YC} = 15139.55, \quad s_{CC} = 12480.01$$

が得られる。これより回帰係数の推定値は

$$\hat{b} = \frac{s_{YC}}{s_{YY}} = 0.811, \quad \hat{a} = \bar{C} - \hat{b}\bar{Y} = 40.55$$

であり，消費関数は

$$C = 40.55 + 0.811Y$$

と推計される。この直線は図 3.14 に重ねて描かれている。ここで Y の係数は（可処分）収入が 1 単位増えれば，消費に回る額が 0.811 であることを表している。この値を 限界消費性向 という。

Y と C の間の相関係数は $r_{YC} = \dfrac{s_{YC}}{s_Y s_C} = 0.9916$ であり，回帰式の決定

瞭であることを意味する．さらに，残差平方和を表す（3.24）と比較すれば $R^2 = r_{xy}^2$ であることがわかる．このことに，上に述べた決定係数の意味を重ねれば，相関係数 r_{xy} に関するまとめ 3.2 の 2, 3 項が明らかになる．

3.3.2 複数の独立変数（重回帰）

前項では独立変数が 1 つの最も簡単な回帰モデルを考えたが，説明の対象（従属変数）に影響を与える要因（変数）は必ずしも 1 つとは限らない．むしろ複数であると考えるのが自然である．この項では従属変数 y を 2 つの独立変数 x_1, x_2 で説明するモデルを考えよう．モデルを一般形で表せば $y = f(x_1, x_2) + e$ であるが，ここでは最も簡単な 1 次式モデルを考える．分析のためのデータは (y_1, x_{11}, x_{12}), $\cdots$, (y_i, x_{i1}, x_{i2}), $\cdots$, (y_n, x_{n1}, x_{n2}) であるとする（添え字の順に注意）．(y_i, x_{i1}, x_{i2}) の関係は，

$$y_i = b_0 + b_1 x_{i1} + b_2 x_{i2} + e_i, \qquad i = 1, \cdots, n \tag{3.27}$$

と表される．独立変数が複数の場合の回帰を，**重回帰**（multiple regression）という．

回帰係数 b_0, b_1, b_2 は，単回帰モデルの場合と同様に，最小 2 乗法で——すなわち誤差平方和 $Q(b_0, b_1, b_2) = \sum_{i=1}^{n} e_i^2 = \sum_{i=1}^{n} \{y_i - (b_0 + b_1 x_{i1} + b_2 x_{i2})\}^2$ を最小にするように——定められる．最小 2 乗解は，**正規方程式**（normal equations）と呼ばれる次の連立方程式

$$s_{11} b_1 + s_{12} b_2 = s_{1y} \tag{3.28a}$$

$$s_{21} b_1 + s_{22} b_2 = s_{2y} \tag{3.28b}$$

の解である（本節，以下では証明を省略する）．また，定数項の推定値は

$$\hat{b}_0 = \bar{y} - \left(\hat{b}_1 \bar{x}_1 + \hat{b}_2 \bar{x}_2 \right) \tag{3.28c}$$

である．ここで，s_{kl} は変数 x_k と変数 x_l の間の共分散，s_{ky} は x_k と y の間の共分散

係数は $R^2 = r_{YC}^2 = 0.9834$ である。

「平方和の分解」の式（3.26）は，
$$\sum_{i=1}^{n}(y_i - \bar{y})^2 = ns_{YY} = 212160 \quad \sum_{i=1}^{n}(\hat{y}_i - \bar{y})^2 = ns_{YY}R^2 = 208628,$$
$$\sum_{i=1}^{n}\hat{e}^2 = 3532.3$$

となる．従属変数の変動は，この式のように「回帰式による部分」と「説明できない（誤差）部分」とに分けられる．この分解の結果は，しばしば表 3.25 のようにまとめられる．これも，分散分析表（3.3.3 項）の一種である．

表 3.25　分散分析表

要因	変動	自由度	分散	F 比
回帰	208628	1	208628	885.9
誤差	3532.3	15	235.4	
全体	212160	16	13260	

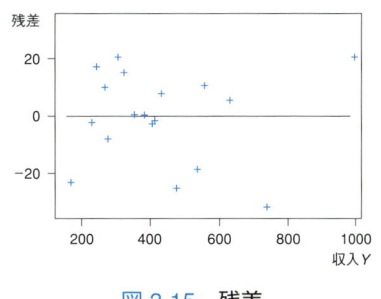

図 3.15　残差

モデルの適切さを評価するためには，残差を調べることが必要である．図 3.15 は残差 $\hat{e}$ を縦軸に独立変数 Y を横軸にとりプロットした図である．残差は「ランダムに」変動しているように見える．残差は独立変数 Y ではこれ以上説明できないことがわかる．日本の人口成長の例での残差の時系列プロット（図 3.21）と比較されたい．

$$s_{kl} = \frac{1}{n}\sum_{i=1}^{n}(x_{ik}-\bar{x}_k)(x_{il}-\bar{x}_l), \quad s_{ky} = \frac{1}{n}\sum_{i=1}^{n}(x_{ik}-\bar{x}_k)(y_i-\bar{y})$$

である。ただし，$\bar{x}_k = \frac{1}{n}\sum_{i=1}^{n}x_{ik}, \quad k,l=1,2$ である。

★注意 3.1　(3.27) の b_1, b_2 のことを 偏回帰係数 (partial regression coefficients) と呼ぶ。数学では，「偏」は「他の変数が一定であるときの」という意味で用いられる。たとえば，b_1 は「x_2 の値が一定」のとき，x_1 の 1 単位の増加がもたらす y の増加分である。一般に x_1, x_2 の間には相関がある。したがって x_1 の増加は x_2 の増加または減少を伴うから，x_1 の増加は x_2 を通して「間接的にも」y に影響を与える。係数 b_1 はあくまでも「直接の」影響を表すものである。

〈まとめ 3.6〉　(1)　重回帰の場合にも，単回帰のときの平方和の分解 (3.26) と全く同様な分解

$$\sum_{i=1}^{n}(y_i-\bar{y})^2 = \sum_{i=1}^{n}(\hat{y}_i-\bar{y})^2 + \sum_{i=1}^{n}\hat{e}_i^2 \tag{3.29}$$

が成り立つ。ただし，モデル値 $\hat{y}$ は，(3.27) 式に対応して $\hat{y}_i = \hat{b}_0 + \hat{b}_1 x_{i1} + \hat{b}_2 x_{i2}$ である。全変動のうち回帰式で説明される部分の割合を決定係数といい R^2 で表す。$R^2 = \dfrac{\sum_{i=1}^{n}(\hat{y}_i-\bar{y})^2}{\sum_{i=1}^{n}(y_i-\bar{y})^2}$ である。残差とモデル値に関する (3.25) も同様に成立する。すなわち残差の和および平均は 0，モデル値の平均と従属変数の平均は一致，モデル値と残差の共分散 $s_{\hat{y}\hat{e}}=0$ である。

(2)　従属変数 y とそのモデル値 $\hat{y}$ の間の相関係数は，決定係数の正の平方根である。これを，従属変数 y と独立変数の組 x_1, x_2 の間（あるいは回帰モデル (3.27)）の 重相関係数 (multiple correlation coefficient) といい，R で表す。決定係数を R^2 と書く所以である。

$$R = r_{y\hat{y}} = \sqrt{R^2} \tag{3.30}$$

(3)　一般に変数 x, y, z があるとする（z は複数の変数 $z_1, z_2, \cdots$ でもよい）。

◆ **ワンポイント 3.8** 誤差項の意味

　実際に回帰分析を適用するとき，誤差項の意味はさまざまである。先に例として挙げた収入—支出のモデルでは，「同じ収入のある世帯間の『消費性向』のバラツキ」でもあり，また同一世帯であれば「個別の月ごとの偶発的・一時的支出の増減」であるかもしれない。実際には，支出を決定する要因は「収入」だけではなく，その世帯の資産の額，構成員数，世帯主の年齢，習性（一度贅沢をしてしまうと支出を抑えるのが困難になる——消費には習慣性がある）なども要因であると考えられる。そのような他の要因は，「説明変数」として，明示的にモデルに取り込むことも当然考えられる（この場合，一般に「説明変数」が複数あるモデル $\bar{y}_{\cdot|x_1, \ldots, x_p} = f(x_1, x_2, \cdots, x_p)$ を考えることになる）。しかし，利用可能なデータがないとき，あるいは意図的にその要因を明示的に含まないモデルを考えたいときなどには，これらを「誤差要因」とみなして分析する。「何を明示的な要因とし，何を「誤差」とするか」には，データの制約とともに，分析対象に対するわれわれの視点が反映されることになる。

◆ **ワンポイント 3.9** 回帰の錯誤

　統計学の後期試験（の標準化・偏差値）y' を前期試験 x' に回帰させると，$y' = r_{xy} x'$，つまり「前期試験が（平均より）良い学生の後期の平均点は前期より少し悪くなる」。これから，前期の成績がよい学生は安心し後期は怠ける傾向があると「解釈」して良いだろうか。

　これに対し，試験の成績が「実力」＋「運＝偶然」で表され，「運」は，0 について対称に，「実力」は平均を中心に単峰的に分布しているとしよう（これは自然なモデルである）。たとえば，「実力 = 1.5，運 = 0.5」と，「実力 = 2.5，運 = −0.5」ではどちらも $x' = 2$ となるが，平均に近い「実力 = 1.5」の学生の方が数が多い。したがって，ある学生が $x' = 2$（偏差値 70）とすると，その学生の「実力」は（平均的に）2 より小さく，後期の成績 y は，実力を反映して前期試験より悪くなることが説明できる。

　もしこの説明が正しいとすると，冒頭のような解釈は，誤ったものであることになる。これを，回帰の錯誤という——とすれば「回帰」の提唱者であるゴールトンもこの誤りを犯した可能性がある。回帰分析によって得られる関係式の解釈には注意が必要である。

3.3　回帰モデル

ここで，x, y から，それぞれ z の1次式で説明できる部分を取り除いた残りの部分の間の相関を x, y の間の z に関する偏相関 (partial correlation) という。偏相関係数は，2つの回帰式

$$x_i = a_0 + a_1 z_i + e_i^{(x)}$$
$$y_i = b_0 + b_1 z_i + e_i^{(y)}$$

のそれぞれの残差 $\hat{e}^{(x)}$ と $\hat{e}^{(y)}$ の間の相関係数である（これは，各変数の間の共分散 $s_{xx}, s_{xy}, s_{xz}, s_{yy}, s_{yz}, s_{zz}$ を用いて表すこともできる。詳細は回帰分析の参考書に譲る）。偏相関は単に2変数だけでは定まらず，どの変数を第3の変数とするかによって値が異なることに注意する。

重回帰分析では，従属変数 y と各独立変数 x_i について，x_i 以外の独立変数に関する偏相関係数を，通常単に y と x_i の偏相関という。

〔補足3.1〕 3つ以上の独立変数がある場合，すなわち，$y = b_0 + b_1 x_1 + \cdots + b_p x_p + e$ のとき，最小2乗推定値は，次の正規方程式

$$s_{11}\hat{b}_1 + s_{12}\hat{b}_2 + \cdots + s_{1p}\hat{b}_p = s_{1y}$$
$$s_{21}\hat{b}_1 + s_{22}\hat{b}_2 + \cdots + s_{2p}\hat{b}_p = s_{2y}$$
$$\vdots$$
$$s_{p1}\hat{b}_1 + s_{p2}\hat{b}_2 + \cdots + s_{pp}\hat{b}_p = s_{py}$$

の解であり，定数項は $\hat{b_0} = \bar{y} - \hat{b}_1 \bar{x}_1 - \cdots - \hat{b}_p \bar{x}_p$ である。

3.3.3 解析の例

●多項式回帰

単回帰モデル（3.3.1項）は，従属変数 y を独立変数 x の1次式で説明する。これは最も簡単な関係であり，実際には，もう少し複雑なモデルがしばしば利用される。

表3.26は1875年から2000年までの5年ごとの日本の人口（POP）の時系列データである。人口（POP）を年（YEAR）で説明する単回帰モデルと

表 3.26　日本の人口

（単位：10 万人）

年	人口	年	人口	年	人口
1875	35316	1925	59737	1975	111940
1880	36649	1930	64450	1980	117060
1885	38313	1935	69254	1985	121049
1890	39902	1940	71933	1990	123611
1895	41557	1945	72147	1995	125570
1900	43847	1950	83200	2000	126919
1905	46620	1955	89276		
1910	49184	1960	93419		
1915	52752	1965	98275		
1920	55963	1970	103720		

（出所）経済企画庁調査局編『経済要覧』2000 年

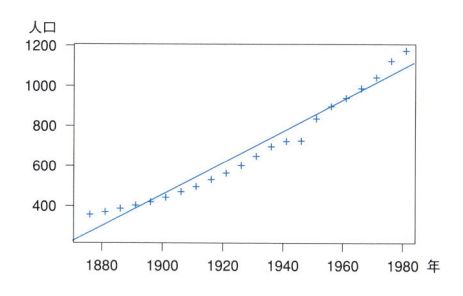

図 3.16　日本の人口

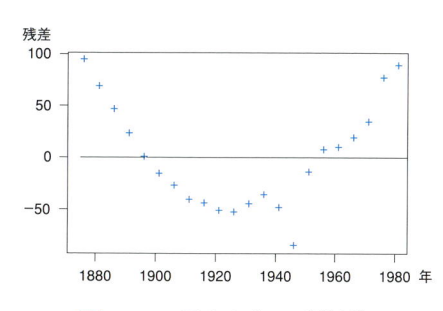

図 3.17　日本の人口（残差）

3.3　回帰モデル

最小2乗法で推定すると

$$\text{POP} = -14434.2 + 78.4\text{YEAR} = 454.7 + 78.4(\text{YEAR} - 1900) \tag{3.31}$$

を得る。決定係数は $R^2 = 0.960$，残差の標準偏差は $\sqrt{s_{\hat{e}\hat{e}}} = 50.14$ である。

図3.16は人口のプロット（1980年まで）に（3.31）の回帰直線を重ねた図である（この図では横軸が西暦年すなわち「時間軸」である。そのような図を「時系列プロット」という）。図3.17はこのモデルによる残差の時系列プロットである。残差は「系統的な」変動を示しており，説明できない「誤差」とはみなし得ない。このような 系統誤差（systematic error）は，適切な独立変数を加えることによって説明できることが多い。そのような変数を探すべきである。ここでは独立変数として $(\text{YEAR} - 1900)^2$ を付け加えてみよう。

このようにして到達したモデルを一般的に表せば，従属変数 y を独立変数 x の2次式で説明するモデルである。これを，2次回帰（quadratic regression）モデルといい，一般の 多項式回帰（polynomial regression）モデルの特別な場合である。

$$y = b_0 + b_1 x + b_2 x^2 + e \tag{3.32}$$

このモデルは，$x_1 = x$，$x_2 = x^2$ とおくと，$y = b_0 + b_1 x_1 + b_2 x_2 + e$ となって形式的に（3.27）と同じとなり，2変数の場合の重回帰分析の方法が適用できる。

人口データについての推定結果は

$$\text{POP} = 441.2 + 4.861(\text{YEAR} - 1900) + 0.054(\text{YEAR} - 1900)^2 \tag{3.33}$$

であり，そのとき決定係数は $R^2 = 0.9975$，また残差の標準偏差は $s_{\hat{e}} = 12.60$ であり，1次式の場合と比較して標準偏差の値は約 1/4 に減少した。

● 変 数 変 換

図3.19を見ると，図の右部分に行くにつれて，残差の絶対値が大きくなる

● **クローズアップ 3.8　残差の吟味，外れ値の除去**

図 3.18 には 1 次回帰と 2 次回帰の残差を重ねて図示した。図には，1945 年をピークとするスパイク状の人口減少が見られる。これは第 2 次世界大戦の影響である。この部分は通常の人口現象の解析にとっては「攪乱要因」であるから，これを除外して分析を行う方がよいとも考えられる。1940, 1945 のデータを除外して 2 次回帰モデルを当てはめた結果は

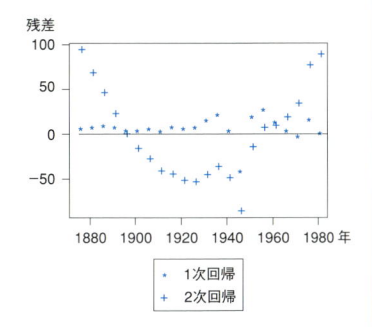

図 3.18　残差

$$\text{POP} = 443.4 + 5.047(\text{YEAR} - 1900) + 0.052(\text{YEAR} - 1900)^2 \quad (3.34)$$

であり，そのとき $R^2 = 0.9994$，また残差の標準偏差は $s_{\hat{e}} = 6.70$ である。外れ値を除去する前後の推定結果 (3.33), (3.34) を比べると回帰係数にそれほど大きな差は見られないが，残差の標準偏差が約 1/2 に減少した。図 3.19 は，(3.34) に対する残差のプロットである。

残差系列には周期的な変動が見られ，まだ「法則性」が見られる。このような周期性は，ベビーブームのような人口現象が世代間で伝搬する傾向があることにより説明可能であろう。これ以上の詳細には立ち入らないが，この例のような「時系列解析 (time series analysis)」は，(3.34) で表されるような趨勢変動 (trend)（しばしば「トレンド」と仮名書きする）と，それからの乖離の部分とに分解し，後者についての「法則」があればさらにそれを探索するという手順で行われる。

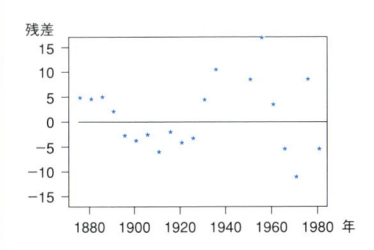

図 3.19　残差（異常値除去データ）

傾向が見られる。

　世代間の伝搬などによる人口の変動の大きさは，人口の値に比例すると考えられる。実際に，人口は 1880 年から 1980 年で約 3.5 倍に成長しているから，残差の絶対値が拡大傾向にあるのは当然である。このように，「法則」が「比率」あるいは「かけ算」で記述される場合には，変数を 対数変換（log-transformation）することが適切である。図 3.20 は，変数の人口（POP）を pop = log（POP）と変換つまり「縦軸を対数目盛」とした系列のグラフである。外れ値を除外して，pop を YEAR に回帰させると

$$\text{pop} = 6.109 + 0.120(\text{YEAR} - 1900) \tag{3.35}$$

を得る。ここで，決定係数は $R^2 = 0.9968$，残差の標準偏差は $s_{\hat{e}} = 0.0223$ である（図 3.21）。2 次回帰モデルの結果にはやや及ばないが，このモデルも一種の単回帰であることを考慮すると，原データに対する単回帰（$R^2 = 0.960$）に比較して，従属変数をかなりよく説明しているといえよう（変数が変換されているので従属変数の標準偏差は直接には比較できない）。

● 折れ線回帰

　図 3.20 をよく見ると 1900 年前後で直線が折れ曲がっているようにも見える。これはトレンド（人口成長率）が，ここを境に変化したことを意味する。このような現象を表すモデルを分析してみよう。

　一般に折れ線型の関係は次のように表される。

$$y = a_1 + b_1 x \quad x \leq x_0 \quad \text{のとき} \tag{3.36a}$$
$$y = a_2 + b_2 x \quad x > x_0 \quad \text{のとき} \tag{3.36b}$$

この 2 式は $x = x_0$ で交わっていなければならない。データを，$x > x_0$ と $x \leq x_0$ に対応して，2 つの組に分け別々に推定すると，必ずしもこの条件を満たさない。そこで，「正値関数」$I^+(x) = \max(x, 0)$ を導入し，

$$y = a_1 + b_1 x + c_1 I^+(x - x_0) \tag{3.36c}$$

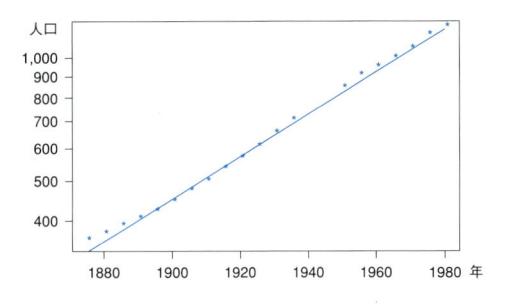

図 3.20　日本の人口（対数目盛）

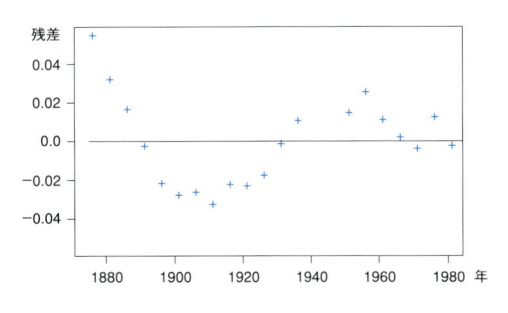

図 3.21　残差（対数変換系列）

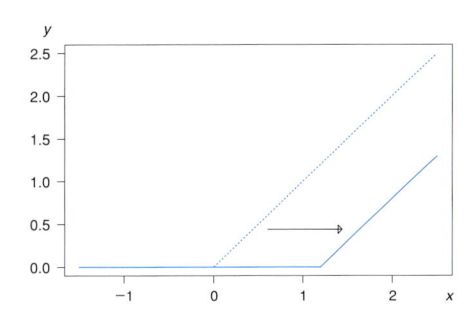

図 3.22　折れ線を表す関数

のように 1 つの式で表すのが好都合である。

関数 $y = I^+(x-x_0)$ のグラフは図 3.22 のような折れ線で表される。(3.36c) によって (3.36a), (3.36b) の 2 つの式で表される関係を 1 つの式にまとめることができる。ここで $c_1 = b_2 - b_1$ である。さらに $x_1 = x$, $x_2 = I^+(x - x_0)$ とおくことで，折れ線モデルを独立変数が 2 個の場合の重回帰モデルに帰着させることができる。

屈折点を $x_0 = 1900$ として，回帰係数を推定すると，

$$\text{pop} = 6.099 + 0.010(\text{YEAR} - 1900) + 0.0026\ I^+(\text{YEAR} - 1900)$$

であり，決定係数は $R^2 = 0.9993$，残差の標準偏差は $s_{\hat{e}} = 0.0104$ である。

3.4 数学的知識の補足

● まとめ 3.2 の (2) の証明 (94 ページ)

まず，任意の実数列 $a_1, \cdots, a_n$ と $b_1, \cdots, b_n$ について

$$\left(\sum_{i=1}^n a_i b_i\right)^2 \leq \left(\sum_{i=1}^n a_i^2\right)\left(\sum_{i=1}^n b_i^2\right)$$

が成り立つことをいう（シュワルツの不等式，Schwartz's inequality）。

任意の実数 t, について $(a_i t + b_i)^2 = a_i^2 t^2 + 2 a_i b_i t + b_i^2 \geq 0$ である。これを $i = 1, \cdots, n$ について加えると任意の t について

$$\left(\sum_{i=1}^n a_i^2\right) t^2 + 2\left(\sum_{i=1}^n a_i b_i\right) t + \left(\sum_{i=1}^n b_i^2\right) \geq 0$$

である。すなわち上の t の 2 次式の判別式 D' は

$$D' = \left(\sum_{i=1}^n a_i b_i\right)^2 - \left(\sum_{i=1}^n a_i^2\right)\left(\sum_{i=1}^n b_i^2\right) \leq 0$$

である。

$a_i = \dfrac{x_i - \bar{x}}{s_x}$, $b_i = \dfrac{y_i - \bar{y}}{s_y}$ としてシュワルツの不等式を適用し，両辺を n^2

◆ワンポイント 3.10　単回帰の代数

●最小2乗法

$Q(a,b)$ の最小化を次の手順で行う。

(1) 各 b について $Q(a,b)$ を最小化する a と，そのときの $Q(a,b)$ の値 $\tilde{Q}(b)$ を求める。

(2) $\tilde{Q}(b)$ を b について最小化する。

(1) まず b を定数と考える。

$$Q(a,b) = \sum_{i=1}^{n} \{y_i - (a+bx_i)\}^2 = \sum_{i=1}^{n} \{(y_i - bx_i) - a\}^2,$$

である。ここで $z_i = y_i - bx_i$ とおくと，これを最小にする a は

$$a = \bar{z} = \bar{y} - b\bar{x} \tag{3.37}$$

であり (2.2.1 項)，そのときの誤差平方和は

$$\tilde{Q}(b) = \sum_{i=1}^{n} (z_i - \bar{z})^2 = \sum_{i=1}^{n} \{(y_i - \bar{y}) - b(x_i - \bar{x})\}^2$$

であることがわかる。

(2) 次に b を変数とみなす。b の関数 $\tilde{Q}(b)$ は b の2次式であり，次のように変形できる。

$$\tilde{Q}(b) = \left\{\sum_{i=1}^{n}(x_i-\bar{x})^2\right\}b^2 - 2\left\{\sum_{i=1}^{n}(y_i-\bar{y})(x_i-\bar{x})\right\}b + \left\{\sum_{i=1}^{n}(y_i-\bar{y})^2\right\}$$

$$= n(s_{xx}b^2 - 2s_{xy}b + s_{yy}) = n\left\{s_{xx}\left(b - \frac{s_{xy}}{s_{xx}}\right)^2 + s_{yy} - \frac{s_{xy}^2}{s_{xx}}\right\}$$

したがって $\tilde{Q}(b)$ は $b = \dfrac{s_{xy}}{s_{xx}}$ のとき最小値 $s_{yy} - \dfrac{s_{xy}^2}{s_{xx}}$ をとる。つまり (3.23a) と (3.24) が得られた。$\hat{a}$ は $Q(a, \hat{b})$ を最小にする a だから，(3.37) で $b = \hat{b}$ とすればよい。これは (3.23b) を意味する。

で割ればよい（$\frac{1}{n}\sum_{i=1}^{n}a_i^2 = \frac{1}{n}\sum_{i=1}^{n}b_i^2 = 1$ であることに注意）。

● 共分散の公式（3.9）の証明（96 ページ）

$(x_i - a)(y_i - b) = \{(x_i - \bar{x}) - (\bar{x} - a)\}\{(y_i - \bar{y}) - (\bar{y} - b)\}$
$= (x_i - \bar{x})(y_i - \bar{y}) - (\bar{x} - a)(y_i - \bar{y}) - (x_i - \bar{x})(\bar{y} - b) + (\bar{x} - a)(\bar{y} - b)$

と書き改め，これを項別に加え $\sum_{i=1}^{n}(x_i - \bar{x}) = 0$ であることを用いる。

● 独立性と共分散（102 ページ）

x, y が互いに独立のとき

$$\overline{xy} = \sum_{k=1}^{K}\sum_{l=1}^{L}\tilde{x}_k\tilde{y}_l q_{kl} = \sum_{k=1}^{K}\left(\sum_{l=1}^{L}\tilde{x}_k\tilde{y}_l q_{\cdot l}\right)q_{k\cdot} = \bar{y}\sum_{k=1}^{K}\tilde{x}_k q_{k\cdot} = \bar{x}\bar{y}$$

問題

3.1　$X = \tilde{x}_k$ の下での Y の条件付分布が，k によらないとき，すなわち

$$q_{1|k} = q_{2|k} = \cdots = q_{L|k}, \quad l = 1, 2, \cdots, L \tag{3.38}$$

ならば，(3.5) が成り立つことを示しなさい。逆に，(3.5) が成り立てば，(3.38) が成り立つことを示しなさい。

3.2　(1) 表 3.27 は，憲法 9 条についての意見を学部別に集計した結果である。これに基づいて，この結果に学部差があるかどうか（「学部」と「意見」が独立であるかどうか）を検定しなさい。

表 3.27　憲法 9 条（表 1.6 再掲）

意見 \ 学部	経済	法	社会	計
守る	218	77	160	455
改正	87	27	22	136
計	305	104	182	591

(2) また，表 3.28 と表 3.29 は，表 3.27 を男女別の内訳で集計し直したものであ

●残差の和など

(3.23b) より $\bar{y}-(\hat{a}+\hat{b}\bar{x})=0$ であるから,$\hat{e}_i = y_i-(\hat{a}+\hat{b}x_i)$ を $i=1, \cdots, n$ について加えれば (3.25) の第1式,つまり残差の和が0であることがわかる。さらにこれと,$y_i = \hat{y}_i + \hat{e}_i$ であることから $\sum_i y_i = \sum_i \hat{y}_i + \sum_i \hat{e}_i = \sum_i \hat{y}_i$ すなわち (3.25) の第2式を得る。

また,$\bar{y} = \hat{a} + \hat{b}\bar{x}, \bar{\hat{e}} = 0$ したがって $\sum_i \bar{x}\hat{e}_i = 0$ であるから

$$\frac{1}{n}\sum_{i=1}^{n} x_i \hat{e}_i = \frac{1}{n}\sum_{i=1}^{n} (x_i - \bar{x})\hat{e}_i = \frac{1}{n}\sum_{i=1}^{n} (x_i - \bar{x})\left(y_i - \hat{a} - \hat{b}x_i\right)$$

$$= \sum_{i=1}^{n} (x_i - \bar{x})\left\{(y_i - \bar{y}) - \hat{b}(x_i - \bar{x})\right\} = s_{xy} - \hat{b}s_{xx} = 0$$

である。これは独立変数 x と残差 $\hat{e}$ の共分散が0であること ($s_{x\hat{e}} = 0$) を意味することに注意する。これからさらに

$$\sum_{i=1}^{n} \hat{y}_i \hat{e}_i = \sum_{i=1}^{n} \left(\hat{a} + \hat{b}x_i\right)\hat{e}_i = \hat{a}\sum_{i=1}^{n} \hat{e}_i + \hat{b}\sum_{i=1}^{n} x_i \hat{e}_i = 0 \tag{3.39}$$

が得られる。

●平方和の分解

(3.39) および $\bar{\hat{y}} = \bar{y}$ であることに注意すれば

$$\sum_{i=1}^{n} (y_i - \bar{y})^2 = \sum_{i=1}^{n} \left\{(\hat{y}_i - \bar{y}) + \hat{e}_i\right\}^2$$

$$= \sum_{i=1}^{n} (\hat{y}_i - \bar{y})^2 + \sum_{i=1}^{n} \hat{e}_i^2 + 2\sum_{i=1}^{n} (\hat{y}_i - \bar{y})\hat{e}_i$$

$$= \sum_{i=1}^{n} (\hat{y}_i - \bar{y})^2 + \sum_{i=1}^{n} \hat{e}_i^2$$

すなわち,(3.26) が得られる。

表 3.28　憲法 9 条（男性）

学部＼意見	経済	法	社会	計
守る	153	39	41	233
改正	72	23	12	107
計	225	62	53	340

表 3.29　憲法 9 条（女性）

学部＼意見	経済	法	社会	計
守る	65	38	119	228
改正	14	4	10	28
計	79	42	129	250

る．それぞれについて，学部ごとの差があるかどうか検定しなさい．

(3)　憲法 9 条についての意見に男女差があるかどうかを検定しなさい．

3.3　相関係数が 0 でも「x, y に全く関係がない」ことにはならない．

x	-5	-4	-3	-2	-1	0	1	2	3	4	5
y	25	16	9	4	1	0	1	4	9	16	25

上の表の x, y について相関を計算してみよ．

3.4　測定値 (x_1, y_1), $\cdots$, (x_n, y_n) に比例関係モデル

$$y_i = kx_i + e_i \tag{3.40}$$

を考え，最小 2 乗法によって，比例定数 k を推定すると

$$\hat{k} = \frac{\sum_i x_i y_i}{\sum_i x_i^2} = \frac{s_{xy} + \bar{x}\bar{y}}{s_{xx} + \bar{x}^2} \tag{3.41}$$

となることを示しなさい．また，残差の和を求めなさい．

3.5　順位相関係数の公式 (3.8) を証明しなさい．

ヒント：順位 $\sum a_i = \sum b_i = \sum_{i=1}^n i$, $\sum a_i^2 = \sum b_i^2 = \sum_{i=1}^n i^2$ などを用いる．

第4章 確率論入門

この章では，統計学にとって必要不可欠な道具である確率論の主要な結果を，本書で必要とする範囲で解説する。

4.1 確　　率

4.2 確率変数と確率分布

4.3 確率分布の特性値

4.4 離散分布のモデル

4.5 大 数 法 則

4.6 確率分布のその他の特性値

4.7 連続型の確率変数

4.8 正 規 分 布

4.9 中心極限定理

4.10 数学的知識の補足

4.1 確 率
4.1.1 確率を扱うための枠組み

確率を論ずるときにまず必要なことは，問題となっている実験・現象などについて，起こり得る（かつ区別できる最小の）結果をすべて列挙することである。そのような結果の各々を基本事象（elementary event）といい，基本事象の全体を標本空間（sample space）という。習慣的に，基本事象の表記には小文字の ω（オメガ）を用い，標本空間には大文字の Ω（オメガ）をあてる。たとえば，サイコロを投げる実験（試行（trial）という）の場合，標本空間は $\Omega = \{\omega_1, \omega_2, \omega_3, \omega_4, \omega_5, \omega_6\}$ である。ここで，ω_i は「i の目が出る」ことである。

「確率を求める対象となる事柄」のことを事象（event）という。われわれの関心は，さまざまな事象の確率を求めることにある。確率論の枠組みでは，事象は「その現象に該当する基本事象の集まり」と定義され，A, B, 等の記号で表す。サイコロの例では，「偶数の目が出る」という事象 A は，$A = \{\omega_2, \omega_4, \omega_6\}$ である。同じように，B：「3 の倍数の目が出る」は，$B = \{\omega_3, \omega_6\}$，$C$：「素数の目が出る」は，$C = \{\omega_2, \omega_3, \omega_5\}$，である。事象「1 の目が出る」は $D = \{\omega_1\}$ すなわち，単一の基本事象のみを含む事象（単事象）である。

事象は，標本空間 Ω の一部であり，集合論の用語を使えば標本空間の部分集合である。逆に，標本空間の部分集合を事象というと考えてもよい。$E = \{\omega_3, \omega_5\}$ なども事象である（実は，離散型変数を扱うケースでは，これが成り立つが，一般には「標本空間の部分集合はすべて事象」というわけではない。厳密な議論は確率論のテキストを参照してほしい）。

集合論と同様に，次の演算（operation）が，事象の間に定義される。

- 和（事象）（union）$A \cup B$：A, B の少なくとも一方に含まれる基本事象の全体からなる事象（集合）。「A または B」と読む。上の例では，$A \cup B = \{\omega_2, \omega_3, \omega_4, \omega_6\}$ で，「偶数または 3 の倍数の目が出る」という事象である（図 4.1）。

● クローズアップ 4.1　確　率

　確率（probability）とは何か，を巡ってはさまざまな考え方があり，哲学的には現代でも解決していない難問であるといってもよい。ここでは，頻度の立場にたつ考え方で確率の概念を簡単に説明する。

　サイコロを繰り返し投げて，出た目の数を記録するという試行を考える。1 回の試行で 1 の目が出るか出ないかは全くの偶然に左右される。したがって，これを繰り返して 1 の目の頻度を観察したとすると，その結果もまた偶然に支配される。ところが，おそらく人類がサイコロ賭博を発明して以来の経験によれば，試行の回数を増すと，1 の目の相対頻度は，表 4.1 からわかるように，試行回数が増すにつれ徐々に 1/6（程度の値）に近づくことが観察される。この「法則」を大数法則（law of large numbers）という（この言葉は確率論の枠組みの中で厳密に述べられる（4.5 節参照）が，ここでは，素朴な意味合いで用いる）。この法則はサイコロの目に限らず，（繰返しが可能な実験等に伴って）その生起が偶然に支配される現象（事象）に共通に見られる。1 回の試行で，ある事象が起こる可能性が高ければ，その事象の相対頻度の行き着く先（極限）は大きくなるであろうと考えられるから，この極限値をその事象の確からしさ＝「確率」とみなすことは自然な考えである。本書では，

　　　大数法則を前提とし，ある事象の相対頻度の極限をその「確からしさ」
　　　すなわち確率（probability）とみなす

ことにする。

表 4.1　サイコロの目の度数分布

目数	1	2	3	4	5	6	計
度数	108	105	97	94	116	80	600
(%)	(18.0)	(17.5)	(16.2)	(15.7)	(19.3)	(13.3)	(100.0)

目数	1	2	3	4	5	6	計
度数	9940	9865	10048	9996	10138	10013	60000
(%)	(16.57)	(16.44)	(16.75)	(16.66)	(16.90)	(16.69)	(100.00)

目数	1	2	3	4	5	6	計
度数	999612	999473	999699	999546	1002245	999425	6000000
(%)	(16.660)	(16.658)	(16.662)	(16.659)	(16.704)	(16.657)	(100.000)

- 共通（事象）(intersection) $A \cap B$：A と B の両方に含まれる基本事象の全体。「A かつ B」と読む。上の例では，$A \cap B = \{\omega_6\}$ で，「偶数であって同時に 3 の倍数でもある目が出る」事象である。積事象ともいい，混乱のおそれがないときは $A \cap B$ を AB と略記することもある（図 4.2）。
- 補事象 (complememt) $\bar{A}$：A に含まれない基本事象の全体。「A でない」あるいは「A が起きない」という事象である。上の例では $\bar{A}$ は「偶数でない」，つまり「奇数の目が出る」である（否定事象というほうが，わかりやすいと思われるが，「否定」はあまり見かけない用語である（図 4.3）。

基本事象を全く含まない事象を空事象（null event）という（図 4.4）。上の例では，A と E は共通する要素がなく，$A \cap E = \phi$ である。これは「A と E は同時には起きない」ことを意味する。空事象はほとんどの場合，このように使われる。一般に $A \cap B = \phi$ のとき事象 A と事象 B は互いに排反 (disjoint) であるという。すべての基本事象を含む標本空間 Ω も一つの事象で，「必ず起きる事象」である。これを全事象という。

4.1.2 確率の計算規則

事象 $A, B, \cdots$ の確率を $P(A), P(B), \cdots$ と書く。クローズアップ 4.1 のように，$P(A)$ を事象 A の相対度数（の極限）であると考えると，相対頻度の性質から，以下の性質が成り立つはずである。

● 「確率」が満たす性質

(A.1) $0 \leq P(A) \leq 1$

(A.2) $P(\Omega) = 1$

(A.3) $A \cap B = \phi$ ならば $P(A \cup B) = P(A) + P(B)$

A.1 は当然である。Ω は「必ず起こる」から，その相対頻度は 1 でなければならない。A と B が排反（同時に起こらない）ならば，「A または B」の頻度は A の頻度と B の頻度の和であるから，A.3 も当然である。

（A.1）〜（A.3）を確率の公理（axiom）という。すべての確率論の命題は，これを前提として導き出されている。実際，次のような重要な確率の性質は，

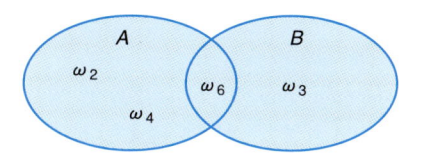

図 4.1　和（事象）$A \cup B$

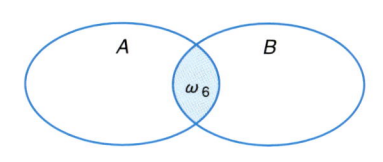

図 4.2　共通（事象）$A \cap B$

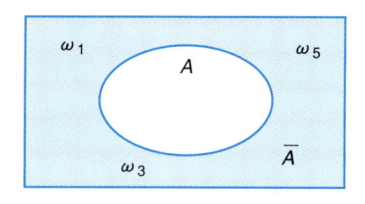

図 4.3　補事象 $\bar{A}$

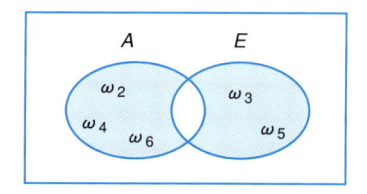

図 4.4　空事象 $A \cap E = \phi$

● クローズアップ 4.2　公理論的確率論

　現代確率論は，確率とは何かという哲学的な問いを避け，確率とは，公理 A.1 〜A.3 を満たしながら，各「事象」にある値を対応させる「関数」$P(\cdot)$ であると定義する。これは公理論的確率論という。ロシアの数学者コルモゴロフ（A.N. Kolmogorov, 1903–1987）によって確立された。

　確率の公理のうち，A.3 は，厳密にはつぎの通りである。

(A.3)′　互いに排反な事象の無限列 A_i, $i = 1, 2, \cdots$ について

$$P(\cup_{i=1}^{\infty} A_i) = \sum_{i=1}^{\infty} P(A_i)$$

が成り立つことである。大数法則など（思考）実験の極限の性質を論ずるため，無限個の事象の和（あるいは積）を考える必要があるからである。(A.3)′ の性質を確率 $P(\cdot)$ の σ-加法性という。詳しくは確率論のテキストを勉強されたい。

4.1　確率

この公理から導き出される。

(P.1)　$P(\phi) = 0$

(P.2)　$P(\bar{A}) = 1 - P(A)$

(P.3)　$A \supset B \quad \Rightarrow \quad P(A) \geq P(B)$

(P.4)　$P(A \cup B) = P(A) + P(B) - P(A \cap B)$。これを確率の**加法公式** (addition rule) という。P.4 で $A \cap B = \phi$ なら A.3 と同じである。

(P.5)　$A_1, \cdots, A_k$ が互いに排反ならば，$P(A_1 \cup A_2 \cup \cdots \cup A_k) = \sum P(A_i)$

P.1, P.2 を証明してみよう。どのような事象 A についても，$A \cup \phi = A$，$A \cap \phi = \phi$ が成り立つ。A.3 から $P(A) = P(A \cup \phi) = P(A) + P(\phi)$，したがって $P(\phi) = 0$ が得られる。また $A \cup \bar{A} = \Omega$，$A \cap \bar{A} = \phi$ であるから，A.3 と A.2 によって，$1 = P(\Omega) = P(A \cup \bar{A}) = P(A) + P(\bar{A})$ である。これから P.2 が得られる。他の命題については各自で証明されたい。

4.1.3　条件付確率

ある事象 A，たとえば「サイコロで偶数の目が出る」が実際に生じたという情報が得られたとする。このとき，たとえば事象 $B = \{\omega_2, \omega_3, \omega_5\}$「素数の目が出る」の確率が，どのように変化するかを考えよう。

われわれはすでに，A に含まれない基本事象の可能性はないことを知っているから，これらを考慮する必要がない。標本空間は A だけに制限されていると考えてよい。可能な基本事象は $A = \{\omega_2, \omega_4, \omega_6\}$ であるから B に該当する基本事象は $\{\omega_2\} = A \cap B$ で（等可能性原理（クローズアップ 4.3）を仮定すれば），A の各基本事象の確率は（A が起きたという情報が得られた後も）等しくない理由はないから，B の確率は

$$\frac{n(A \cap B)}{n(A)}$$

である。これを（A の下での B の）**条件付確率** (conditional probability) といい $P(B|A)$ と書く。ところで，この式の分母・分子を $n(\Omega)$ で割れば，

● クローズアップ 4.3　等可能性原理

　確率の公理 A.1 ～ A.3（134 ページ）およびそれらを用いて「証明」できる P.1 ～ P.5（136 ページ）などは，どのような問題でも成立する一般的な確率の性質である。しかしこれだけでは，おなじみのサイコロやトランプなどに関連する確率を求めることはできない。具体的な計算には，基本事象の確率を決める追加条件が必要である。その一例が等可能性原理すなわち，「すべての基本事象が等しく確からしい」という仮定である。

[例 4.1]　サイコロの確率は，この原理を用いれば次のように求められる。すべての基本事象の確率が等しいから $P(\omega_1) = P(\omega_2) = \cdots = P(\omega_6)$ である。この共通の値を p とおく。標本空間（全事象）は $\Omega = \{\omega_1\} \cup \{\omega_2\} \cup \cdots \cup \{\omega_6\}$ と排反な事象の和に分解できるから，確率の性質 P.5 によってその確率は $1 = P(\Omega) = P(\omega_1) + \cdots + P(\omega_6) = 6p$ である。これより，$p = \dfrac{1}{6}$ が得られる。一般の事象 A は互いに排反な単事象の和であり，すべての単事象が等しい確率 $\dfrac{1}{6}$ をもつから，$P(A) = \dfrac{A \text{ に含まれる基本事象の数}}{6}$ である。

　サイコロに限らず一般に，基本事象の数が有限ならば

$$P(A) = \frac{n(A)}{n(\Omega)} \tag{4.1}$$

である。ここで $n(A)$ は事象に含まれる基本事象の数を表す。このように，等可能性原理を仮定して求められる確率を，先験的 (a priori) 確率または組合せ論的確率という。歪んだサイコロでは，確率を「理論的計算」によって求めることはできない。しかし，相対頻度の極限としての確率は考えられる。これを経験的 (empirical) 確率という。

表 4.2　分割表と条件付確率

	B	$\bar{B}$	
A	q_{AB}	$q_{A\bar{B}}$	$q_{A\cdot}$
$\bar{A}$	$q_{\bar{A}B}$	$q_{\bar{A}\bar{B}}$	$q_{\bar{A}\cdot}$
	$q_{\cdot B}$	$q_{\cdot \bar{B}}$	100%

$\Rightarrow$

	B	$\bar{B}$	
A	$P(A \cap B)$	$P(A \cap \bar{B})$	$P(A)$
$\bar{A}$	$P(\bar{A} \cap B)$	$P(\bar{A} \cap \bar{B})$	$P(\bar{A})$
	$P(B)$	$P(\bar{B})$	100%

$$P(B|A) = \frac{n(A\cap B)}{n(A)} = \frac{n(A\cap B)/n(\Omega)}{n(A)/n(\Omega)} = \frac{P(A\cap B)}{P(A)}$$

である．このように書き直すと，一般の場合にも条件付確率を定義でき，その意味を次のように解釈することができる．

実験を n 回繰り返し，事象 A, B それぞれについて生起の有無をカテゴリーとして分割表を作ると，大数法則によって $n \to \infty$ の極限では表 4.2 の右の表に近づく．これに伴って，A の下での B の条件付相対度数 $\frac{q_{AB}}{q_{A\cdot}}$ は

$$P(B|A) = \frac{P(A\cap B)}{P(A)} \tag{4.2}$$

に近づく．(4.2) は，条件付確率の自然な定義である．なお，条件付確率に対して通常の確率を 無条件 (unconditional) 確率 あるいは 周辺 (marginal) 確率 という．

4.1.4 事象の独立性

コインを 2 枚続けて投げるとき，2 枚目のコインの表が上（事象 B）である可能性（確率）は，1 枚目のコインの表が上（事象 A）であるか否かにかかわらず一定 (1/2) である．このように，事象 A の生起が事象 B の確率に影響しないとき，$P(B|A) = P(B)$ であるから，乗法公式 (4.4) によって

$$P(A\cap B) = P(A) \cdot P(B) \tag{4.3}$$

である．(4.3) が成り立つとき，事象 A, B は 互いに独立 (mutually independent) であるという．

★注意 4.1 (1) 容易にわかるように，(4.3) が成り立つことと，$P(B|A) = P(B)$, $P(A|B) = P(A)$ であることは，同値（どれか 1 つを仮定すれば，他が証明できる）である．「互いに」独立という所以である．
(2) A と B が独立ならば $\bar{B}$ と A, $\bar{A}$ も独立である．たとえば

$$P(\bar{B}|A) = \frac{P(A\cap \bar{B})}{P(A)} = \frac{P(A) - P(A\cap B)}{P(A)} = 1 - P(B|A) = P(\bar{B})$$

である．

◆ワンポイント 4.1 確率の計算例（乗法公式）

条件付確率の定義 (4.2) から，次の**乗法公式**（multiplication rule）

$$P(A \cap B) = P(A) P(B \mid A) \qquad (4.4)$$

が得られる．確率の計算問題では，$P(A \cap B)$ を直接求めるよりも $P(B \mid A)$ を使うほうが簡単に求められることが多いので，この公式は有用である（次の例 4.2）．

3 事象 A, B, C の共通事象について，$P(A \cap B \cap C) = P(A \cap B) P(C \mid A \cap B)$ だから，$P(C \mid A \cap B)$ を $P(C \mid A, B)$ と表せば

$$P(A \cap B \cap C) = P(A) P(B \mid A) P(C \mid A, B)$$

である．一般に，n 個の事象 $A_1, A_2, \cdots, A_n$ の共通事象について，

$$P(A_1 \cap \cdots \cap A_n) = P(A_1) P(A_2 \mid A_1) P(A_3 \mid A_1, A_2) \cdots \\ \times P(A_n \mid A_1, \cdots, A_{n-1})$$

[例 4.2] 赤玉が 10 個，白玉が 20 個入っている袋（母集団）がある．この袋から次々に 5 個の玉を取り出すとき，|赤赤白白赤| の順に取り出される確率はいくらか．また，|白白赤赤赤| の順の確率はいくらか（図 4.5）．

解：$R_i, i = 1, \cdots, 5$，で事象「i 番目に赤玉が取り出される」を表し，$W_i, i = 1, \cdots, 5$，で白玉に関する事象を同様に表すとする．$P(R_1 R_2 W_3 W_4 R_5)$ が求める確率である．$P(R_1) = 10/(10+20)$ である．最初に赤玉が取り出されると，袋には 9 個の赤玉が残るから，$P(R_2 \mid R_1) = 9/(9+20)$ である．同様にして，$\cdots$，$P(R_5 \mid R_1, R_2, W_3, W_4) = 8/(8+18)$ であるから，これらをかけ合わせて，

$$P(R_1 R_2 W_3 W_4 R_5) = \frac{10 \cdot (10-1) \cdot 20 \cdot (20-1) \cdot (10-2)}{30 \cdot (30-1) \cdot (30-2) \cdot (30-3) \cdot (30-4)} \qquad (4.5)$$

を得る．同様に $P(W_1 W_2 R_3 R_4 R_5)$ が求められるが，かけ算の順序は交換できるから，これは (4.5) に等しいこと，さらに一般に，赤玉が 3 個，白玉が 2 個取り出される確率は，取り出す順序によらずすべて等しいことがわかる．

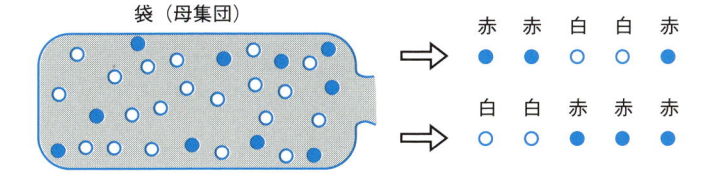

図 4.5 玉の取り出し方

(3) n 個の事象 $A_1, A_2, \cdots, A_n$（n は無限でもよい）は，そのうちの任意の異なる m（有限）個の事象の組合せ $A_{i_1}, A_{i_2}, \cdots, A_{i_m}$ について，それらの共通事象の確率がそれぞれの無条件確率の積であるとき，すなわち

$$P(A_{i_1} \cap A_{i_2} \cap \cdots \cap A_{i_m}) = P(A_{i_1}) P(A_{i_2}) \cdots P(A_{i_3}) \tag{4.6}$$

のとき独立であるという。

一般に 3 つの事象 A_1, A_2, A_3 は「すべての事象の対 $A_i, A_j, i \neq j$ が互いに独立である」としても，独立とは限らない（問題 4.9）。

4.1.5 ベイズの公式

[例 4.3] ある病院で，来院者にある病原菌に感染しているか否かの検査を実施することを想定する。

この検査の結果は陽性，陰性のいずれかであって，感染者には陽性の反応，非感染者には陰性の反応がほぼ期待できるが，若干個人差があり必ずしも正確に反応せず，表 4.3 に示される確率で陽性（＋）陰性（－）の反応を示す。表は，「感染者が陽性反応を示す確率が 0.9」であることなどを表している。このとき陽性反応を示した検査対象者が実際に感染者である確率を求めたい。

この問題を次のように考える。A を「検査対象者が病原菌に感染している」，B を「検査が陽性（＋反応）となる」という事象であるとする。われわれが欲しいのは陽性反応が与えられたとき，被検者が感染者である（条件付）確率 $P(A \mid B)$ である。このとき次のベイズの公式（Bayes' rule）が利用できる（証明は 4.10 節）。

$$P(A \mid B) = \frac{P(A) P(B \mid A)}{P(A) P(B \mid A) + P(\bar{A}) P(B \mid \bar{A})} \tag{4.7}$$

この公式は，ある原因がある結果を生ずるプロセスに関する（確率で表現され，実験などで知ることができる）知識に基づいて，結果から原因の推測を行うために用いられる。

ベイズの公式の利用には $P(A)$（上の例では「病院に検査を受けにくる人が実際に感染者である」確率）が必要である。表 4.3 の右端の括弧内の数が

表 4.3 反応の確率

	陽性 (B)	陰性 ($\bar{B}$)	
感染者 (A)	0.9	0.1	(0.1)
非感染者 ($\bar{A}$)	0.2	0.8	(0.9)

● クローズアップ 4.4　ベイズ統計学と主観的確率

　先に述べた先験的確率と経験的確率はどちらも大数法則を基礎として，相対頻度を「確からしさ」の尺度としている。これを確率の頻度説という。ここでは同じ現象・実験などが繰返し起きる（行われる）ことを暗に前提にして，実際に行うか否かはともかくその観察によって事象の確率を得ることができる。その意味で頻度説に基づく確率は「客観的」（objective）である。これに対し確率は頻度と無関係な「確からしさ」を表し，確率を議論する主体（人物）の知識の量と関連づける立場がある。これを主観説といい，この観点に基づく統計分析をベイズ（Bayesian）統計学という。すなわち，ベイズの公式を基礎とし，すべての情報を事後確率という形に要約し未知の事柄に関する推論を行おうとするものである。

　ベイズ統計学には，例 4.3 のように未知の事柄に関する事前確率が必要である。また，事前確率を変えることによって事後確率の値を自由に変えることができる（問題 4.2 参照）。

　病院での検査等の場合は過去の経験の蓄積があり，事前確率 $P(A)$（来院者中の感染者の割合）は「わかっている」（既知；known）として差し支えない。しかしながら，検査対象の病気が現在大流行中であると仮定すると，事前確率は過去の経験によって得られるものよりも大きいと考えられる。そのような場合は，「現在」の 状況 = 事前確率 を知るだけの十分な経験の蓄積がない。純粋なベイズ統計学者（Bayesian と呼ばれる）はそのような場合でも，医師の状況判断に基づいて事前確率を決定し事後確率を求めることができると考えている。ベイズ統計学が「主観的」（subjective）であるといわれる所以である。

この確率を表している。表から，$P(B \mid A) = 0.9$ 等々を読んで公式に代入すると，陽性の被検者が感染者である確率

$$P(A \mid B) = \frac{0.1 \times 0.9}{0.1 \times 0.9 + 0.9 \times 0.2} = \frac{1}{3}$$

を得る。ここで用いた（無条件）確率 $P(A)$ を A の 事前確率（prior probability）といい，情報 B（もしくは $\bar{B}$）によって得られる条件付確率 $P(A \mid \cdot)$ を A の 事後確率（posterior probability）という。実際問題としては，$P(B \mid A)$ などは実験から（繰り返しによって）求めることができるが，$P(A)$ は実験では求められず，これをどのように定めるかが重要で，ここに「主観的な」要素が入る可能性がある。

● 一般のベイズの公式

一般に，原因・要因が k 通りある状況，すなわち $A_1, A_2, \cdots, A_k$ が互いに排反で $A_1 \cup A_2 \cup \cdots \cup A_k = \Omega$ のとき（このとき，$A_1, A_2, \cdots, A_k$ を標本空間 Ω の分割という）

$$P(A_i \mid B) = \frac{P(A_i) P(B \mid A_i)}{P(A_i)} = \frac{P(A_i) P(B \mid A_i)}{\sum_{j=1}^{k} P(A_j) P(B \mid A_j)} \tag{4.8}$$

である。問題 4.1 はこの公式の応用例である。

4.2 確率変数と確率分布

4.2.1 確率変数

確率変数（random variable）は，確率的に変動する現象・量の数学モデルであり，統計データに偶然変動を関連させ，「バラツキ」の分析を可能にする。本章では，$X, Y, \cdots, X_1, X_2, \cdots$ などと大文字で表す。確率論の枠組みは，標本空間を基礎としている。確率変数は標本空間の基本事象に応じて定まる（一種の関数 $X(\omega)$）と定義される（例 4.4）。また，$X(\omega) = 1$ を満た

◆ **ワンポイント 4.2　確率の計算例（加法公式）**

1 から 100 までの数を記した 100 枚のカードの入った袋がある．この袋から，無作為に 1 枚を抜き出すとき，抜き出したカードに記した数が 3 の倍数である確率，5 の倍数である確率を求めよ．また，15 の倍数（3 の倍数であって，さらに 5 の倍数）である確率はいくらか．3 の倍数であるかまたは 5 の倍数である確率はいくらか（このような問題で，無作為にというとき，等可能性原理を仮定していることを意味する）．

解： A を事象「3 の倍数」，B を事象「5 の倍数」とする．事象「15 の倍数」は $A \cap B$ である．$n(\Omega) = 100$, $n(A) = 33$, $n(B) = 20$ だから，$P(A) = 0.33$，$P(B) = 0.2$ である．100 以下の 15 の倍数は 6 個：$n(A \cap B) = 6$，すなわち $P(A \cap B) = 0.06$ である．

事象「3 の倍数または 5 の倍数」は $A \cup B$ である．加法公式 P.3 から

$$P(A \cup B) = P(A) + P(B) - P(A \cap B) = 0.33 + 0.2 - 0.06 = 0.47$$

補題 4.1　加法公式 P.4（136 ページの命題（P.4））を拡張した公式

$$P(A \cup B \cup C) = P(A) + P(B) + P(C) - P(A \cap B) - P(B \cap C) - P(C \cap A) \\ + P(A \cap B \cap C)$$

が成り立つ．さらに多くの事象の和の確率について，次の公式が成り立つ．

$P(A_1 \cup A_2 \cup \cdots \cup A_K)$

$= P(A_1) + P(A_2) + \cdots + P(A_K)$

$\quad - P(A_1 \cap A_2) - P(A_1 \cap A_3) - \cdots - P(A_{K-1} \cap A_K)$ 　　（2 事象の全組合せ）

$\quad + P(A_1 \cap A_2 \cap A_3) + \cdots + P(A_{K-2} \cap A_{K-1} \cap A_K)$ 　　（3 事象の全組合せ）

$\cdots$

$\quad + (-1)^{K-1} P(A_1 \cap A_2 \cap \cdots \cap A_K)$

補題 4.1 は包除公式あるいは包除原理（principle of inclusion and exclusion）と呼ばれる．和事象の確率は，積事象に比べ求めるのが容易でない場合が多く，この公式は有用である．章末の問題 4.6 ではこの公式をうまく用いると，解が容易に求まる．

すような基本事象の全体は，(基本事象の集合だから) 事象であり，ω を省略して $\{X = 1\}$，その確率を $P(X = 1)$ と表す．$P(-2 \leq X \leq 4)$ なども同様である．これらは，確率変数 X に関連する事象と呼ばれる．

[例 4.4]　**サイコロの賭けの利得**　サイコロを振って 1，2 の目が出れば 1,000 円を得，3，4，5，6 ならば 500 円を失うという賭けを考え，この利得を Y とする．このとき Y の取り得る値は 2 通りで，それぞれの確率は，標本空間 $\Omega = \{\omega_1, \omega_2, \omega_3, \omega_4, \omega_5, \omega_6\}$ に戻って求める．

$$P(Y = 1000) = P(\omega_1, \omega_2) = \frac{1}{3},$$
$$P(Y = -500) = P(\{\omega_3, \omega_4, \omega_5, \omega_6\}) = \frac{2}{3}$$

である．

4.2.2　離散型確率分布

確率変数にも「離散型」と「連続型」がある．連続型変数の扱いはやや複雑であるので，しばらくの間，離散型変数に限って説明する．

離散型分布を表すには，各実現値の確率を列挙すればよい．変数 X の取り得る値を $\tilde{x}_1, \cdots, \tilde{x}_K$ とすると確率分布は

$$P(X = x_k) = p_k, \quad k = 1, \cdots, K$$

で表される．K はサイコロの目の数のように有限であるときも，「1 日の交通事故の数」のように上限がない場合もある（$K = \infty$，すなわち無限の場合，数学的には取り扱いに注意が必要だが，本書ではあまり厳密に考えない）．当然 $p_k \geq 0$，$k = 1, 2, \cdots$ であり，また全事象の確率が 1 だから $\sum_{k=1}^{K} p_k = 1$ でなければならない．

● **クローズアップ 4.5　確率変数と確率分布**

確率変数は変動する量を表す抽象的な概念である。確率変数が実際にとる値（観察された値）を 実現値（realization）という。福引きの抽選では，6角形の箱を回転させると色の付いた玉が出る道具をつかう。「福引きの玉の色」の確率モデルでは，確率変数は「箱」であり，これを回転させて実際に出る玉（の色）が実現値である。

データのバラツキが，その相対度数分布に特徴が集約されるように，確率変数の性質はその 確率分布（probability distribution），つまり確率変数 X が各実現値をとる確率の分布によって定まる。確率分布は，X が繰返し実現値を生ずるときの実現値の相対度数分布（の極限）であると理解すればよい。

母集団の観察と確率分布の例

表 4.4 は，1888 年頃のドイツで，子どもが 8 人いる世帯における男児の数を調べたデータである。これを母集団と考えよう。ここから，すべての世帯が等しく $\frac{1}{53680}$ の確率で選ばれるように（無作為に（at random）という），1 世帯を選びその男児の数を X とする。このとき，X は確率変数である。これを，母集団の 観察値（observation）または 測定値（measurement）という。ここで，$P(X=0)$ は $\frac{215}{53680}$，すなわち，母集団における男児数 0 の世帯の相対度数に等しい。$P(X=1)$，… も同様であり，「無作為な観察値 X の確率分布は，母集団における相対度数分布と一致する」ことがわかる。

表 4.4　子ども 8 人の世帯の男児の数

男児数	0	1	2	3	4	5	6	7	8	計
世帯数 %	215 (0.4)	1485 (2.8)	5331 (9.9)	10649 (19.8)	14959 (27.9)	11929 (22.2)	6678 (12.4)	2092 (3.9)	342 (0.6)	53680

（出所）Fisher（1925）"*Statistical methods for research workers*"

4.2.3 複数の確率変数の分布

離散型の 2 確率変数 X, Y を考え，X, Y のとり得る値が $\tilde{x}_1, \cdots, \tilde{x}_K$，$\tilde{y}_1, \cdots, \tilde{y}_L$ であるとする（説明が冗長になるので，3 変数以上の場合は記さないが，容易に拡張できる）．X, Y の確率分布は同時確率（joint probability）

$$p_{kl} = P(X = \tilde{x}_k, Y = \tilde{y}_l), \quad k = 1, \cdots, K, l = 1, \cdots, L \quad (4.9)$$

で表される．これを X, Y の同時分布（joint distribution）という．

同時分布に対して，一方の変数の分布を周辺分布（marginal distribution）という．周辺確率（marginal probability）は同時確率を用いて，

$$P(X = \tilde{x}_k) = \sum_{l=1}^{L} P(X = \tilde{x}_k, Y = \tilde{y}_l) = \sum_{l=1}^{L} p_{kl} \overset{\triangle}{=} p_{k\cdot}$$

$$P(Y = \tilde{y}_l) = \sum_{k=1}^{K} P(X = \tilde{x}_k, Y = \tilde{y}_l) = \sum_{k=1}^{K} p_{kl} \overset{\triangle}{=} p_{\cdot l}$$

と表される．同時確率を (4.9) のように表して扱うときは，周辺確率 $P(X = \tilde{x}_k)$ を $p_{k\cdot}$，$P(Y = \tilde{y}_l)$ を $p_{\cdot l}$ などと，加え合わせる添え字を「$\cdot$」（ドット）で置き換えて表す．

4.3 確率分布の特性値

確率分布は相対度数分布の極限である（と考えた）から，度数分布と同様な特性値が確率分布についても定義できる．主な特性値と，その性質を述べる．

4.3.1 期待値（平均）

まず，「平均」を考える．この章の冒頭（131 ページ）のサイコロの度数分布から平均を求めると，最上段の表では $\bar{x} = 1 \times \dfrac{108}{600} + \cdots + 6 \times \dfrac{80}{600} = 3.4083$，中段の表では $\bar{x} = 1 \times \dfrac{9940}{60000} + \cdots + 6 \times \dfrac{10013}{60000} = 3.5094$，同様に最下段の表では $\bar{x} = 1 \times \dfrac{999612}{6000000} + \cdots + 6 \times \dfrac{999425}{6000000} = 3.5006$ である．n の増加に

◆ **ワンポイント 4.3　場合の数の公式①**

先験的確率を求めるとき，場合の数を数える公式は有用である。
1 から n までの数から，r 個を順に取り出して並べる並べ方の数 $(n)_r$ は

$$(n)_r = \underbrace{n(n-1)\cdots(n-r+1)}_{r \text{ 個}} \tag{4.10}$$

であり，これを 順列 (permutation) の数という。

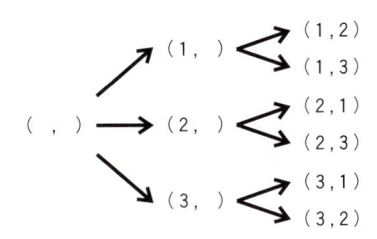

図 4.6　並べ方の数え上げ

簡単のため $n=3$, $r=2$ として考えよう。図 4.6 のように，第 1 段では $n(=3)$ 通りの可能性がある。第 1 段で「1」が選ばれれば，それに続く第 2 段では「1」を除く $n-1(=2)$ 通りの可能性がある（以下続いて同じように，第 3 段では $n-2$ 通り，と第 r 段（$n-r+1$ 通りまで繰り返す）。したがって，並べ方は，3×2，一般には (4.10) 式で与えられることがわかる。

自然数 n から始めて，1 ずつ減らしながら順に掛け合わせて得られる数 $n \times (n-1) \times \cdots \times 2 \times 1$ は n の 階乗 (factorial product) と呼ばれ，$n!$ と表される。また，便宜的に $0! = 1$ と定められる。これを用いると順列の数は，$(n)_r = \dfrac{n!}{(n-r)!}$ である。とくに，$(n)_n = n!$ である。

伴い，相対度数がそれぞれ $\frac{1}{6}$ に近づくから，$\bar{x}$ は $1 \times \frac{1}{6} + \cdots + 6 \times \frac{1}{6} = 3.5$ に近づく（図 4.7）。

一般に，確率変数 X の n 個の実現値をデータとみなし，$\tilde{x}_k$ の度数を f_k とすると，データの平均は $\bar{x} = \sum_{k}^{K} \tilde{x}_k \left(\frac{f_k}{n}\right)$ である。相対度数 $\frac{f_k}{n}$ をその極限（確率）$P(X = \tilde{x}_k)$ で置き換え，「確率変数の平均」を $\sum_{k} \tilde{x}_k P(X = \tilde{x}_k)$ と（定義）するのが自然である。これを X の平均あるいは期待値（expectation）といい $\mathrm{E}(X)$ と書く。期待値は X の「分布」によって定まるから，「分布の期待値」ともいう。確率変数の期待値は，その実現値の長い間（in the long run）の平均値で，「試行」1 回あたりに期待できる X の値とも考えられる。

4.3.2 確率変数の関数の期待値

例 4.4 で取り上げた賭けの利得 Y の分布は，$P(Y = 1000) = 1/3, P(Y = -500) = 2/3$ であるから

$$\mathrm{E}(Y) = 1000 \times \frac{1}{3} + (-500) \times \frac{2}{3} = 0 \tag{4.11}$$

である。

X をサイコロの目の数とする。Y（の実現値）は X（の実現値）によって定まる。すなわち，Y は X の関数である。実際，

$$g(x) = \begin{cases} 1000 & x = 1, 2 \text{ のとき} \\ -500 & \text{それ以外} \end{cases}$$

とすると，$Y = g(X)$ と表される。$P(Y = 1000) = P(g(X) = 1000) = P(X = 1) + P(X = 2)$ だから，(4.10) の右辺第 1 項 $1000 \times \frac{1}{3}$ は $g(1)P(X = 1) + g(2)P(X = 2)$ である。第 2 項も同様に，$g(3)P(X = 3) + \cdots + g(6)P(X = 6)$ と表されるから，Y の分布を求めなくても，期待値 $\mathrm{E}(Y)$ が

$$\mathrm{E}(Y) = \mathrm{E}(g(X)) = g(1)P(X = 1) + g(2)P(X = 2) + \cdots + g(6)P(X = 6)$$

サイコロの場合

確率変数

1の目，2の目，3の目，
4の目，5の目，6の目，

確　率
$\frac{1}{6}$

（＝相対度数の極限：例 $\frac{999425}{6000000}$）

$1 \times \frac{1}{6} + 2 \times \frac{1}{6} + 3 \times \frac{1}{6} + 4 \times \frac{1}{6} + 5 \times \frac{1}{6} + 6 \times \frac{1}{6}$

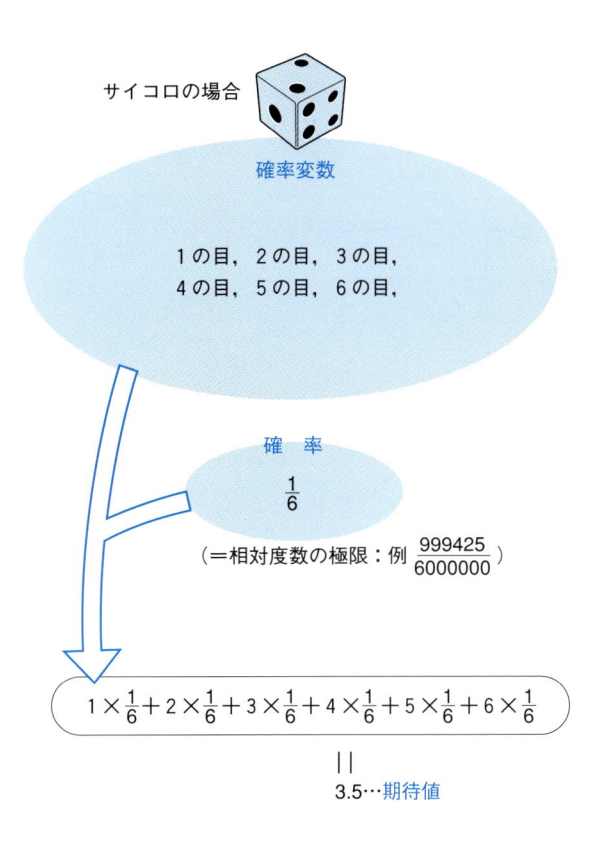

＝
3.5…期待値

図 4.7　確率と期待値

というように，X に関する確率だけを用いて表すことができる．

〈まとめ 4.1〉 期待値

(1) **期待値の定義** （離散型の）確率変数 X の取り得る値が $\tilde{x}_1, \tilde{x}_2, \cdots, \tilde{x}_K$ であるとする（K は無限大 ∞ であってもよい）．このとき，X の期待値は

$$\mathrm{E}(X) = \sum_{k=1}^{K} \tilde{x}_k P(X = \tilde{x}_k) = \sum_{k=1}^{K} \tilde{x}_k p_k \qquad (4.12)$$

である．

(2) **確率変数の関数** $Y = g(X)$ の期待値 $\mathrm{E}(Y) = \mathrm{E}(g(X))$ は

$$\mathrm{E}(Y) = \sum_{k=1}^{K} g(\tilde{x}_k) P(X = \tilde{x}_k) = \sum_{k=1}^{K} g(\tilde{x}_k) p_k \qquad (4.13)$$

である．

(3) **2 つの確率変数の関数** X, Y の関数 $Z = h(X, Y)$ の期待値は，X, Y の同時分布 $p_{kl} = P(X = \tilde{x}_k, Y = \tilde{y}_l)$ を用いて次のように表される．

$$\mathrm{E}(Z) = \mathrm{E}\{h(X, Y)\} = \sum_{k=1}^{K} \sum_{l=1}^{L} h(\tilde{x}_k, \tilde{y}_l) p_{kl}. \qquad (4.14)$$

(4) **確率変数の 1 次式** 公式 (2.17)（58 ページ），(3.14a)（102 ページ）に対応する次の公式は (4.13) と (4.14) から得られる．

$$\mathrm{E}(a + bX) = a + b\,\mathrm{E}(X) \qquad (4.15\mathrm{a})$$
$$\mathrm{E}(aX + bY) = a\,\mathrm{E}(X) + b\,\mathrm{E}(Y) \qquad (4.15\mathrm{b})$$

言い換えれば，確率変数の「1 次式の期待値は期待値の 1 次式」，また (4.15b) で $a = b = 1$ とすれば「確率変数の和の期待値は期待値の和」であることがわかる．(4.15b) のような公式は，変数が 3 つ以上でも成り立つ．このことは (4.15b) を繰返し用いて次のように示す．

$$\mathrm{E}(aX + bY + cZ) = \mathrm{E}\{(aX + bY) + cZ\} = \mathrm{E}(aX + bY) + c\,\mathrm{E}(Z)$$

◆ワンポイント 4.4　2 つのサイコロの目の数の和

X_1, X_2 を 1 番目, 2 番目のサイコロを振って出た目, その和を $Z = X_1 + X_2$ とする。ω_{ij} を $X_1 = i$, $X_2 = j$ となる基本事象とする。このとき, 標本空間は $6 \times 6 = 36$ 個の基本事象からなり

$$\Omega = \begin{Bmatrix} \omega_{11} & \omega_{12} & \omega_{13} & \omega_{14} & \omega_{15} & \omega_{16} \\ \omega_{21} & \omega_{22} & \omega_{23} & \omega_{24} & \omega_{25} & \omega_{26} \\ \omega_{31} & \omega_{32} & \omega_{33} & \omega_{34} & \omega_{35} & \omega_{36} \\ \omega_{41} & \omega_{42} & \omega_{43} & \omega_{44} & \omega_{45} & \omega_{46} \\ \omega_{51} & \omega_{52} & \omega_{53} & \omega_{54} & \omega_{55} & \omega_{56} \\ \omega_{61} & \omega_{62} & \omega_{63} & \omega_{64} & \omega_{65} & \omega_{66} \end{Bmatrix}$$

で表される。これに基づいて, Z の確率分布を求めることができる。たとえば, 事象 $\{Z = 3\}$ は $\{\omega_{12}, \omega_{21}\}$ だから $P(Z = 3) = \dfrac{2}{36}$ である。

◆ワンポイント 4.5　2 変数の和の分布

一般に, (離散型) 確率変数 X, Y で, その取る値が, $0, 1, 2, \cdots$ であり, $P(X = i, Y = j) = p_{ij}$ であるとする。和 $Z = X + Y$ について,

$$P(Z = k) = p_{0, k} + p_{1, k-1} + \cdots + p_{k, 0}$$

である。とくに, X, Y が 独立 で, その分布がそれぞれ $P(X = i) = f_i$, $i = 0, 1, \cdots$, $P(Y = j) = g_j$, $j = 0, 1, \cdots$ であるとき, 和 $X + Y$ の分布は,

$$P(Z = k) = f_0 g_k + f_1 g_{k-1} + \cdots + f_k g_0, \, k = 0, 1, 2, \cdots \quad (4.16)$$

で表される。これを, X の分布 f_i と Y の分布 g_i の たたみこみ (convolution) という。

$$= a\mathrm{E}(X) + b\mathrm{E}(Y) + c\mathrm{E}(Z)$$

2 つの変数について成立する公式は，しばしばこのようにして 3 変数以上に拡張できる．$aX + bY$ のように，変数 X, Y それぞれに係数をかけて加えた形の変数を X, Y の 1 次結合 (linear combination) という（3 変数以上でも同様である）．

4.3.3 分散・標準偏差

データの分散は，相対度数によって $s_x^2 = \sum_{k=1}^{K}(\tilde{x}_k - \bar{x})^2 \left(\dfrac{f_k}{n}\right)$ と表される（(2.12b)，52 ページ）．ここで，「相対度数 $\dfrac{f_k}{n}$」を「確率 p_k」，「平均 $\bar{x}$」を「期待値 $\mathrm{E}(X)$」でそれぞれ置き換えて，確率変数（あるいはその分布）の分散 (variance) $\mathrm{V}(X)$ を

$$\mathrm{V}(X) = \sum_{k=1}^{K}\{\tilde{x}_k - \mathrm{E}(X)\}^2 p_k \tag{4.17}$$

と定義する．また $\sqrt{\mathrm{V}(X)}$ を，確率変数 X の標準偏差といい，$\sigma(X)$ で表す．(4.17) の右辺は (4.13) で $g(x) = \{x - \mathrm{E}(X)\}^2$ とおいたものであり，「期待値からの偏差の 2 乗の期待値」$\mathrm{E}\{X - \mathrm{E}(X)\}^2$ である．

(2.12b)，(2.13)（52 ページ）に対応して，次の公式が成り立つ（証明は 4.10 節）．

$$\mathrm{V}(X) = \mathrm{E}(X^2) - \mathrm{E}(X)^2 \tag{4.18}$$

● 確率変数の 1 次式

$$\mathrm{V}(a + bX) = b^2 \mathrm{V}(X) \tag{4.19a}$$
$$\sigma(a + bX) = |b|\sigma(X) \tag{4.19b}$$

◆ワンポイント 4.6　分布の裾確率

標準偏差 $\sigma(X)$ にはさまざまな解釈を与えることができる。その一つは分布の「端の確率」の限度を評価する役割である。$\lambda > 1$ としてつぎのような **3点分布** を考える。図 4.8 は $\lambda = 2$ の場合の例である。

$$P(x = 0) = 1 - \frac{1}{\lambda^2},$$

$$P(x = \pm\lambda\sigma) = \frac{2}{2\lambda^2}$$

この分布について X の期待値，分散は

$$\mathrm{E}(X) = 0, \quad \mathrm{V}(X) = \sigma^2$$

である（確かめられたい）。このとき，$P(|X - \mathrm{E}(X)| \geq \lambda\sigma) = \dfrac{1}{\lambda^2}$ である。この左辺すなわち分布の「裾確率」は右辺より大きくできないことが次の **チェビシェフ**（Chebyshev）の不等式で $c = E(X)$ とおくことにより示される。

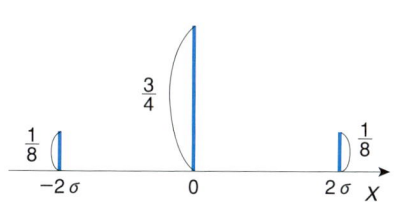

図 4.8　3 点分布

定理 4.1 チェビシェフの不等式：確率変数 Y，定数 c について，$\mathrm{E}(Y-c)^2 = \eta^2$ であるとする。λ を定数とすると，

$$P(|Y - c| \geq \lambda\eta) \leq \frac{1}{\lambda^2} \tag{4.20}$$

が成り立つ。

● **定理 4.1 の証明**：Y の取り得る値は $y_1, \cdots$ でその分布は p_j, $j = 1, \cdots$ で表されるとする。定義によって

$$\eta^2 = \mathrm{E}(Y-c)^2 = \sum_j (y_j - c)^2 p_j$$

（ここで和を $|y_j - c| \leq \lambda\eta$ である j についての和とそれ以外の和に分ける）

$$= \sum_{j:|y_j-c|\leq\lambda\eta} (y_j - c)^2 p_j + \sum_{j:|y_j-c|>\lambda\eta} (y_j - c)^2 p_j$$

（第 1 の和の各項は 0 より小さくなく，第 2 の和の各項は $\lambda^2\sigma^2 p_j$ より小さくはないから）

$$\geq \sum_{j:|y_j-c|>\lambda\sigma} \lambda^2\eta^2 p_j = \lambda^2\eta^2 \sum_{j:|y_j-c|>\lambda\sigma} p_j = \lambda^2\eta^2 P(|Y - c| > \lambda\eta)$$

この両辺を η^2 で割れば (4.20) が得られる。

4.3.4 共分散・相関係数

確率変数 X, Y の間の 共分散 (covariance) を X, Y の「偏差の積の期待値」と定義し，$\mathrm{Cov}(X, Y)$ と表す．

$$\mathrm{Cov}(X, Y) = \mathrm{E}\left\{(X - \mathrm{E}(X))(Y - \mathrm{E}(Y))\right\}$$
$$= \sum_{k=1}^{K}\sum_{l=1}^{L} \{\tilde{x}_k - \mathrm{E}(X)\}\{\tilde{y}_l - \mathrm{E}(Y)\} p_{kl} \tag{4.21}$$

これは，2次元データの共分散 (3.11)（98 ページ）で相対度数を「確率」($p_{kl} = P(X = \tilde{x}_k, Y = \tilde{y}_l)$) で置き換えたものである．共分散は X, Y を交換しても変わらない，すなわち $\mathrm{Cov}(Y, X) = \mathrm{Cov}(X, Y)$ であることに注意する．

2 変数の標準化変数間の積の期待値

$$\rho(X, Y) = \frac{\mathrm{Cov}(X, Y)}{\sigma(X)\sigma(Y)}$$

を X, Y の間の 相関係数 (correlation coefficient) という．相関係数は，X, Y の間の直線的な関係の強弱を表す．

共分散について，次の性質が成り立つ（証明は 4.10 節）．

$$\mathrm{Cov}(X, Y) = \mathrm{E}(XY) - \mathrm{E}(X)\mathrm{E}(Y) \tag{4.22}$$
$$\mathrm{Cov}(aX + bY, Z) = a\mathrm{Cov}(X, Z) + b\mathrm{Cov}(Y, Z) \tag{4.23}$$

相関係数について，次の不等式が成り立つ．

$$-1 \leq \rho(X, Y) \leq 1 \tag{4.24}$$

とくに，2 変数の間に直線関係がある，すなわち $P(Y = a + bX) = 1$ であるときは $\rho(X, Y) = \pm 1$ である．

4.3.5 確率変数の和の分散

2 変数 X, Y の和あるいは 1 次結合の分散に関して，次の公式が成り立つ．

◆ ワンポイント 4.7　場合の数の公式②

1 から n までの数から，r 個を選ぶ選び方（組合せ；combination）の数 $\binom{n}{r}$ は，次式で与えられる．

$$\binom{n}{r} = \frac{\overbrace{n(n-1)\cdots(n-r+1)}^{r \text{個}}}{r!} \tag{4.25}$$

$\binom{n}{k}$ は，展開式

$$(a+b)^n = \binom{n}{0}a^n + \binom{n}{1}a^{n-1}b^1 + \binom{n}{2}a^{n-2}b^2 + \cdots + \binom{n}{n}b^n$$

の各項の係数であり，2項係数（binomial coefficient）とよばれる．便宜的に，$\binom{n}{0} = 1$ と定義される．分子分母に，$(n-r)!$ をかけると

$$\binom{n}{r} = \frac{n!}{r!(n-r)!}$$

と表され，したがって $\binom{n}{n-r} = \binom{n}{r}$ であることがわかる．

● (4.25) の証明：一例として $n=5$，$r=3$ とする．$r(=3)$ 個の数を 1 組（たとえば $(1, 2, 5)$）選んだとする．個の組について，$(1, 2, 5), (1, 5, 2), \cdots$ と，図のように $(3)_3 = 3! = 6$ 通りの「並べ方」がある．

全体で $\binom{n}{r}$ 個の「組」の各々について，$r!$ 通りの並べ方があるから，$n=5$ 中 $r=3$ を順に並べる「並べ方」の数は，$\binom{n}{r} \times r!$ である．一方，14 ページ (0.1) から，これは $(n)_r$ に等しい．両者を等置すると，(0.2) を得る．

```
                    (1,2, ) ──→ (1,2,5)
              (1, , )
                    (1,5, ) ──→ (1,5,2)
                    (2,1, ) ──→ (2,1,5)
( , , ) ──→ (2, , )
                    (2,5, ) ──→ (2,5,1)
                    (5,1, ) ──→ (5,1,2)
              (5, , )
                    (5,2, ) ──→ (5,2,1)
```

図 4.9　3 つの数の並べ方の数

$$\mathrm{V}(aX+bY) = a^2\mathrm{V}(X) + b^2\mathrm{V}(Y) + 2ab\,\mathrm{Cov}(X,Y) \quad (4.26)$$

$\mathrm{V}(aX+bY) = \mathrm{Cov}(aX+bY, aX+bY)$ だから（4.26）は（4.22）を用いて証明できる。

4.3.6 独立な確率変数

確率変数の独立性は，事象の独立という概念を拡張して「それぞれの確率変数に関連する事象がすべて互いに独立であること」と定義する．離散型確率変数の場合，これは次の定義と同じである．2つの確率変数 X, Y は，それぞれに関連する事象 $\{X = \tilde{x}_k\}$, $\{Y = \tilde{y}_l\}$ がすべての添え字の組について

$$p_{kl} = p_{k\cdot}p_{\cdot l}, \quad k=1, \cdots, K, \quad l=1, \cdots, L \quad (4.27)$$

のとき，(2変数が) 互いに独立であるという．

変数 X, Y が互いに独立であるとする．

(1) **積の期待値** 2変数の関数の積 $g(X)h(Y)$ の期待値について，次の関係が成り立つ（証明は 4.10 節）．

$$\mathrm{E}\{g(X)h(Y)\} = \mathrm{E}\{g(X)\}\mathrm{E}\{h(Y)\} \quad (4.28)$$

(2) **共分散** （4.28）で，$g(x) = x - \mathrm{E}(X)$, $h(y) = y - \mathrm{E}(Y)$ とおけば，$\mathrm{E}\{g(X)\} = \mathrm{E}\{X - \mathrm{E}(X)\} = 0$ であるから

$$X, Y \text{ が互いに独立ならば} \quad \mathrm{Cov}(X,Y) = 0 \quad (4.29)$$

が得られる．共分散が0ならば相関係数も0であるから，「2変数が互いに独立ならば，それらの間の相関は0」である．

(3) **「独立な変数の和」の分散** （4.26）と（4.29）を合わせて，次の「独立変数の和の分散」の公式を得る．

$$\mathrm{V}(X+Y) = \mathrm{V}(X) + \mathrm{V}(Y) \quad (4.30\mathrm{a})$$

また，$n(\geq 2)$ 個の互いに独立な変数 $X_1, X_2, \cdots, X_n$ の和について

◆ワンポイント 4.8　パスカルの三角形

下の図は**パスカルの三角形**とよばれる。2項係数を $n=1$（最上段）から逐次に求めるための図である。この「ピラミッド」の各数字は，その上の段の斜め左右にある数の合計になっている。

```
n  |          ( n )
   |          ( r )
 1 |          1   1
 2 |    (0)  1   2   1   (0)
 3 |        1   3   3   1
 4 |       1   4   6   4   1
 5 |      1   5  10  10   5   1
 6 |    1   6  15  20  15   6   1
```

図 4.10　パスカルの三角形

◆ワンポイント 4.9　スターリングの公式

$n!$ について，スターリング（Stirling）の式は，有名な近似式である。

$$n! \sim \sqrt{2\pi n}\left(\frac{n}{e}\right)^n \tag{4.31}$$

ここで e は「自然対数の底」と呼ばれる数で $e = 2.71828\cdots$ である。また $\sim$ は n が大きくなるにつれ両辺の比が1に近づくという意味である。$5! = 120$ であるが，公式 (4.31) によれば $118.02\,(118.02/120 = 0.983)$ であり，$10! = 3628800$ であるのに対して，公式では $3598696\,(3598696/3628800 = 0.9917)$ となる。これからもわかるように，$n!$ は n の増加とともに，極めて急速に増加する。(4.31) によれば，$100!$ は，57桁の数である。組合せの数も，したがって「天文学的数字」になる。

4.3　確率分布の特性値　　157

$$\mathrm{V}(X_1 + X_2 + \cdots + X_n) = \mathrm{V}(X_1) + \mathrm{V}(X_2) + \cdots + \mathrm{V}(X_n) \quad (4.30\mathrm{b})$$

が成り立つ（問題 4.20）。

4.3.7　条件付分布・条件付期待値

確率変数 X, Y の分布が 4.2.3 項で説明した通りであるとする。同時分布 (4.9) に対して，$X = \tilde{x}_k$ のときの $Y = \tilde{y}_l$ の条件付確率は

$$p_{\tilde{y}_l \mid \tilde{x}_k} = P(Y = \tilde{y}_l \mid X = \tilde{x}_k) = \frac{p_{kl}}{p_{k\cdot}}, \quad l = 1, \cdots, L \quad (4.32)$$

である。$\sum_{l=1}^{L} p_{\tilde{y}_l \mid \tilde{x}_k} = 1$ であり，これは Y についての確率分布であるための条件をみたしている。この分布を $X = \tilde{x}_k$ のときの Y の**条件付分布**（the conditional distribution of Y given $X = \tilde{x}_k$）という。一般に，条件付分布は，条件を与える変数 X の値 $\tilde{x}_k$ に依存する。

なお，「条件」は任意の事象でよい。事象 A の下での Y の条件付確率は

$$P(Y = \tilde{y}_l \mid A) = \frac{P(A \cap \{Y = \tilde{y}_l\})}{P(A)}, \quad l = 1, \cdots, L$$

であり，これを集めたものが，事象 A の下での Y の条件付分布である。

●条件付期待値

条件付分布の期待値を，$(X = \tilde{x}_k$ のときの$)$ Y の条件付期待値（conditional expectation）といい $\mathrm{E}(Y \mid X = \tilde{x}_k)$ または $\mathrm{E}(Y \mid \tilde{x}_k)$ で表す。

$$\mathrm{E}(Y \mid X = \tilde{x}_k) = \sum_{l=1}^{L} \tilde{y}_l p_{\tilde{y}_l \mid \tilde{x}_k}$$

である。また，条件付分布分散，条件付標準偏差なども同様に定義され，それぞれ $\mathrm{V}(Y \mid X = \tilde{x}_k)$，$\sigma(Y \mid X = \tilde{x}_k)$ などと書く。

◆ **ワンポイント 4.10** 独立試行に関連する確率計算

サイコロを繰返し投げる場合など，反復して行われる実験（試行（trial）という）などの各結果には，しばしば「独立性」が仮定される。(4.3) はそのときの確率計算の基礎になる。「サイコロを投げたとき 3 回続けて 1 の目の出る確率は，$\frac{1}{6} \times \frac{1}{6} \times \frac{1}{6} = \frac{1}{216}$ である」というとき，試行の独立性が暗黙に仮定されている。

[例 4.5] 技量の等しい 2 者 A，B がゲームを続けて行い，先に 4 勝した者を勝ちとする試合で，4 ゲームで勝負が決まる確率を求めよ。5 ゲーム目に初めて勝敗が決する確率はいくらか。同様に 6 ゲーム目，7 ゲームで勝負が決する確率はいくらか。

解：4 ゲーム目で勝負が決まるのは，どちらかのチームの 4 連勝である。A が 4 連勝する確率は $(1/2)^4 = 1/16$，B の 4 連勝も同じ確率で起こるから 4 ゲームで勝負が決まる確率は 1/8 である。

5 ゲーム目での決着の場合は，どちらかのチームの 4 勝 1 敗である。A が 4 勝 1 敗で勝つ確率を求める。A チームの勝ちを W 負けを L で表しこれを並べて試合の結果を表す。4 勝 1 敗に該当するのは (LWWWW)，(WLWWW)，(WWLWW)，(WWWLW) の 4 通りである。この各事象の確率は，$P\{(LWWWW)\} = P\{(WLWWW)\} = \cdots = (1/2)^5$ であり，B が勝つ場合も同じ確率だから，5 ゲームで勝負が決まる確率は $4 \times 1/32 \times 2 = 1/4$ である。

6 ゲーム目での決着の場合は，A が 4 勝 2 敗で勝つ場合を数え上げる。該当する結果は (LLWWWW)，(LWLWWW)，…で，最後が W であること，LL が 2 回現れることである。言い換えると，最後のゲームを除く 1 番目から 5 番目のゲームのうち 2 箇所に L が配置される（3 箇所に W と考えてもよい）ことである。この並べ方は，1 から 5 までの番号から 2 個を選ぶ選び方の数 $\binom{5}{2} = 10$ だけある。各事象の確率は $P\{(LLWWWW)\} = \cdots = (1/2)^6$ であり，B が勝つ場合も同じ確率だから，P（6 ゲームで勝負が決まる確率）は $10 \times 1/64 \times 2 = 5/32$ である。7 ゲーム目での決着の場合は省略する。

4.4 離散分布のモデル

4.4.1 超幾何分布

例 4.2 を一般化して，赤玉が M 白玉が K 合わせて $N = M + K$ 個の玉が入った袋から $n\,(\leq N)$ 個の玉を無作為に取り出すとき，取り出した玉の中に含まれる赤玉の数を X とする．このとき，

$$P(X = x) = \binom{n}{x} \frac{(M)_x (K)_{n-x}}{(N)_n}, \qquad (4.33)$$

$$x = \max(0, n - K),\ \cdots, \min(n, M)$$

ここで，$\min(a, b), \max(a, b)$ はそれぞれ 2 つの数 a, b のうち小さいほう，大きいほうを表す（$\max(0, n - K)$ は $n > K$ なら $n - K$，そうでなければ 0 を意味する）．$\binom{n}{x}$ は 2 項係数（ワンポイント 4.7）．X の分布を，**超幾何分布**（hyper geometric distribution）といい，$\mathrm{H}(n, M, K)$ で表す．この分布は，非復元抽出（後述，198 ページ）による支持率の調査のように，有限母集団から取り出される標本の中に含まれる，ある性質をもつ要素の数のモデルとして用いられる．

X の分布が，(4.33) の超幾何分布であるとき，$p = \frac{M}{N}$（赤玉率），$q = 1 - p$（白玉率）とすると，期待値・分散は

$$\mathrm{E}(X) = np \qquad (4.34\mathrm{a})$$

$$\mathrm{V}(X) = \frac{N - n}{N - 1}\, npq \qquad (4.34\mathrm{b})$$

であることが知られている．

4.4.2 2 項分布

（i）互いに独立で（ii）ある結果（「成功」と呼ぶ）の確率が一定（以後，p とする）であるような一連の実験（試行）を**ベルヌーイ試行**（Bernoulli trial）という．コインを投げ表裏を観察し続けること，あるいは支持率の調査を復

● *クローズアップ 4.6*　2 項分布の確率ヒストグラム

　$P(X = k)$, $k = 0, 1, \cdots, n$ のそれぞれを，柱（底辺は $x = k$ を中心に長さ 1）の面積で表した図：「確率ヒストグラム」で，2 項分布を表してみよう。図 4.11 は $p = 0.5$ を固定し，4 通りの n に対して描いた確率ヒストグラムである。図は左右対称であり，n が大きくなるにつれ，柱の本数が増え，相対的に高い部分はだんだん中心部に集まっていることも見られる。

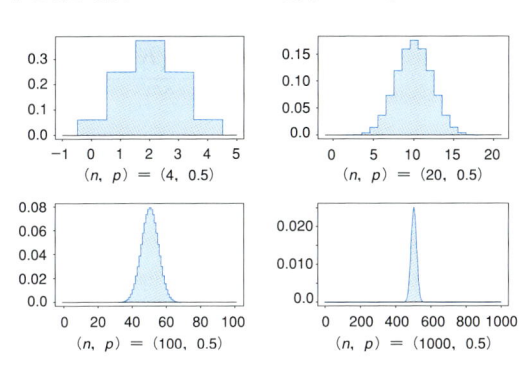

図 4.11　2 項分布（$p = 0.5$）

　図 4.12 は $n = 100$ を固定し，p を変えて描いたものである。p の増加につれ，分布が右に移動している。また p が小さいとき分布は「右に裾を引いている」が p が 0.5 に近づくにつれ，形がだんだん対称に近づいていることが見られる。

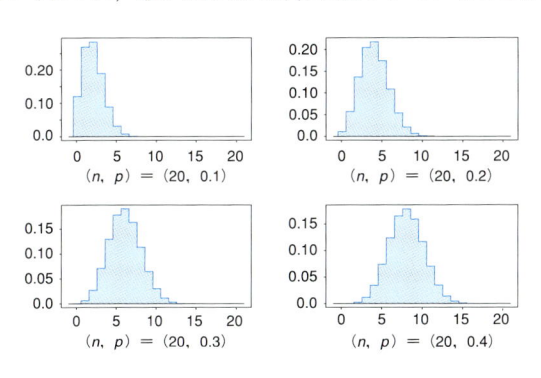

図 4.12　2 項分布（$n = 20$）

4.4　離散分布のモデル　　161

元抽出で行うこと，などがこれにあたる。

一般に，ベルヌーイ試行を n 回続けたときの「成功」の回数を X とすると，

$$P(X = k) = \binom{n}{k} p^k q^{n-k}, \quad k = 0, 1, \cdots, n, \quad (4.35)$$

となる。ただし $q = 1 - p$，である（160 ページ）。任意の $a > 0$ について $a^0 = 1$ であるから，(4.35) で $k = 0$ のときは $p^k = 1$，$k = n$ のとき $q^{n-k} = 1$ であることに注意する。この分布を 2 項分布（binomial distribution）といい，その母数を明示して $\mathrm{B}(n, p)$ と表す。

2 項分布の期待値・分散は，つぎの通りである。$X \sim \mathrm{B}(n, p)$ のとき

$$\mathrm{E}(X) = np \quad (4.36\mathrm{a})$$

$$\mathrm{V}(X) = npq \quad (4.36\mathrm{b})$$

となる。証明は 165 ページ，および問題 4.20 を参照。

4.4.3　負の2項分布

ベルヌーイ試行で「失敗」が r 回起きるまで試行を続けるときの「成功」の回数を X とする。p，$q = 1 - p$ をそれぞれ「成功」「失敗」の確率とすると，X の分布は

$$P(X = x) = \binom{x + r - 1}{x} p^x q^r, \quad x = 0, 1, \cdots \quad (4.37)$$

である。2 項分布と異なり，X の取り得る値には上限がない。例 4.5 に倣って，(4.37) を導くのは容易である。この分布は 負の2項分布（negative binomial distribution）と呼ばれ，記号 $\mathrm{NB}(r, p)$ で表す。$r = 1$ のとき，すなわち，$\mathrm{NB}(1, p)$ をとくに 幾何分布（geometric distribution）という。

期待値・分散は，次の通りである。$X \sim \mathrm{NB}(r, p)$ のとき

$$\mathrm{E}(X) = \frac{rp}{q} \quad (4.38\mathrm{a})$$

● クローズアップ 4.7　2 項分布の導出

ベルヌーイ試行を $n=3$ 回続けたときの「成功」の回数（X とする）の確率分布を求めてみる。全部で 3 回の試行について，1 回ごとに 2 通りの結果（S，F）（S は成功，F は失敗を表す）があり，それが 3 回繰り返されるから全体で $2 \times 2 \times 2 = 8$ 通りの（S，F）の組合せが起こり得る。その各々が基本事象であり，列挙すると表 4.5 のようになる。

表 4.5　ベルヌーイ試行の基本事象

	ω	X	$P(\omega)$		ω	X	$P(\omega)$
1	SSS	3	p^3	5	SFF	1	$p^2 q$
2	SSF	2	$p^2 q$	6	FSF	1	$p^2 q$
3	SFS	2	pqp	7	FFS	1	$q^2 p$
4	FSS	2	qp^2	8	FFF	0	q^3

ここで事象 $\{X = 2 = k\}$（成功が 2 回）の確率を考えよう。表の 2 番目から 4 番目までの基本事象が，この事象に該当する。1 回の試行で S の確率は p，F の確率は q，各試行は互いに独立で，この基本事象は S を $2 = k$ 個，F を $1 = n - k$ 個含むから，その確率はすべて $p^2 q^1 = p^k q^{n-k}$ である。したがって，事象 $\{X = 2\}$ に含まれる基本事象の数を数えて，その数を基本事象の確率にかければよい。

各基本事象には，3 の試行に 1 から 3 までの番号を付け，事象 $\{X = 2\}$ に含まれる基本事象に S が起きる（$k = 2$ 回の）試行の番号の組を対応させることができる。逆に $k = 2$ 個の番号の組のそれぞれに対して，異なる基本事象が対応する。したがって，求めたい基本事象の数は，1 から $n = 3$ までの番号から異なる $k = 2$ 個の番号を取る組合せの数だけあることがわかる。

上の議論で n, k がそれぞれ 3, 2 に限定されないことは，明らかであるから，2 項分布の公式（4.35）が得られる。

$$\mathrm{V}(X) = \frac{rp}{q^2} \qquad (4.38\mathrm{b})$$

である（問題 4.22）。

4.4.4　ポアソン分布

　一定時間内に，ある店に来る顧客の数の変動を考える（あるホームページに対する一定時間（単位時間）内におこるヒット数，電話局の交換機につながる通話の数など，この種の例は枚挙にいとまがない）。店の商圏には，顧客が n 人住んでおり，各顧客が等しい確率 p で「独立に」来店すると仮定する。来客数 X の分布は 2 項分布すなわち $X \sim \mathrm{B}(n, p)$ である。ところで，n は大きい（数千）と考えられる一方，個々の顧客はそれほど頻繁に訪れるのではないとすれば，p は小さい。ここでは，np が「通常の大きさ」であるとし，これを λ で表すことにする。このとき X の分布（$B(n,p)$）は

$$P(X = k) = \frac{\lambda^k}{k!} e^{-\lambda} \qquad k = 0, 1, 2, \cdots \qquad (4.39)$$

で，よく近似できる。(4.39) で定められる分布をポアソン（Poisson）分布といい，Poisson (λ) と書く。$\lambda > 0$ は正の定数で，分布を定める母数である。ポアソン分布でも X の取り得る値は，負でない整数の全体であり，上限がない。

　期待値・分散は，次の通りである。$X \sim \mathrm{Poisson}(\lambda)$ のとき

$$\mathrm{E}(X) = \lambda \qquad (4.40\mathrm{a})$$

$$\mathrm{V}(X) = \lambda \qquad (4.40\mathrm{b})$$

ポアソン分布では，期待値と分散が等しい。

　図 4.13 は，$\lambda = 1.5$ のポアソン分布と $np = 1.5$ の 2 項分布（$n = 10$, 20, 100）を重ねた図である。両者が非常に似ていることが観察できる。

● *クローズアップ 4.8* 　超幾何分布（4.33）の導出

例 4.2 で示されたように，赤玉 x 個，白玉 $y = n - x$ 個が定められた順序で取り出される事象の確率はその順序に無関係に，

$$\frac{M(M-1)\cdots(M-x+1) \cdot K(K-1)\cdots(K-y+1)}{N(N-1)\cdots(N-n+1)} = \frac{(M)_x (K)_y}{(N)_n} \tag{4.41}$$

である．また，2 項分布の証明のときと同様に，赤玉が x 個，白玉が $n-x$ 個取り出される順序は $\binom{n}{x}$ 通りあるから，(4.41) にこれをかければ (4.33) が得られる．

● *クローズアップ 4.9* 　2 項分布の期待値

ベルヌーイ試行で 1 回目が成功ならば 1，失敗すれば 0 である確率変数を X_1 とする．同様に X_k を k 回目 $k = 2, \cdots$ の試行の成功・失敗を 1, 0 で表す確率変数とする（一般にある事象 A が起きたときに 1，さもなければ 0 の値を取る「確率変数」を，事象 A の指示関数（indicator function）という．X_k は事象「k 回目の試行が成功である」の指示関数である）．$X_1, X_2, \cdots$ は互いに独立である．このとき，n 回の試行中の成功数 X は

$$X = \sum_{i=1}^{n} X_i \tag{4.42}$$

と表される．X が互いに独立な「簡単な」変数の和で表されるという，この事実は頻繁に利用される．各 X_k の分布は $B(1, p)$ である．これはとくにベルヌーイ（Bernoulli）分布と呼ばれる．

ベルヌーイ分布の期待値・分散が，それぞれ $E(X_k) = p$, $V(X_k) = p(1-p)$ であることは容易にわかる．公式 (4.36a) は，X の表現 (4.42) と「和の期待値」の公式 (4.15a) から得られる．分散についての公式 (4.36b) は，独立な変数の和の分散の公式 (4.30b) から得られる（問題 4.20）．

4.4 　離散分布のモデル　　165

4.4.5 多項分布

2項分布は結果が2通りであるベルヌーイ試行に関連して得られる。これを一般化して，結果が $O_1, O_2, \cdots, O_K$ の $K(K \geq 3)$ 通りあるような，一連の独立で同一な試行を考える。各試行で結果 O_k が生ずる確率を p_k で表す。K 個の結果のどれかが必ず起きるから $p_1 + p_2 + \cdots + p_K = 1$ である。

たとえばサイコロを投げたときに1回ごとの結果は，出る目が1から6までの $K = 6$ 通りで，その確率は $p_1 = p_2 = \cdots = p_6 = 1/6$ である。

$X_k, k = 1, \cdots, K$ を n 回の試行のうち結果が O_k である回数を表す確率変数とする。$X_1, X_2, \cdots, X_K$ の同時分布を**多項分布**（multinomial distribution）あるいは K 項分布という。この分布は，試行の回数 n および1回の試行での各結果の確率 $(p_1, p_2, \cdots, p_K)$ に依存して定まる。p は分布の母数であるが $p_1, \cdots, p_K$ のうち1つ，たとえば p_K は $p_K = 1 - p_1 - \cdots - p_{K-1}$ であるから，実質的な母数の数は $K - 1$ である。また $X_1 + \cdots + X_K = n$ であるから，たとえば $X_K = n - X_1 - \cdots - X_{K-1}$ となり確率変数の数（次元）も実質的に $K - 1$ である。$K = 2$ のとき，多項分布は（実質的に）1変数分布であり，X_1 の分布は $\mathrm{B}(n, p_1)$ である。

この多項分布（K 項分布）を，記号 $\mathrm{M}_K(n, (p_1, \cdots, p_K))$ で表す。その確率は

$$P(X_1 = x, X_2 = x_2, \cdots, X_K = x_k) = \frac{n!}{x_1! x_2! \cdots x_K!} p_1^{x_1} p_2^{x_2} \cdots p_K^{x_K} \tag{4.43}$$

で表される。ただし，$x_1 + \cdots + x_K = n$ である。

(4.43) は2項分布の場合に準じて導出できる。右辺の係数 $\dfrac{n!}{x_1! x_2! \cdots x_K!}$ は，**多項係数**と呼ばれ，n 個の異なるものを「それぞれが $x_1, \cdots, x_K$ 個からなる」K 個のグループに分けるときの場合の数である。

◆ワンポイント 4.11　ポアソン分布と 2 項分布

表 4.6 は，$\lambda = 1.5$ のポアソン分布と $np = 1.5$ の 2 項分布（$n = 10, 20, 100$）の確率，図 4.13 はそれを図示したものである．とくに n が大きいとき両者がよく似ていることがわかる．

表 4.6　ポアソン分布と 2 項分布

x	ポアソン $\lambda = 1.5$	2 項分布 $n = 10$ $p = .15$	$n = 20$ $p = .075$	$n = 100$ $p = .015$
0	0.2231	0.1969	0.2103	0.2206
1	0.3347	0.3474	0.3410	0.3360
2	0.2510	0.2759	0.2627	0.2532
3	0.1255	0.1298	0.1278	0.1260
4	0.0471	0.0401	0.0440	0.0465
5	0.0141	0.0085	0.0114	0.0136

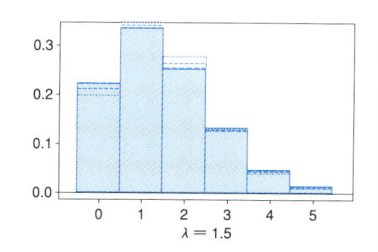

図 4.13　ポアソン分布と 2 項分布

◆ワンポイント 4.12　母数型分布族

2 項分布（4.35）は n, p に依存し，逆に n, p を定めると確率分布が完全に定まる．2 項分布は分布の集まりである．一般に分布の集合を**分布族**（family of distributions）といい，分布を 1 つまたは複数の「数」によって特定できるとき，その「数」を**母数**（parameter），そのような分布族を**母数型分布族**（parametric family）という．

2 項分布は，その母数を明示して $\mathrm{B}(n, p)$ と表す．また，$X \sim \mathrm{B}(n, p)$ などと書いて，「確率変数 X の分布が右辺の記号で表される分布（またはその分布族に属する分布のうちのどれか）である」ことを表す．確率変数 X は 2 項分布に従って分布するなどという．

離散変数の母数型分布族は，ほとんどが，一定の仮定の下に理論的に導出された分布である．

4.5 大数法則

図 4.14 はコインを 10,000 回投げる実験を行い，はじめの n 回目までの「表」の相対度数を，横軸に n をとって図示したもの（図 4.15 は縦軸を拡大したもの）である。

本章の冒頭で，同じ実験・現象などを繰り返すと，その相対頻度はある一定の値に近づくという法則が経験的に知られていると述べたが，その法則は成り立っているように見える。

ベルヌーイ試行において繰返しの数 n を大きく（$n \to \infty$）すると「成功」の相対度数の分散 $\mathrm{V}\left(\dfrac{X}{n}\right) = \dfrac{p(1-p)}{n}$ は小さく（限りなく 0 に近く）なる。分散が（ほぼ）0 ならば，変数はバラつかず（ほぼ）一定の値である。その値は期待値 $\mathrm{E}\left(\dfrac{X}{n}\right) = p$ に他ならない。これによって「事象の相対頻度がその確率に近づく」というわれわれの経験が「説明」できるわけである。

4.6 確率分布のその他の特性値

データの「特性値」に対応して，「相対度数分布を確率分布に置き換えること」により，「確率分布の特性値」を定めることができる。期待値＝平均，分散・標準偏差等については，すでに見てきたが，この他さまざまな特性値が確率分布に対して次のように定められる。

● *k* 次 積 率

確率変数 X あるいは，その期待値からの偏差 $X - \mathrm{E}(X)$ の k 乗，$k = 1, \cdots,$ の期待値を *k* 次の原点積率 あるいは 中心積率 という。またそれらの絶対値の期待値を 絶対積率（absolute moment）という。

$$\mu_k = \mathrm{E}\{X - \mathrm{E}(X)\}^k \qquad 中心積率$$
$$\mu'_k = \mathrm{E}\left(X^k\right) \qquad 原点積率$$
$$\eta_k = \mathrm{E}\,|\,X - \mathrm{E}(X)\,|^k \qquad 絶対積率$$

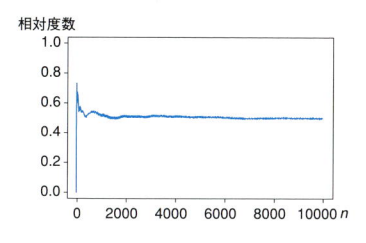

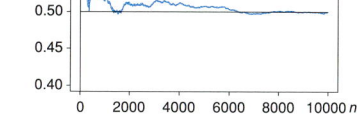

図 4.14　相対度数の変化　　　　図 4.15　相対度数の変化

● クローズアップ 4.10　大数法則の証明

数学的に「大数法則」を表現するのが次の定理である。

定理 4.2　$X_1, X_2, \cdots, X_n$ を互いに独立に同一の分布に従う確率変数列で，$\mathrm{E}(X_1) = \mathrm{E}(X_2) = \cdots = \mu$，$\mathrm{V}(X_1) = \cdots = \sigma^2$ とする。$\bar{X}_n = \dfrac{1}{n}\sum_{i=1}^{n} X_i$ とするとき，任意の正の ϵ（イプシロン）に対して，

$$\lim_{n \to \infty} P\left(\left|\bar{X}_n - \mu\right| \leq \epsilon\right) = 1 \tag{4.44}$$

この定理は **大数（の弱）法則**（weak law of large numbers）といい，「どのような小さい限界（これを ϵ で表している）を設定しても，誤差 $\left|\bar{X}_n - \mu\right|$ がその限界内に入る確率は，標本が大きくなるにつれ（$n \to \infty$ のとき），1 に近づく」ことを保証している（弱法則に対して大数の強法則も存在する。詳しくは確率論の教科書を参照されたい）。

一般に，ある確率変数の列 $Y_1, Y_2, \cdots$ がある定数 c に上のような意味で近づくとき，確率変数列 $\{Y_n, n = 1, \cdots\}$ は c に **確率収束**（converges in probability）するという。

(4.44) は，チェビシェフの不等式（ワンポイント 4.6）を用いて示すことができる。実際，誤差の限界を $\epsilon > 0$ とし，$Y = \bar{X}_n$，$c = \mu$，$\eta^2 = \mathrm{V}(\bar{X}_n) = \sigma^2/n$，$\lambda = \dfrac{\epsilon\sqrt{n}}{\sigma}$ とおいて (4.17) を適用すると

$$P\left(\left|\bar{X}_n - \mu\right| \leq \epsilon\right) \geq 1 - P\left(\left|\bar{X}_n - \mu\right| > \epsilon\right) > 1 - \frac{\sigma^2}{n\epsilon^2}$$

であるから，$n \to 0$ のときこの右辺の値は 1 に近づくので，$\bar{X}_n$ が μ に確率収束する。

4.6　確率分布のその他の特性値

中心積率と原点積率の間には 2.4.4 項（68 ページ）に述べたのと同じ関係が成り立つ．

● パーセント点

確率変数 X（あるいはその分布）の分布関数 $F(x)$ について
$$F(x) = q$$
となる x を X の（あるいはその分布の）$100q$ パーセント点という．とくに 50％点を中央値，25％点，75％点を（第1，第3）四分位点という．

4.7 連続型の確率変数

4.7.1 連続変数の分布

連続な確率変数の厳密な議論は難解であり，本書では直観的な説明にとどめる．詳しくは確率論の成書を参照されたい．

[例 4.6] 端に目印をつけた円盤を回転させ，止まったときの目印の位置の角度を X，$0 \le X < 360$ とする．円盤は完全に対称ですべての X の実現値は同じように確からしい（等可能性）とする．このとき，X がある特定の実現値 x をとる確率（「1点の確率」）は $P(X = x) = 0$ である！ X の分布を考える場合は，「1点」の確率ではなくある区間 $[a, b]$ の確率を考えることが必要である．「等可能性の原理」を適用すればクローズアップ 4.3 でサイコロの確率を求めたときと同じようにして
$$P(x_1 \le X \le x_2) = \frac{x_2 - x_1}{360}$$
を示すことができる（x_1，x_2 が整数であれば，円周を 360 等分して各小区間の確率が 1/360 とすればよい．x_1，x_2 が分数（有理数）でも同様である．x_1，x_2 が無理数のときには，少々技巧が必要である．これが連続変数の扱いを難しくする理由である）．このように，ある範囲 $[a, b]$ の中で，$[a, b]$ に含まれる任意の区間に対してその長さに比例する確率を割り当てる「確率分布」を（区間 $[a, b]$ の上の）一様分布（uniform distribution）といい，$U(a, b)$ と表す．

◆ワンポイント 4.13　一様乱数

　正 20 面体の各面に 0 から 9 の間で数字をそれぞれ 2 回ずつ割り当てた「サイコロ」を乱数サイという（図 4.16）。これを使って 0 から 9 までの整数をでたらめに（at random）等しい確率で得ることができる。さて，乱数サイによって得られる（1 桁の）数を小数第 1 位の数 X_1 とし，もう一度振って得られる数を小数第 2 桁の数 X_2 とする。この数を $U_2(=0.1X_1+0.01X_2)$ とすると

$P(U_m \leq 0.x_1x_2) = P(X_1 < x_1) + P(X_1 = x_1, X_2 \leq x_2) = 0.1x_1 + 0.01(x_2+1)$

である。以下これを m 回繰り返すと m 桁の十進数がすべて等しく $1/10^m$ の確率で得られ，$P(U_m \leq 0.x_1x_2\cdots x_m) = 0.x_1x_2\cdots x_m + 1/10^m$ である。この操作を無限回繰り返して得られる数を U とすると，U は連続変数で

$$0 \leq U \leq 1 \text{ かつ } 0 \leq x \leq 1 \text{ のとき } \quad P(U \leq x) = x \qquad (4.45)$$

であり，$0 \leq x_1 \leq x_2 \leq 1$ のとき「区間 $[x_1, x_2]$ の確率」は $P(x_1 \leq U \leq x_2) = x_2 - x_1$，すなわち区間の長さに一致する（図 4.17）。この U を一様乱数（uniform random number）という。

　統計処理機能をもったソフトウェアは，そのほとんどが一様乱数を作り出す「関数」を搭載している。もちろん，この乱数も，上の U_m のように有限桁の数で U を近似するものである。実際には $m = 7 \sim 10$ 程度のものが多いようである。

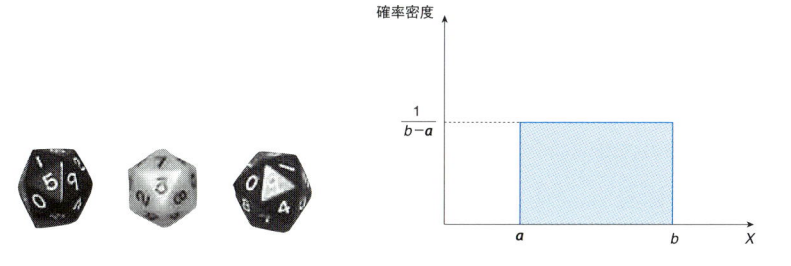

図 4.16　乱数サイ　　　図 4.17　一様分布の確率密度関数

連続な変数に関係する確率は，このように「区間」の確率を考えることで初めて意味をもつ．

4.7.2　一般の連続変数

連続データの度数分布を考えたときのように，X の範囲を区間に分割し，各区間（たとえば $[x_1, x_2]$）について面積が $P(x_1 \leq X \leq x_2)$ すなわち高さが $P(x_1 \leq X \leq x_2)/(x_2-x_1)$ の長方形（確率ヒストグラム）を描く．例 4.6 では区間の確率は区間の長さに比例するから，ヒストグラムは $0 \leq X \leq 360$ の範囲で高さが等しい（図 4.17）．

一般の連続確率変数の確率ヒストグラムは，分割の幅を小さくしていくと，ワンポイント 4.14 の例 4.7 のようになめらかになり，ある曲線に近づくことが期待される．もしそのような曲線があれば，それを表す関数を 確率密度関数（probability density function；p.d.f.）という．連続変数の分布（連続分布）の特徴は，これによって表される．

〔補足 4.1〕　一般に確率変数 X の分布関数を $F(x)$ とする．$F(x)$ が微分可能であるとき，その導関数を確率密度関数という．導関数 $F'(x)$ は

$$F'(x) = \lim_{\Delta x \to 0} \frac{F(x+\Delta x) - F(x)}{\Delta x}$$

であるが，これはその定義から分割幅 Δx を 0 に近づけたときの，確率ヒストグラムの高さ $\dfrac{P(x < X \leq x+\Delta x)}{\Delta x}$ の極限である．

〈まとめ 4.2〉　確率密度関数には次の性質がある．

(1)　$f(x) \geq 0$ である．

(2)　小さい区間 $[x, x+\Delta x]$ の確率は，（$f(x)$ が連続ならば）狭い範囲では $f(x)$ はほぼ一定とみなせるから

$$P(x \leq X \leq x+\Delta x) \sim f(x)\Delta x \tag{4.46}$$

と近似できる．

◆ワンポイント 4.14　確率分布関数

2 章でデータの分布関数（ワンポイント 2.3, 43 ページ）を「x 以下のデータの割合」と定義した。これに倣って，各 x に「x 以下の確率」を対応させる関数
$$F(x) = P(X \leq x)$$
を確率変数 X（あるいはその分布）の 確率分布関数（probability distribution function）という。確率分布は離散型，連続型を問わずこの「確率分布関数」で記述することができる。サイコロの目の分布関数は $x = 1, \cdots, 6$ で $\dfrac{1}{6}$ ずつ増加する（図 4.18）。図 4.19 は一様乱数の分布関数である。一般に，離散型変数の分布関数は，図 4.18 のように「階段状」であり，連続型変数の分布関数は連続である（正確には，確率分布はその分布関数が全域で連続のとき 連続（continuous）であるという）。

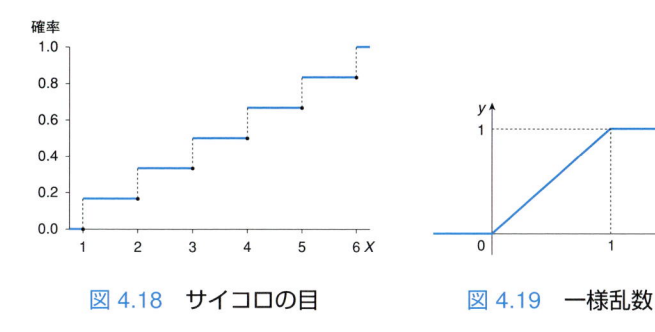

図 4.18　サイコロの目　　図 4.19　一様乱数

一般に，分布関数 $F(x)$ は次の性質をもつ。

$x \to -\infty$ のとき $F(x) \to 0$, $x \to \infty$ のとき $F(x) \to 1$　　(4.47a)

$x < y$ ならば　$F(x) \leq F(y)$　　（単調非減少）　　(4.47b)

分布関数 $F(x)$ から X に関する事象の確率が求められる。たとえば
$$P(a < X \leq b) = F(b) - F(a), \qquad a < b$$
$$P(X = a) = F(a) - F(a_-)$$

(3) ある範囲の確率 $P(a \leq X \leq b)$ は，曲線 $y = f(x)$ の下の部分，すなわち x-軸と直線 $x = a$, $x = b$ および曲線 $y = f(x)$ で囲まれた図形の面積である。定積分を用いて表せば，

$$P(a \leq X \leq b) = \int_a^b f(x)dx$$

である。なお，連続分布では1点の確率は0だから，端点はその区間の確率に影響しない。たとえば，$P(a \leq X < b) = P(a \leq X \leq b)$ である。「全事象」の確率，すなわち x-軸と $y = f(x)$ に挟まれた全領域の面積は1である。この事実を積分を用いて表すと $\int_{-\infty}^{\infty} f(x)dx = 1$ である。

連続確率変数 X の期待値 $\mathrm{E}(X)$ は，X が $[a,b]$ の範囲の値をとるとすれば

$$\mathrm{E}(X) = \int_a^b x f(x)\,dx \tag{4.48}$$

と定義される（ワンポイント 4.12 参照）。ただし，a は $-\infty$，b は ∞ でもよい。X の関数 $Y = g(X)$ の期待値について，次が成り立つ。

$$\mathrm{E}\{g(X)\} = \int_a^b g(x) f(x)\,dx \tag{4.49}$$

分散は，「期待値からの偏差の2乗」の期待値であるから，(4.49) で $g(x) = \{x - \mathrm{E}(x)\}^2$ として

$$\mathrm{V}(X) = \int_a^b \{x - \mathrm{E}(X)\}^2 f(x)\,dx \tag{4.50}$$

である。

4.8 正規分布

4.8.1 標準正規分布

確率密度関数が

である（$F(a_-)$ は x を小さい側から a に近づけたときの $F(x)$ の極限）。

[例 4.7] U を一様乱数とし，確率変数 $X = U^2$ の分布の確率ヒストグラムを考えよう。X の分布関数は

$$F(x) = P\left(U^2 \leq x\right) = P\left(U \leq \sqrt{x}\right) = \sqrt{x}, \quad 0 \leq x \leq 1$$

である。X の範囲 $[0,1]$ を n 等分した区間（区間の幅 $\Delta x = 1/n$）の確率は $F\left(\dfrac{k}{n}\right) - F\left(\dfrac{k-1}{n}\right)$, $k = 1, \cdots, n$ であるから，これを $1/n$ で割って対応する「柱の高さ」は，$\sqrt{n}\left(\sqrt{k} - \sqrt{k-1}\right)$, $k = 1, \cdots, n$ であることがわかる。図 4.20 は $n = 10, 20, 50, 100$ のときの確率ヒストグラムである。

さらに区間を細かく分けると，$X = U^2$ の確率密度関数

$$f(x) = \frac{d\sqrt{x}}{dx} = \frac{1}{2\sqrt{x}}$$

に収束する（補足 4.1）。

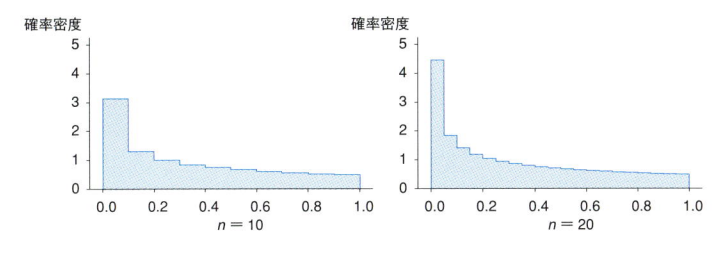

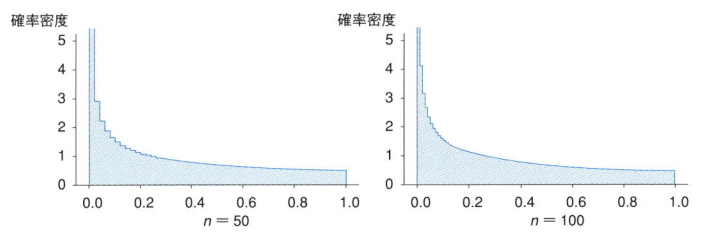

図 4.20　確率ヒストグラム（一様乱数の 2 乗）

$$\phi(x) = \frac{1}{\sqrt{2\pi}} e^{-\frac{x^2}{2}} \tag{4.51}$$

の分布を，**標準正規分布**（standard normal distribution）という。ただし，$e = 2.718\cdots$ は「自然対数の底」である。図 4.21 は標準正規分布のグラフである。(4.51) の右辺の $1/\sqrt{2\pi}$ はこのグラフと x-軸で囲む部分の面積すなわち全確率を 1 とするための因子である。標準正規分布の分布関数を $\Phi(x)$ で表す。

$$\Phi(x) = \int_{-\infty}^{x} \phi(s)ds.$$

$\phi(x)$ のグラフ（図 4.21）は y-軸 ($x=0$) について対称で，「標準正規乱数」（標準正規分布に従う確率変数，Z で表す）の期待値は $\mathrm{E}(Z)=0$ である。Z の分散は $\mathrm{V}(Z)=1$ である（問題 4.26）。

また指数部が $-x^2/2$ であるから $\phi(x)$ は $|x|$ の増加とともに急激に減少する。したがって，$P(|Z|>3) = 0.27\,\%$，$P(|Z|>4) = 0.0063\,\%$，$P(|Z|>5) = 5.7 \times 10^{-5}\,\%$ というように，「裾の確率」は無視できるほど小さい。標準正規分布の裾の確率については，$x>0$ が大きいときに成立する次の近似式が有名である。

$$1 - \Phi(x) \sim \frac{1}{x}\phi(x)$$

である（「$\sim$」の意味はワンポイント 4.9, 157 ページを参照のこと）。

4.8.2 一般の正規分布

標準正規乱数 Z の 1 次変換 $Y = \mu + \sigma Z$ の確率密度関数 $f(x)$ は (4.54) によって

$$f(x) = \frac{1}{\sqrt{2\pi}\sigma} \exp\left\{-\frac{(x-\mu)^2}{2\sigma^2}\right\} \tag{4.52}$$

であることがわかる。$\exp(x)$ は e^x を表す。e の指数部が複雑な式であるとき

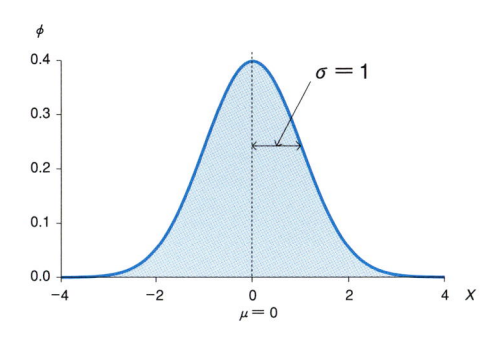

図 4.21　標準正規分布

◆ワンポイント 4.15　連続分布の期待値

連続データを集計した度数分布について，各クラスの相対度数と階級値の積をすべてのクラスについて合計して，平均を求めた。これに倣って，$X = U^2$ の範囲 $[0, 1]$ を n 等分し，各小区間の代表値 $\tilde{x}_k = \dfrac{2k-1}{2n}$ と確率 $\sqrt{\dfrac{k}{n}} - \sqrt{\dfrac{k-1}{n}}$ の積の合計を求めると，

$$\sum_{k=1}^{n} \frac{2k-1}{2n}\left(\sqrt{\frac{k}{n}} - \sqrt{\frac{k-1}{n}}\right) \quad (4.53)$$

である。各小区間の幅を $\Delta x = \dfrac{1}{n}$ とし，U^2 の確率密度関数を $f(x) = 1/(2\sqrt{x})$ とすると，まとめ 4.2（2）項で述べたように，各小区間の確率が $f(\tilde{x}_k)\Delta x$ だから，(4.53) は

$$\sum_{k=1}^{n} \tilde{x}_k f(\tilde{x}_k) \Delta x \to \int_0^1 x f(x) dx = \int_0^1 \frac{x}{2\sqrt{x}} dx = \frac{1}{3}$$

に近づくことがわかる。

に用いる．1次変換後の期待値・分散の公式 (4.15a) および (4.19a) によって Y の期待値・分散はそれぞれ $E(Y) = \mu$, $V(Y) = \sigma^2$ である．確率密度関数 (4.52) を持つ分布を平均 μ, 分散 σ^2 の<u>正規分布</u>といい，$N(\mu, \sigma^2)$ と略記する．この記号を使えば，標準正規分布は $N(0, 1)$ で表される．

4.8.3 正規確率の求め方

正規分布の分布関数は「初等関数」ではない．したがって，変数がある区間内に入る確率，すなわち $\int_a^b \phi(x)\,dx$ のような積分を，解析的な計算によって求めることができない．正規分布に関わる確率（<u>正規確率</u>）は，あらかじめ用意された表から読みとるという方法に頼って求める（現在では多くの統計解析用のソフトウェアは正規分布の確率を関数として用意している．したがって，実際の解析の場で「表」を用いる必要はほとんどない）．

正規分布（族）のように分布が母数を含む場合は，母数の値によって求める積分値が異なる．表による方法の問題点は，無数の表を用意しなければならなくなることであるが，実際には，一般の正規分布の確率は「標準正規分布」に帰着させることができ，「表」は標準正規分布についてのみ用意すればよい．巻末の<u>正規分布表</u>（<u>付表A</u>）は正の z について 0.01 間隔で標準正規分布の上側確率 $(1 - \Phi(z))$ の値を掲げた表である．負の z については分布の対称性を利用すればよい．

[例 4.8] **標準正規分布の確率計算例**　$Z \sim N(0, 1)$ のとき
- $P(Z < 1.5) = 1 - \{1 - (\Phi 1.5)\} = 1 - 0.0668 = 0.9332$
（下側確率＝分布関数の求め方）
- $P(Z < -1.5) = P(Z > 1.5) = 0.0668$,
$P(Z > -1.5) = P(Z < 1.5)$（負の z の場合）
- $P(0.5 < Z < 1.5) = P(Z < 1.5) - P(Z \leq 0.5)$
$= P(Z \geq 0.5) - P(Z > 1.5) = 0.3085 - 0.0668 = 0.2417$　（区間の確率）
- $P(-0.5 < Z < 1.5) = 1 - P(Z \geq 1.5) - P(Z \leq -0.5)$

◆ワンポイント 4.16　1 次変換と確率密度関数

連続な確率変数 X の確率密度関数が $f_X(x)$ であるとする。X の 1 次変換 $Y = a + bX$ の確率密度関数を $f_Y(y)$ とし，$f_Y(y)$ と $f_X(x)$ の関係を考える。事象 $A = \{Y$ が小さい区間 $[y, y + \Delta y]$ に入る $\}$ とする。X と Y の関係から $A = \{y \leq Y \leq y + \Delta y\} = \left\{\dfrac{y-a}{b} \leq X \leq \dfrac{y-a}{b} + \dfrac{\Delta y}{b}\right\}$ である。確率 $P(A)$ は，(4.47) によって，$f_Y(y)\Delta y$, $f_X\left(\dfrac{y-a}{b}\right)\dfrac{\Delta y}{b}$ と 2 通りに近似できる。これを等置して，区間の幅 Δy で割れば，Y の確率密度関数についての次の公式が得られる。

$$f_Y(y) = \frac{1}{b} f_X\left(\frac{y-a}{b}\right) \qquad (4.54)$$

1 次変換に伴う確率密度関数の変換公式 (4.54) は，$f_Y(x)$ のグラフが，$f_X(x)$ のグラフを，横方向に b 倍，縦方向に $1/b$ 倍（に縮小）し，その後，a だけ平行移動したものであることを意味する。したがって，グラフの縦軸・横軸の目盛りを適当に変更すると f_X, f_Y のグラフは完全に重なり，上のように実際にグラフを移動させなくても，目盛りの変更だけで，1 次変換後の確率分布を描くこともできる。

図 4.22 は高い山のグラフを横方向に 2 倍に広げ，したがって高さを $1/2$ としたようすを示したものである。

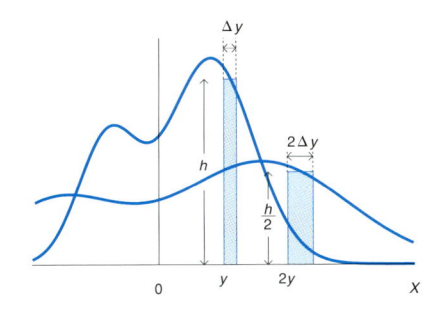

図 4.22　1 次変換と確率密度関数

$$= 1 - P(Z \geq 1.5) - P(Z \geq 0.5) = 1 - 0.0668 - 0.3085 = 0.6247$$
などである.

● 一般の正規分布の確率

すべての正規分布のグラフは，縦・横の軸の目盛りを適当に合わせれば同一である．Z を標準正規乱数，$Y \sim N(\mu, \sigma^2)$ を一般の正規乱数としよう．図 4.23 の色つきの部分は $P(X \geq z = 1.5)$ を示している．一方 Y を $N(\mu, \sigma^2)$ とし，Y の密度関数のグラフが図 4.21 と一致するように適当に目盛りを変換したものが図 4.24 である．図から明らかなように $P(Z \geq z)$ と $P(Y \geq \mu + z\sigma)$ は等しい．「$P(Y \geq y)$ を求めたい」ときは $z = \dfrac{y - \mu}{\sigma}$ とすればよい．つまり

$$P(Y \geq y) = P\left(Z \geq \frac{y - \mu}{\sigma}\right) = 1 - \Phi\left(\frac{y - \mu}{\sigma}\right) \tag{4.55}$$

である．「区間の確率」$P(a < Y < b)$ なども同じように標準正規分布の問題に帰着され

$$P(a < Y < b) = P\left(\frac{a - \mu}{\sigma} < Z < \frac{b - \mu}{\sigma}\right)$$

である．この右辺は例 4.8 の要領で求めればよい．

● 重要な数値

標準正規分布について，いくつかの数値は目安として記憶しておきたい．表 4.7 は分布の上側パーセント点のうち，統計的推論で頻繁に用いられる値を列挙した．とくに 5％点 (1.65)，2.5％点 (1.96 ≒ 2) である．

正規分布では，大雑把にいって「平均プラスマイナス「標準偏差の 2 倍」の範囲に 95％の確率が集中している」．ほとんどの教科書，論文，記事などで，標準偏差は「σ」で表されるので，この範囲は「(プラスマイナス) 2 シグマ」ともいわれている．また，2 項分布はある程度 n (実際は，n よりもむしろ np, nq) が大きければ正規分布で近似できる (次節を参照)．したがって，たとえばコインを 100 回投げれば，平均は $np = 50$，標準偏差は $\sigma = \sqrt{npq} = 5$ であるから，表が出る回数は 95％の確率で 40 回ないし 60 回の範囲であるこ

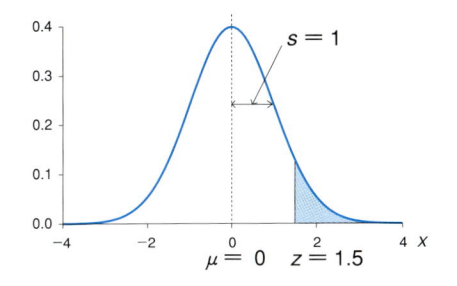

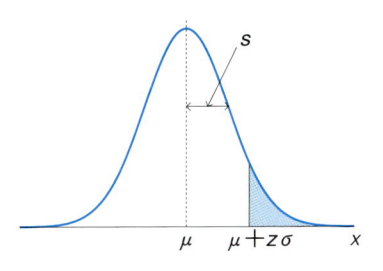

図 4.23　標準正規分布の上側確率　　　図 4.24　一般正規分布の上側確率

表 4.7　標準正規分布の上側パーセント点

確率（%）	50	10	5	2.5	1	0.5	0.1	0.05
z	0.00	1.28	1.65	1.96	2.33	2.58	3.09	3.29

表 4.8　標準正規分布の上側確率

z	0.0	0.5	1.0	1.5	2.0	2.5	3.0
確率（%）	50.0	30.9	15.9	6.68	2.28	0.62	0.13

4.8　正規分布

ともわかる．統計的推論においては，ある事象の確率が「95％」であることは，その事象が起きることが「ほぼ確実」あるいは少し表現を弱めれば「かなりの程度期待できる」と考えるので，このような正規確率の評価は頻繁に利用される．

4.9 中心極限定理

図 4.25 左は $p = 0.4$, n がそれぞれ 25, 100, 1000, 10000 の 2 項分布の形状（確率ヒストグラムの「主要部」）である．

このグラフは，とくに n が大きいとき，目盛りが違う点を除けばほぼ同じ釣り鐘型である．すなわち，適当な 1 次変換によってこれらの図はほぼ重なる．実際，「標準化」を施せば（すなわち $Z_n = \dfrac{X - np}{\sqrt{np(1-p)}}$ として，Z_n の確率ヒストグラムを描くと）この曲線は関数 $N(0, 1)$ すなわち標準正規分布のグラフに近づく（図 4.25 右）．

●多数の確率変数の和と中心極限定理

2 項分布は，160 ページで考えたように，各試行結果の「指示関数（数値化変数）の和」の分布である．実は，正規近似は 2 項分布に限らず，一般に確率変数「和」の分布について広く成り立つ．次の定理（中心極限定理; central limit theorem）は，この事実を述べている．

定理 4.3 $X_1, X_2, \cdots$ は，互いに独立で同一の分布に従う確率変数列であり，$E(X_1) = \mu$, $V(X_1) = \sigma^2$ であるとする．$S_n = \sum_{i=1}^{n} X_i$ とおくと，$E(S_n) = n\mu$, $V(S_n) = n\sigma^2$ であるが，これを用いて S_n を標準化し，$Z_n = \dfrac{S_n - n\mu}{\sqrt{n}\sigma}$ とおけば

$$\lim_{n \to \infty} P(Z_n \leq x) = \Phi(x) \tag{4.56}$$

である．

★注意 4.2 （1）中心極限定理は，独立同一標本（あるいは復元抽出標本，5.1.1 項

図 4.25 2項分布の極限

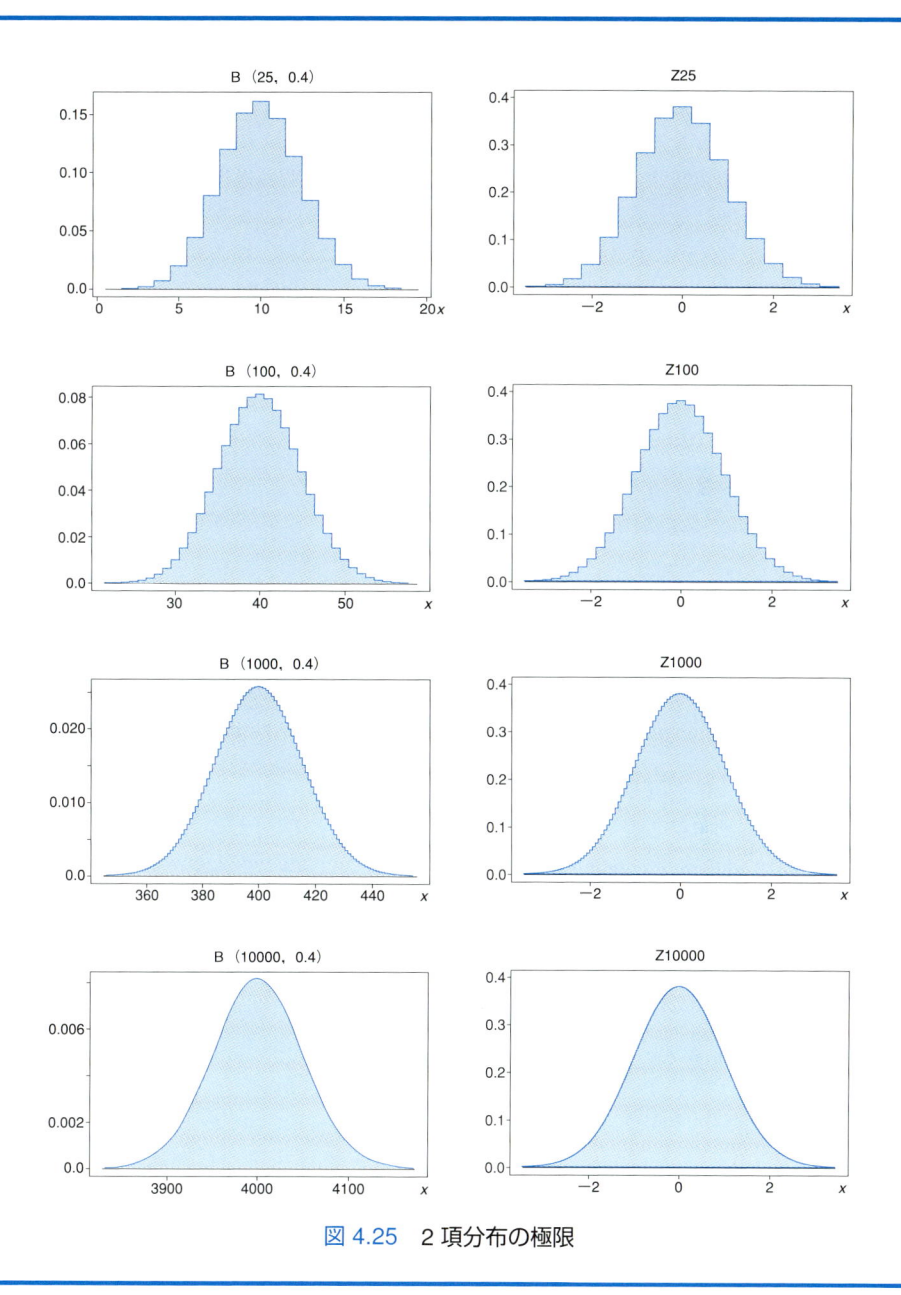

4.9 中心極限定理

参照）の「和」あるいは「平均」の分布は n が十分大きいとき，それらと「同じ平均・標準偏差をもつ正規分布」で近似できることを保証している。

(2) 中心極限定理の証明は，本書の想定する読者のレベルを超えるので省略するが，次の点は重要である。和 S_n の標準偏差 $(\sigma(S_n) = \sqrt{n}\sigma)$ は n の増加につれて大きくなり，「個別の変数 X_i は全体に対して無視できる」。証明の過程でこの事実が，本質的な役割を果たしている。言い換えると，多数の小さい（ランダムな）要因からなる現象は，正規分布に従うということができる。このことは，観測誤差が正規分布であると仮定する（ことが多いがその）理論的根拠となっている。

● **正規変数の和の分布**

2つの独立な確率変数 X_1, X_2 について $X_1 \sim N(\mu_1, \sigma_1^2)$, $X_2 \sim N(\mu_2, \sigma_2^2)$ であるとする。X_1, X_2 の1次式を $Y = a_1 X_1 + a_2 X_2$ とすると，$E(Y) = a_1 \mu_1 + a_2 \mu_2$, $V(Y) = a_1^2 \sigma_1^2 + a_2^2 \sigma_2^2$ であることはすでに述べた通りである。X_1, X_2 が独立な正規乱数であるときは，さらに，Y の分布が正規分布になる。すなわち

$$aX + bY \sim N(a\mu_x + b\mu_y, a^2\sigma_x^2 + b^2\sigma_y^2) \quad (4.57)$$

である。この性質を正規分布の再生性（reproducibility）という。これは3以上の変数の和の場合にも成り立つ。すなわち，「独立な正規乱数の和の分布は正規分布である」。

この証明は他書に譲るが，次のような直観的な説明はわかりやすい。

★**注意 4.3** 注意 4.2 で説明したように，正規乱数 X_1, X_2 はともに「多くの小さな独立変数の和」と考えられるが，Y はこの2変数の和であるから「より多くの変数の和」であり，当然中心極限定理が成り立って正規乱数となる。

4.10 数学的知識の補足

● **ベイズの公式の証明**（140ページ）

定義により，$P(A \mid B) = \dfrac{P(A \cap B)}{P(B)}$ である。ここで，乗法公式 (4.4) から，$P(A \cap B) = P(A) P(B \mid A)$, $P(\bar{A} \cap B) = P(\bar{A}) P(B \mid \bar{A})$ である。また B は排反な事象 $A \cap B$ と $\bar{A} \cap B$ の和であるから，$P(B) = P(A \cap B) +$

● **クローズアップ4.11　2項分布の正規近似**

2項乱数 $X \sim \mathrm{B}(4, 0.5)$ を考える。確率分布は，表4.9の通りである。

表4.9　2項確率

x	$P(X=x)$
0	$1/16 = 0.0625$
1	$4/16 = 0.25$
2	$6/16 = 0.375$
3	$4/16 = 0.25$
4	$1/16 = 0.0625$

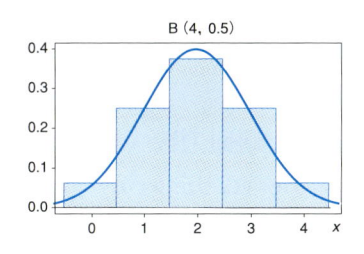

図4.26　2項分布の正規近似

X の各値 $x = 0, \cdots, 4$ を中心に幅が1（X の取り得る値の間隔）で面積が $P(X=x)$ であるような柱を並べた「確率ヒストグラム」が図4.26で，これは $x = 2$ を中心にして対称になっている。

このヒストグラムに，$\mathrm{B}(4, 0.5)$ と期待値 $(\mathrm{E}(X) = np = 2)$・分散 $(\mathrm{V}(X) = npq = 4 \times 0.5 \times 0.5 = 1)$ が等しい正規乱数 $Y \sim \mathrm{N}(2, 1)$ の確率密度関数を重ねてみる（図中の曲線）と，両者はよく一致しているように見える。たとえば，$x = 2.5$ より左側の部分の面積を考えると「確率ヒストグラム」の面積は $P(X \leq 2) = 0.0625 + 0.25 + 0.375 = 0.6875$ であり，一方正規曲線では $P(Y \leq 2.5) = P(Z = Y - 2 \leq 0.5) = 1 - 0.3085 = 0.6915$ であり，その差はわずか 0.004 である。つまり，

「2項分布 $\mathrm{B}(4, 0.5)$ は，それと同じ期待値・分散をもつ正規分布 $\mathrm{N}(2, 1)$ で近似できる。」

一般の2項乱数 $X \sim \mathrm{B}(n, p)$ についても同様に，同じ期待値・標準偏差をもつ正規乱数 $Y \sim \mathrm{N}(np, npq)$ の分布によって

$$P(X \leq a) \fallingdotseq P(Y \leq a + 0.5) = P\left(Z = \frac{Y - np}{\sqrt{npq}} \leq \frac{a + 0.5 - np}{\sqrt{npq}}\right) \tag{4.58}$$

と近似できる。ただし a は整数で $a = 0, \cdots, n$（問題4.28）。

最初の例での近似の良さは，$p = 0.5$ であるから分布が対称であることによる。2項分布の節で観察したように，p が0または1に近いとき，分布は大きく歪んでいる。正規分布は対称な分布だから，近似の精度が悪いのは当然である。一方 p が0.5から離れていても n が大きくなれば分布は対称に近くなった。そうであれば，n が大きければ(4.58)による近似はよい精度をもつと予想される。

$P(\bar{A} \cap B)$ である。これから (4.7) を得る。また
$$P(B) = P(B \cap A_1) + \cdots + P(B \cap A_k)$$
であることから、一般の公式 (4.8) が得られる。

4.10.1　順列の数・組合せの数

● (4.18) の証明（152 ページ）

$\mathrm{E}(X)$ は定数であることに注意して、$\mu = \mathrm{E}(X)$ とおき、(4.14) を用いると
$$\mathrm{V}(X) = \mathrm{E}\{X - \mu\}^2 = \mathrm{E}(X^2 - 2\mu X + \mu^2) = \mathrm{E}\{X^2\} - 2\mu\mathrm{E}(X) + \mu^2$$
$$= \mathrm{E}(X^2) - \mu^2 = \mathrm{E}(X^2) - \mathrm{E}(X)^2$$
を得る。

● (4.19) の証明（152 ページ）

$\mu = \mathrm{E}(X)$ とおき、(4.15) を用いると、$\mathrm{V}(a+bX) = \mathrm{E}((a+bX) - (a+b\mu))^2 = \mathrm{E}\{b^2(X-\mu)^2\} = b^2\mathrm{V}(X)$ を得る。

● (4.21) の証明（154 ページ）

$\mu_x = \mathrm{E}(X)$, $\mu_y = \mathrm{E}(Y)$ とおく。
$$\mathrm{Cov}(X, Y) = \mathrm{E}\{(X - \mu_x)(Y - \mu_y)\} = \mathrm{E}(XY - \mu_x Y - \mu_y X + \mu_x \mu_y)$$
$$= \mathrm{E}(XY) - \mathrm{E}(X)\mathrm{E}(Y)$$

● (4.23) の証明（154 ページ）

t を変数として、$g(t) = \mathrm{V}(tX + Y)$ とすると、$g(t)$ は t の 2 次式で（分散であるから）常に非負である。$g(t) = t^2\mathrm{V}(X) + 2t\mathrm{Cov}(X, Y) + \mathrm{V}(Y) \geq 0$。この 2 次式の判別条件から $\mathrm{Cov}(X, Y)^2 - \mathrm{V}(X)\mathrm{V}(Y) \leq 0$ すなわち (4.23) が得られる。

● (4.28) の証明（156 ページ）

X, Y が互いに独立のとき (4.27) が成り立つから、

◆ワンポイント 4.17　変数の和の分布の正規近似

「和の分布」が正規分布で近似できるのは 2 項分布に限らない。

サイコロを 3 つ振ったときの出た目の和 Y を考える。Y の分布は表 4.10 の通りである。

表 4.10　3 つのサイコロの目の和の分布

y	3	4	5	6	7	8	9	10	11	12	13	14	15	16	17	18	
確率	1	3	6	10	15	21	25	27	27	25	21	15	10	6	3	1	×1/216

独立な変数の和の期待値・分散の公式から

$$E(Y) = 21/2 = 10.5, \quad V(Y) = 35/4 = 8.75$$

である。表 4.9 から

$$P(Y \leq 8) = \frac{56}{216} = 0.259$$

である。これに対して (4.56) によれば，Y を標準化して，この確率の近似値

$$P(Y \leq 8) = P\left(\frac{8 - 10.5}{\sqrt{8.75}}\right) \fallingdotseq \Phi\left(\frac{-2.5}{\sqrt{8.75}}\right) = 0.199$$

が得られる。これは正確な値 0.259 と比べてあまり精度がよくない。

一般に，整数値変数については (4.56) よりも，(4.58) のように次のような「ヒストグラムの幅」の補正項 0.5 を加えたほうが近似がよい。

$$P(S_n \leq x) \fallingdotseq \Phi\left(\frac{x + 0.5 - n\mu}{\sqrt{n}\sigma}\right) \quad x \text{ は整数} \quad (4.59)$$

これは，有限補正（finite correction）あるいは離散補正と呼ばれる。この補正を行えば

$$P(Y \leq 8) \fallingdotseq \Phi\left(\frac{-2}{\sqrt{8.75}}\right) = 0.249$$

となり，近似がかなり改善される。

$$\mathrm{E}(Z) = \sum_{k=1}^{K}\sum_{l=1}^{L} g(\tilde{x}_k) h(\tilde{y}_l) p_{kl} = \sum_{k=1}^{K}\sum_{l=1}^{L} g(\tilde{x}_k) h(\tilde{y}_l) p_{k\cdot} p_{\cdot l}$$
$$= \sum_{k=1}^{K} g(\tilde{x}_k) p_{k\cdot} \left\{ \sum_{l=1}^{L} h(\tilde{y}_l) p_{\cdot l} \right\}$$

となる．

================ 問 題 ================

4.1[*][**] n 人のクラスで，k 人までを出席をとったところ k 人全員が出席であった．このとき，n 人全員が出席である確率を知りたい．

A_i, $i = 0, 1, \cdots, n$, で事象「n 人中 i 人が出席している」を表す．事前確率を $P(A_i) = \dfrac{1}{n+1}$ として A_n の事後確率を求めなさい（$n = 10$, $k = 1$ の場合，$n = 30$, $k = 10$ の場合について，それぞれ計算しなさい）．

4.2 ベイズの定理の応用例 4.3 で $P(A \mid B) = 0.1$ とするには $P(A)$ をいくらにすればよいか．

4.3 命題 P.3 – P.5（136 ページ）を証明しなさい．

4.4 ジョーカー 2 枚を含む 54 枚のカード（トランプ）の組から無作為に 10 枚が配られるとき，その中にジョーカーがちょうど 1 枚含まれる確率を求めなさい．同じく，ジョーカーが 2 枚含まれる確率を求めなさい．さらに，ジョーカーあるいは '2' のカード（計 6 枚）が手札の中に 4 枚以上含まれる確率を求めなさい．

4.5 ポーカーゲームで最初に配られた 5 枚の手札にワンペアの役ができている確率を求めなさい．同様に，ツーペア，スリーカード，…についてその確率を求め，役の「強さ」は「確率の小さい順」に一致していることを確かめなさい．

4.6[**] 1 から n までの番号を記した n 個の封筒に，1 から n までの番号をつけた n 枚の便せんを，各 1 枚ずつでたらめに入れるとき「封筒の番号と便せんの番号がすべて異なる」確率を p_n と表す．$p_1 = 0$, $p_2 = \dfrac{1}{2}$, $p_3 = \dfrac{1}{3}$ を数え上げによって確認せよ．また，$p_4, \cdots, p_n$ を求めよ．

◆ ワンポイント 4.18　確率変数の組合せ

　確率変数 X, Y の 1 次結合 $aX + bY$ の期待値・分散の評価は，応用上重要である。

● **分散の最小化**

　資産を一定期間保有するとき，その間に得られる収益 X を考える。この「収益」は，利子・配当などの他，資産そのものの変動による利得あるいは損失（負の利得）も含む。収益は不確実であり，X は確率変数とみなされる。ここで，期待収益 $\mathrm{E}(X)$ とリスク $\mathrm{V}(X)$ は重要な役割を果たす。われわれ（経済主体）は，所有する全資産を，何種類かの個別の資産（証券）の組合せとして保有する。この組合せを ポートフォリオ（portfolio）という。合理的な経済主体は，期待収益をできるだけ大きくし，リスクをできるだけ小さくしようとする。実際にはこの両者を同時に達成することはできないので，それぞれの好みに従って，期待収益とリスクのバランスを図る。ハイリスク＝ハイリターンな投資に魅力を感じる場合もあれば，期待収益は低くても確実な（リスクの小さい）選択を行う場合もありさまざまである。とはいえ，リスクが同じであれば期待収益の大きい資産を，期待収益に差がなければリスクの小さい資産を選択することは，だれにもあてはまる投資行動である。金融理論で有名な CAPM（capital asset pricing model）は，この行動原理を前提に，いくつかの仮定の下に，市場全体の個別資産価格を導出したものであり，その中に以下に述べる（ものを一般化した）分散最小化が応用されている。

　さて，2 種類の金融資産（証券）A，B があるとし，単位額（たとえば，100 円）について一定期間後の収益をそれぞれ X_A, X_B で表す。ここで仮に，A，B の期待収益は等しいものとすると，A，B 2 種類の証券からリスクを最小にするのが最適なポートフォリオである。

　個別証券のリスクを $\sigma_A^2 = \mathrm{V}(X_A)$，$\sigma_B^2 = \mathrm{V}(X_B)$ とおき，さらに $\sigma_{AB} = \mathrm{Cov}(X_A, X_B)$ とおく。総資産 w（単位）のうち w_A を証券 A，w_B を証券 B で保有する（$w = w_A + w_B$）とき，総資産の収益 $X = w_A X_A + w_B X_B$ の分散は公式 (4.26) から

$$\mathrm{V}(X) = w_A^2 \mathrm{V}(X_A) + w_B^2 \mathrm{V}(X_B) + 2 w_A w_B \mathrm{Cov}(X_A, X_B)$$
$$= w_A^2 \sigma_A^2 + w_B^2 \sigma_B^2 + 2 w_A w_B \sigma_{AB}$$

である。これは

ヒント：A_i を「i 番目の封筒に i 番の便せんが入る」事象とする。$P(A_i) = \dfrac{1}{n}$, $i = 1, \cdots, n$, $P(A_i \cap A_j) = \dfrac{1}{n(n-1)}$, $1 \le i < j \le n$, $P(A_i \cap A_j \cap A_k) = \dfrac{1}{n(n-1)(n-2)}$, $1 \le i < j < k \le n$ 等々である（ことを示せ）。これを補題 4.1 と共に用いると，$P(A_1 \cup A_2 \cup \cdots \cup A_K)$ が求められる（ことを求めよ）。$A_1 \cup A_2 \cup \cdots \cup A_K$ は事象「少なくとも 1 つの封筒には同じ番号の便せんが入る」である。この補事象が問題の事象である。

4.7 3 枚のカードがあり，1 枚は両面に○印が，もう 1 枚には両面に×印が，3 枚目には一方の面に○他の面に×が印してある。これから 1 枚を無作為に引いて一方の面を上向きにおいたとき，その面の印は○であった。このとき，そのカードの裏面が○である確率はいくらか。

4.8 ある刑務所に死刑囚が 3 人いて，明日そのうち 1 人に死刑が執行されることがわかっている。死刑囚 A にとって自分が明日死ぬ確率は 1/3 である。誰が死刑になるかを知っている所長が A に，死刑囚 B，C のうち B は明日執行されないと教えたとする。このとき，残る可能性は A，C の 2 人だけであるから，A である確率は 1/2 に「増加」したと考えてよいだろうか。

4.9 コインを 2 回投げ，A_i を事象「i 回目に投げたコインが表が出る」，$i = 1, 2$，A_3 は事象「表裏が 1 回ずつ出る」とするとき，A_i, $i = 1, 2, 3$ は対ごとには独立だが，この 3 事象は独立でないことを示しなさい。

4.10 2 人でじゃんけんをするとき，1 回目で勝負がつく確率，2 回目で勝負がつく確率…k 回目で勝負がつく確率はいくらか。k 回目までに勝負がつく確率を求めよ。また，同様の確率を 3 人でじゃんけんをするときについても求めよ。

4.11[*] 百発百中の砲 1 門は百発一中の砲（命中率が 0.01 の砲）何門に匹敵するか。

4.12 3 人の力士による優勝決定戦（巴戦）では，最初に登場する 2 人の力士と 2 回目に初めて登場する力士とではどちらが有利か。

4.13[**] A，B 2 人がゲームを続けて行い，先に m 勝した方が掛け金をすべて得

$$w_A = \frac{\sigma_B^2 - \sigma_{AB}}{\sigma_A^2 + \sigma_B^2 - 2\sigma_{AB}} w, \quad w_B = \frac{\sigma_A^2 - \sigma_{AB}}{\sigma_A^2 + \sigma_B^2 - 2\sigma_{AB}} w \quad (4.60a)$$

のときに最小で

$$\mathrm{V}(X) = \frac{\sigma_A^2 \sigma_B^2 - \sigma_{AB}^2}{\sigma_A^2 + \sigma_B^2 - 2\sigma_{AB}} w^2 \quad (4.60b)$$

である。

★注意 4.4　上の結果はやや複雑である。ここでは，簡単な場合を 2 通り考える。
(1) 資産 A, B のリスクが等しい ($\sigma_A^2 = \sigma_B^2 = \sigma^2$) 場合：このとき，$w^2\sigma^2$ が資産 A (または B) のみを保有する場合のリスクであり，また相関係数 $\rho(X_A, X_B)$ を ρ で表すと，$\sigma_{AB} = \sigma^2 \rho$ であることに注意する。これを (4.60) に代入すると，$w_A = w_B = \dfrac{w}{2}$ および

$$\mathrm{V}(X) = w^2 \sigma^2 \frac{1+\rho}{2}$$

が得られる。$\rho = -1$ のときは，$\mathrm{V}(X) = 0$ すなわち，リスクが 0 になる。X_A と X_B は反対方向に変動し，変動が打ち消されるからである。逆に，$\rho = 1$ のときは，X_A と X_B は同じに振る舞うので，どのように組み合わせても変動は変わらないからである。$\rho = 0$ すなわち X_A と X_B が無相関であるときは，単一資産のみを保有する場合に比べてリスクは半分にすることができる。

(2) 資産 A, B の変動が無相関 ($\sigma_{AB} = 0$) の場合：$w_A = \dfrac{\sigma_A^2 \sigma_B^2}{\sigma_A^2 + \sigma_B^2} \times \dfrac{1}{\sigma_A^2}$, $w_B = \dfrac{\sigma_A^2 \sigma_B^2}{\sigma_A^2 + \sigma_B^2} \times \dfrac{1}{\sigma_B^2}$ と書き換えられ，w_A, w_B が σ_A^2, σ_B^2 の逆数に比例していることがわかる。

　一般に，k 種の個別資産 $A_1, \cdots, A_k$ があり，その収益 $X_1, \cdots, X_k$ が互いに無相関で，それぞれのリスクが $\sigma_1^2, \cdots, \sigma_k^2$ であるとする。これらの個別資産のポートフォリオ $X = w_1 X_1 + w_2 X_2 + \cdots + w_k X_k$, $(w_1 + \cdots + w_k = w)$ は，$w_1, \cdots, w_k$ がリスク $\sigma_1^2, \cdots, \sigma_k^2$ に反比例するときに全体のリスクが最小になることを示すことができる。

　ここで，さらにすべての個別資産のリスクが等しく σ^2 であるとすると，リスクを最小にするポートフォリオはすべての個別資産を等しい割合で保有するもので，その収益は $X = \dfrac{1}{k}(X_1 + \cdots + X_k)$ すなわち個別資産の収益の平均である。

る賭けを行っていた。この勝負の途中，A が a 勝，B が b 勝したときゲームを続行できなくなった。このとき，どのように掛け金を配分すればよいか（ゲームを最後まで継続したとき A が最終的に掛け金を得る確率を求めよ）。A が 1 回のゲームに勝つ確率が 0.5 の場合，一般に p である場合それぞれについて考えよ。

4.14 確率変数 X から，その期待値を引き標準偏差で割って得られる変数 $Z = \dfrac{X - \mathrm{E}(X)}{\sigma(X)}$ を X の**標準化**（**変数**）という。標準化変数も確率変数である。標準化変数 Z の期待値・標準偏差について

$$\mathrm{E}(Z) = 0, \quad \sigma(Z) = 1 \tag{4.61}$$

が成り立つ。これを示しなさい。

4.15 1 から 5 までの番号を記したカードが 2 枚ずつ計 10 枚のカードがある。無作為に 2 枚を順に取り出し，1 枚目，2 枚目の番号をそれぞれ X, Y とする。X の周辺分布 $p_{1\cdot}, \cdots, p_{5\cdot}$，$Y$ の周辺分布 $p_{\cdot 1}, \cdots, p_{\cdot 5}$ および $X = 1$ のときの Y の条件付分布を求めなさい。

4.16[**] $(X_1, X_2, X_3) \sim \mathrm{M}_3(n, (p_1, p_2, p_3))$ とするとき，$X_3 = z, (z < n)$ のときの X_1 の条件付分布が，2 項分布 $\mathrm{B}(n - z, \tilde{p})$ であることを示しなさい。ただし，$\tilde{p} = \dfrac{p_1}{p_1 + p_2}$ である。

4.17[**] 確率変数 $X_i, i = 1, \cdots, K$ が互いに独立に $\mathrm{Poisson}(\lambda_i), i = 1, \cdots, K$ に従うとする。条件 $X_1 + X_2 + \cdots + X_K = n$ の下での $(X_1, X_2, \cdots, X_K)$ の条件付分布は，多項分布 $\mathrm{M}_K(n, (p_1, \cdots, p_K))$ であることを示しなさい。ただし，$p_i = \dfrac{\lambda_i}{\lambda_1 + \cdots + \lambda_K}$ である。

4.18 大小 2 個のサイコロを同時に振り，大小のサイコロの目の数をそれぞれ X, Y とする。このとき，$X + Y = k$ のときの X の条件付期待値 $\mathrm{E}(X | X + Y = k)$，条件付分散 $\mathrm{V}(X | X + Y = k)$ を $k = 3, 4, \cdots, 11$ について求めなさい。

4.19 A を X の取り得る値の任意の部分集合：$A = \{\tilde{x}_{k_i}, 1 \le k_i \le K, i = 1, \cdots, K_A < K\}$，$B$ を Y の取り得る値の任意の部分集合：$B = \{\tilde{y}_{l_j}, 1 \le k_j \le L, j = 1, \cdots, L_B < L\}$ とし，X, Y について (4.27) が成り立つとき，A と B は互い

◆ ワンポイント 4.19　測定値を「平均」すること

　ものの重さをある測定器具を使って量ることを想定する。測定値 X は必ず誤差 e を伴う。対象物の実際の重さを w とすると $X = w + e$ と表される。誤差は，さまざまな偶発的な原因により生ずるから確率変数であり，「平均的」には 0，すなわち $\mathrm{E}(e) = 0$ である（と仮定する）。誤差の標準偏差 $\sigma = \sigma(e)$ は，「測定の精度」を表すものと考えてよい。このとき，$\mathrm{E}(X) = w$, $\mathrm{V}(X) = \sigma^2$ である。この測定を同じ対象に対して 2 度行い，測定値 X_1, X_2 を組み合わせて，測定の精度を向上させたいとする。2 度の測定は（両方とも，全くの偶然に左右され互いに関連がないから），互いに独立であるとする。したがって，$\mathrm{E}(X_1) = \mathrm{E}(X_2) = w$, $\mathrm{V}(X_1) = \mathrm{V}(X_2) = \sigma^2$, $\mathrm{Cov}(X_1, X_2) = 0$ である。測定値の組合せを $Y = a_1 X_1 + a_2 X_2$ とする。対象物の重さ w はわかっていないが，それがどのような値であっても，測定値 Y はそれに可能な限り近いものであってほしい。このため w が何であっても

$$\mathrm{E}(Y) = a_1 \mathrm{E}(X_1) + a_2 \mathrm{E}(X_2) = (a_1 + a_2)w = w \quad (4.62\mathrm{a})$$

であることが望まれる。これは

$$a_1 + a_2 = 1 \quad (4.62\mathrm{b})$$

と同等である。Y の分散は $\mathrm{V}(Y) = (a_1^2 + a_2^2)\sigma^2$ である。この最小化（測定精度の最大）には，(4.62b) の条件の下で $a_1^2 + a_2^2$ を最小にする問題を解けばよい。この解は $a_1 = a_2 = \dfrac{1}{2}$ のとき $a_1^2 + a_2^2 = \dfrac{\sigma^2}{2}$ で，これに対応する Y は $Y = \dfrac{X_1 + X_2}{2}$ つまり，2 つの測定値の平均で，その精度（分散）は $\dfrac{\sigma^2}{2}$ であることがわかる。

　測定の回数は 2 回に限らず，一般に k 個の測定値 $X_1, \cdots, X_k$ を組み合わせる場合もこれと同様の結果が得られる。ここでも測定値の「平均」$Y = \dfrac{1}{k}(X_1 + \cdots + X_k)$ が最も精度のよい組合せで，そのときの分散は $\dfrac{\sigma^2}{k}$ である（問題 4.30）。これは，最小 2 乗法の「良さ」を保証するガウス＝マルコフ（Gauss＝Markov）の定理といわれるものの特殊な場合である。

に独立であることを示しなさい．

4.20 指示関数の和による表現 (4.42) を用い，2 項分布の分散の公式 (4.36b) を示しなさい．

4.21 サイコロの目 X の期待値，標準偏差を求めなさい．これを用いて，3 つのサイコロの目の和 Z の期待値，標準偏差を求めなさい．

4.22 幾何分布 $\mathrm{NB}(1, p)$（162 ページ）について，期待値，分散を求めなさい．一般の負の 2 項分布 $\mathrm{NB}(r, p)$ は独立な r 個の幾何分布の「和」であることを利用して，その期待値・分散を求めなさい．

4.23[**] $(X_1, X_2, \cdots, X_K) \sim \mathrm{M}_K(n, (p_1, \cdots, p_K))$ が（多項分布）とする．各変数（たとえば，X_1）の周辺分布は，2 項分布 $\mathrm{B}(n, p_1)$ であることを確かめなさい（164 ページ参照）．

4.24[**] 確率変数 X, Y が互いに独立に 2 項分布 $\mathrm{B}(n_1, p)$，$\mathrm{B}(n_2, p)$ に従うとき，和 $Z = X + Y$ の分布は，$\mathrm{B}(n_1 + n_2, p)$ であることを示しなさい．また $X + Y = m$ のもとでの X の条件付分布を求め，これが超幾何分布であることを示しなさい．

4.25[**] 確率変数 X, Y が互いに独立にポアソン分布，$\mathrm{Poisson}(\lambda_1)$，$\mathrm{Poisson}(\lambda_2)$ に従うとき，和 $Z = X + Y$ の分布は，$\mathrm{Poisson}(\lambda_1 + \lambda_2)$ であることを示しなさい．また $X + Y = m$ のもとでの X の条件付分布を求め，これが 2 項分布であることを示しなさい．

4.26[**] $\int_{-\infty}^{\infty} e^{-x^2} dx = \sqrt{\pi}$ は有名な公式である．これを用いて，$\int_{-\infty}^{\infty} \phi(x)\, dx = 1$ であること，さらに
$$V(Z) = \int_{-\infty}^{\infty} x^2 \phi(x)\, dx = 1$$
を示しなさい．
ヒント：部分積分を用いる．

4.27 標準正規乱数 Z について（ⅰ）$P(Z < -1.5)$,（ⅱ）$P(-1.5 \leq Z \leq -0.5)$,

(iii) $P(-0.5 \leq Z \leq 0.5)$, (iv) $P(0.5 \leq Z \leq 1.5)$, (v) $P(1.5 \leq Z)$ をそれぞれ求めよ．多くの小中学校で，5段階成績評価の各段階に定められている 1 と 5 が 7％，2 と 4 が 24％，3 が 38％という割合と，ここで得た割合を比較せよ．

4.28 次の確率を実際に計算し (4.58) を用いた近似と比較せよ．
- $X \sim B(4, 0.1)$ について，$P(1 \leq X \leq 3)$
- $X \sim B(10, 0.1)$ について，$P(1 \leq X \leq 3)$
- $X \sim B(10, 0.5)$ について，$P(3 \leq X \leq 7)$

4.29[**] (4.60a)(4.60b) を導き出しなさい．

4.30 （i）$a_1 + a_2 = 1$ のとき，$v = a_1^2 + a_2^2$ を最大にする a_1, a_2 とそのときの v を求めなさい．
（ii）$a_1 + \cdots + a_k = 1$ が満たされるとき $v = a_1^2 + \cdots + a_k^2$ は $a_1 = \cdots = a_k = \dfrac{1}{k}$ のとき最小で，$v = \dfrac{1}{k}$ であることを示しなさい．

第5章 標本抽出と推測

　分析の対象となる集団（母集団）から，その一部（標本（sample）という）を取り出し，これに基づいて母集団の特性を論ずることが統計的推論（statistical inference）の目的である。

　本章では，標本抽出の原則である「無作為であること」の意味とその必要性，結果として得られる標本の確率分布，母集団の特性値と標本分布の特性値の関係などを説明する。

5.1　無作為標本と母集団特性の推定
5.2　区　間　推　定
5.3　正規母集団の推測
5.4　尤度に基づく推測
5.5　数学的知識の補足

5.1 無作為標本と母集団特性の推定

5.1.1 無作為標本

統計的な推測において，推論の根拠となる標本は，できるだけ母集団について正確な情報を含んでいることが望ましい．母集団についての（統計的）情報は，すべて，その「相対」度数分布（または確率分布）に含まれていると考えてよい．標本が母集団の良い「模型」（すなわち標本の相対度数分布が母集団のそれに近い）ならば，標本の特性値は母集団の対応する特性値に近いと考えられる（図 5.1）．

もちろん，標本を母集団の（たとえば 1/1,000 の）完全な模型にすることは，われわれは母集団がどのようなものであるかを知らない —— 母集団が **未知**（unknown）であるという —— のであるから不可能である．そこで，母集団を実際に縮めるかわりに，「母集団の各要素が標本に取り込まれるチャンスを 1/1000 とする」という方法で，擬似的に 1/1,000 の模型を作るという手段がとられる．これは，原理的には次のようにして実現される．母集団（大きさを N とする）の要素のリストを用意し，各要素に 1 から N までの番号をつける．乱数サイ，乱数表，コンピュータで生成される乱数などを使って，1 から N までの数を等確率で 1 つ発生させ，対応する番号の要素を標本に取り入れる（調査を行う），という操作を繰り返して，必要な大きさ (n) の標本を得る．このような，母集団の各要素が選ばれる確率がすべて等しい標本を（単純）**無作為標本**（random sample）という（厳密には単純無作為抽出とは，母集団から n 個の要素をとるすべての組合せを等しい確率で抽出することをいう）．

上の手順を繰り返して n 個の要素を母集団から順に抽出するとき，一度抽出された要素はそれ以後の抽出の際には，通常除外される．これを **非復元抽出**（sampling without replacement）という．これに対し「実際には，全く行われないが」，次の抽出を行うときに前段階で抽出された要素を再びリストに戻し，常に最初の状態を保って抽出を行う方法を **復元抽出**（sampling with

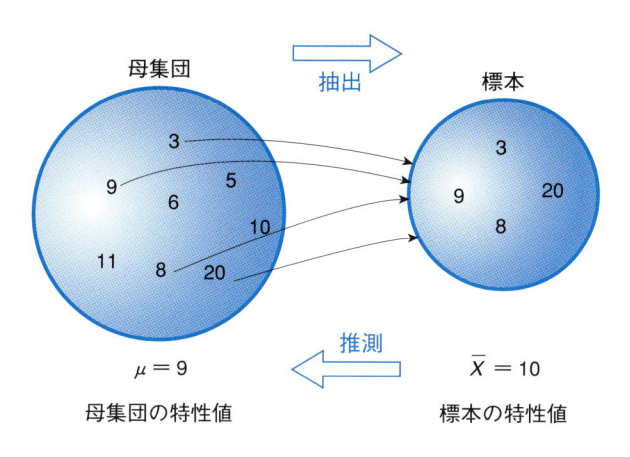

図 5.1　統計的推測

◆ワンポイント 5.1　統計学と確率論

　現代の統計学は，多くの場合，偶然変動の中に埋もれた法則を発見しそれを検証すること，あるいは，不規則に変動する（stochastic な）現象をモデルによって記述することを目的とする．このため，データそのものではなくデータの背景にある集団・現象（母集団）を分析の対象とする．この分析を，統計的推論（statistical inference）という．

　第3章までの主題であった「データの整理・要約」と統計的推論の違いは，観測されたデータとその母集団の違いを意識するか否かにある．整理・要約を行う場合にも，そのデータが得られた目的，背景となる現象を無視するわけではないが，「推論」では，背景集団あるいは変動現象を明示的に分析の過程に織り込んでいるという点で「素朴な記述」とは決定的に異なっている．

　現象の「変動」あるいは「不確実性」に，確率論を道具として対処しようとする —— データを確率変数の実現値とみなす —— のが，統計学のパラダイムであるといって差し支えない．

replacement）という．非復元抽出では，抽出の各段階での調査結果は互いに独立でないのに対し，復元抽出では各段階での調査結果は互いに独立になる．抽出率 n/N が小さければ，各段階でそれ以前の抽出結果が抽出の対象として残っている集団にあまり影響しないから，非復元抽出された標本の確率的性質は復元抽出のそれでよく近似できるので両者をことさら区別しないことも多い．

サイコロを投げるような実験を繰返し行うことを考えるとき，「標本抽出」は実験結果の観察／測定である．実験を行い測定値を得ることは，仮想的な無限母集団からの抽出とみなされる．この場合，$N = \infty$ であり，したがって標本サイズ n のいかんによらず抽出率は 0 で，復元／非復元の区別はなく測定値は互いに独立で（同じ実験を同じ条件で繰り返すから）同一の分布に従っているものと考えられる．このような標本（測定値の集まり）を独立同一（independently identically distributed；i.i.d.）標本という．

5.1.2 母集団特性の推定

母集団の未知の特性値（characteristic）（θ）について，その値（近似値）を標本を用いて定めることを，θ を推定する（to estimate）という．定めた値を θ の推定値（an estimate）といい，特性値を表す記号にハット「＾」をつけて $\hat{\theta}$ のように表す．推定値 $\hat{\theta}$ が，標本 $X_1, X_2, \cdots, X_n$ から一定の手順で（関数として）得られる確率変数であることを強調するとき，これを推定量（estimator）といって「推定値」と区別する．

推定において無作為抽出は次の意味で重要である．母集団から無作為に抽出を行い，測定値を X_i，$i = 1, 2, \cdots$ とする．X_1 は母集団の各値を等しい確率 $1/N$ でとる確率変数である（$X_2, X_3, \cdots$ の（周辺）分布も X_1 と同じである．これは復元抽出の場合だけでなく，非復元抽出にも当てはまる．問題 5.1 で示すことを一般化すれば容易に確かめることができる）．一方，母集団の各要素（$x_k, k = 1, \cdots, N$）は，母集団の相対度数分布に対して（同じ

● クローズアップ 5.1　標本抽出と推定──思考実験

表 5.1 は M 大学の N ゼミの学生 8 人の通学形態（自宅または下宿）と，月平均の生活費（あるいは小遣い（単位：万円）を調べたものである。これを，大きさ $N=8$ の母集団としよう。「真の」母集団平均は $\mu=9$ であるが，これは未知であるとする。これから大きさ $n=4$ の標本を抽出して μ を推測するという思考実験を行う。

表 5.1　N ゼミ生の生活費

名前	A	B	C	D	E	F	G	H
生活費	3	5	6	9	11	8	10	20
通学形態	自	自	自	自	下	下	下	下

標本平均は s

$$\bar{X} = \frac{1}{n}(X_1 + X_2 + X_3 + X_4)$$

で，X_1 は母集団の各値を等しい確率でとる確率変数である。X_2, X_3, X_4 の（周辺）分布も X_1 と同じである（問題 5.1）。

母集団から無作為に非復元抽出を行い，最初に得られる測定値を X_1，2 番目を X_2 …とし，その確率的性質を調べる。X_1 の期待値は

$$E(X_1) = 3 \times \frac{1}{8} + 5 \times \frac{1}{8} + \cdots + 20 \times \frac{1}{8}$$

であり，またこの右辺は母集団平均の定義であるから $E(X_1) = \mu (= 9)$ である。同様に分散は

$$V(X_1) = (3-9)^2 \times \frac{1}{8} + \cdots + (20-9)^2 \times \frac{1}{8}$$

であり，これは母集団分散 $\sigma^2 = 22.25$ に等しい。$X_2, \cdots, X_4$ の（周辺）分布は X_1 と同じだから，すべての測定値 X_i について $E(X_i) = \mu$，$V(X_i) = \sigma^2$ である。

く）$\frac{1}{N}$ の寄与をもつ．すなわち，標本値 $X_1, X_2, \cdots,$ の確率分布が，母集団の相対度数分布と一致する．したがって，母集団の特性値は各測定値 X_1 の確率分布の特性値に等しい．たとえば，$\mathrm{E}(X_1) = \frac{1}{N}\sum_{i=1}^{N} x_k = \mu$ すなわち母集団平均である．同じ理由で，分散，中央値，モーメントなどの特性値についても，測定値 $X_1, \cdots$ の確率分布の特性値と，これに対応する母集団の特性値が等しい．

このようにして得られた標本は母集団のモデルと考えられるから，母集団の特性値の推定は，標本の対応する特性値で推定するのが自然であり，多くの場合この方法が採られる．

● 推定量の不偏性

一般に，ある特性値 θ の推定量 $\hat{\theta}$ は，θ がどのような値であっても常に，

$$\mathrm{E}(\hat{\theta}) = \theta$$

であるとき，不偏（unbiased）であるという．不偏性（unbiasedness）は重要な性質であり，少なくとも近似的な不偏性は推定を行う際に必要とされる．

● 母集団平均の推定

母集団平均 μ の推定では，復元抽出，非復元抽出いずれの場合にも各 X_i の周辺分布は等しく $\mathrm{E}(X_i) = \mu$ であるから，

$$\mathrm{E}(\bar{X}) = \frac{1}{n}\sum_{i=1}^{n} \mathrm{E}(X_i) = \mu$$

であり，標本平均は母集団平均の不偏推定量（unbiased estimator）である．

● 母集団比率の推定

ある政党（A 党）の支持率を調査するとしよう．全国の有権者が N 人いて，そのうち M 人が A 党を支持していれば，その（母集団）支持率は $\frac{M}{N}$ である．これを母集団から得られる大きさ n の標本から推測することが調査の目的であり，「比率の推測」と呼ばれる問題である．この問題は次のように平均の推測の問題に帰着する．

● *クローズアップ 5.2*　推定の偏り

　クローズアップ 5.1 の標本調査を M ゼミで実施するとしよう。ゼミが開かれる時間に，乱数サイを振り，$N=8$ 人の母集団から $n=4$ 人の標本を無作為に選んで生活費を調べる。近年，大学 4 年生は就職活動を理由に欠席がちである。1 年を通して見れば，特定の学生がいつも欠席するわけではなく（そのような学生はゼミから除名される），出席・欠席という現象はバラついている。ここでは「欠席」も確率現象とみなそう。「バラツキ」のある現象に確率概念を適用するのが「統計的ものの見方」の原則である。

　欠席者があるとき，対応は 3 通りほど考えられる。第 1 は，全員出席するまで待つ（あるいは，欠席者を含めて調査対象者（標本）を抽選し，もし欠席者に当たったときは後日呼び出して調査する）ことである。第 2 は，欠席者を含めて抽選し欠席者が選ばれたときは，これを標本から除外することである。これを行うと標本の大きさが一定（$n=4$）ではなくなる。第 3 は，欠席者は抽選からはずし，出席者だけから標本を選ぶことである。

　第 1 の方法は，欠席がないのと同じである。実際の，多くの調査では第 2 の方法が採られることになる。第 3 のケースは，多くの調査で（意識せずに）行われる方法である。読者が卒業研究などでアンケート調査を（良心的に）行うとすれば，たとえば正門の前に 1 日立ち，学校に入ってくる学生の中から「無作為」に調査対象を選ぶのではないだろうか。街頭でのアンケート，インターネットを通じた世論調査なども本質的にこのカテゴリーに入る。第 1 の方法は問題ないが，第 2，第 3 の方法は次に説明するようにその結果が「偏り」を含む可能性が大きい。偏りのある標本を抽出し，これに基づいて分析を行うことは危険であり，特に意識せずにこの誤りを犯しやすいことには十分注意すべきである。

　ゼミの H 君はよく欠席する（おそらくアルバイトに忙しい）。簡単のため，他の 7 人は必ず出席し，H 君だけが $1/2$ の確率で出席（この事象を B で表す）するものと仮定し，上の第 3 の方法で生活費調査を行うとしよう。「H 君が第 1 番目の調査対象者に選ばれる」事象 S_I の確率は

集団の各単位（有権者）に，支持者であれば 1 そうでなければ 0 の得点を与えて「数値化」すると，この得点の母集団平均が，興味の対象である「支持率」である。このように，比率の推測は「母集団平均」の推測問題に帰着し，無作為標本の標本平均すなわち「標本支持率」が母集団支持率の不偏な推定値であることがわかる。

● 母集団分散の推定

母集団の分散 σ^2 は，それ自体が興味のある特性値であるが，標本平均の推定の誤差の大きさを知るうえでも必要な値である（5.1.3 項を参照）。

標本 $X_1, \cdots, X_n$ から求められる標本分散 $s^2 = \dfrac{1}{n}\sum_{i=1}^{n}(X_i - \bar{X})^2$ が，一見して母集団分散 σ^2 の自然な推定量であると思われる。この推定量は，しかしながら不偏ではない。実際，「復元抽出」のとき，平方和の期待値は

$$\mathrm{E}\left\{\sum_{i=1}^{n}(X_i - \bar{X})^2\right\} = (n-1)\sigma^2 \tag{5.1}$$

であり，$\mathrm{E}(s^2) = \dfrac{n-1}{n}\sigma^2$ である（証明は 5.5 節参照）。

母集団分散 σ^2 は，不偏性を得るため

$$\hat{\sigma}^2 = S^2 = \frac{1}{n-1}\sum_{i=1}^{n}(X_i - \bar{X})^2 \tag{5.2}$$

によって，推定するのがふつうである。この S^2 を 不偏分散 と呼ぶ。

5.1.3　推定量の誤差

標本が確率的に変動するので，推定量は必然的に誤差を伴う（後述のクラメール＝ラオの不等式の項，234 ページ参照）。一般に，推定量（推定方法）は 1 つとは限らない。2 つ（以上）の推定値が得られたとき，「誤差」の小さいと思われるものを推定値とするべきであろう。ところが，母集団の特性値の真の値（真値）θ は未知だから，得られた推定値の誤差（誤差の実現値）$\hat{\theta} - \theta$ を知ることはできない。われわれにとって合理的な比較の方法は，推定量の

$$P(S_I) = P(B)\,P(S_I|B) = \frac{1}{2} \times \frac{1}{8} = \frac{1}{16}$$

でありそれ以外の，たとえば，A 君が選ばれる事象 S_A の確率は

$$P(S_A) = P(B)\,P(S_A|B) + P(\bar{B})\,P(S_A|\bar{B}) = \frac{1}{2} \times \frac{1}{8} + \frac{1}{2} \times \frac{1}{7} = \frac{15}{112}$$

である。したがって，1 番目の対象者の生活費 X_1 の期待値は

$$\mathrm{E}(X_1) = (3+5+6+9+11+8+10) \times \frac{15}{112} + 20 \times \frac{1}{16} = 8.21$$

$\mathrm{E}(X_2)$，… もこれに等しい（確かめよ）。したがって $\mathrm{E}(\hat{\mu}) = 8.21 \neq 9 = \mu$ である。

　一般に，推定したい特性値 θ とその推定量の期待値の差 $\mathrm{E}(\hat{\theta}) - \theta$ を推定量の偏り (bias) という。欠席者を除外した標本に基づく推定はこのように「偏り」を生ずる。

　H 君の生活費が残りの 7 人の平均生活費と一致すれば（これは全体の平均 μ である），上と同様の計算によって，$\mathrm{E}(\hat{\mu}) = \mu$ である（確かめよ）。しかしながら，H 君の欠席の主な理由がアルバイトであり，アルバイトが収入ひいては生活費の増大と結びつくとすれば H 君が標本から脱落する可能性は「偏り」の原因となる。一般に標本から脱落する可能性が，調査の対象となる変数の値と何らかの関係があるときは，「選択に因る偏り」(selection bias) が生ずる可能性が大きく注意が必要である。

　この例では，標本に含まれる確率が母集団の各要素ごとに異なる。つまり，標本は「無作為」ではない。標本が無作為であることは推定量が「不偏」であるために必要な条件であり，これから無作為性の重要性が理解できる。

> 統計学的には「無作為」とは意図（作為）して行うか否かには関わりのない概念である

ことに注意されたい。

「平均的な」誤差の大きさを表す基準値の大小によって判断することである。

そのような基準の一つが，**平均2乗誤差**（mean squared error；MSE）

$$\mathrm{MSE}(\hat{\theta}) = \mathrm{E}(\hat{\theta} - \theta)^2 \tag{5.3}$$

である。平均2乗誤差は推定量の良さの基準として最も広く用いられる。その理由は，「平均2乗誤差は自然な分解が可能でその意味がわかりやすい」等々の，どちらかといえば理論的なものであるが，2乗誤差は（たとえば絶対誤差 $|\hat{\theta} - \theta|$ と比べ）小さい誤差は許容し大きい誤差の損失を重視するという意味で合理的であるとも考えられる。

一般に，平均2乗誤差は

$$\mathrm{E}(\hat{\theta} - \theta)^2 = \mathrm{V}(\hat{\theta}) + \left(\mathrm{E}(\hat{\theta}) - \theta\right)^2 \tag{5.4}$$

すなわち，推定量の「分散」と「偏りの2乗」の和に分解できる（問題5.2）。推定量が不偏ならば，平均2乗誤差は分散に等しい。

● **標本平均の平均2乗誤差**

平均 μ，分散 σ^2 の母集団から「復元抽出」によって，大きさ n の標本を得るとする。すでに述べたように標本平均は μ の推定値として不偏である。各 X_i は互いに独立であり，それらの総和の分散は (4.30b)（158ページ）から $\mathrm{V}(X_1 + X_2 + \cdots + X_n) = n\sigma^2$ である。標本平均の分散は，平均は総和に $\dfrac{1}{n}$ をかけたものであるから公式 (4.19a)（152ページ）で $a = 0$，$b = \dfrac{1}{n}$ として

$$\mathrm{V}(\bar{X}) = \mathrm{V}\left(\frac{X_1 + \cdots + X_n}{n}\right) = \frac{n\sigma^2}{n^2} = \frac{\sigma^2}{n}$$

である。これより $\hat{\mu} = \bar{X}$ の平均2乗誤差

$$\mathrm{MSE}(\hat{\mu}) = \mathrm{V}(\hat{\mu}) = \mathrm{V}(\bar{X}) = \frac{\sigma^2}{n} \tag{5.5}$$

が得られる。

〔補足5.1〕 **非復元抽出**では，標本の値は互いに独立ではないが，推定量 $\hat{\mu} = \bar{X}$ は復元抽出と同じく不偏であることは先に述べた。分散（すなわち平均2乗

◆ **ワンポイント 5.2** 母数と母集団特性

　5.1，5.2 節では，推測の対象となる量として母数と母集団特性とを区別せずに説明しているが，両者は異なる概念である。「母数」はデータに対するモデルあるいは標本の分布を「決定」する変数であり，「母集団特性」は分布から定まる数である。

　一般に「平均 μ」が与えられても分布は決定されないが，正規母集団では平均 μ および分数 σ^2 によって分布は定められる。後者の場合，平均 μ は母数である。

◆ **ワンポイント 5.3** 非復元抽出の平方和の期待値

　「非復元抽出」の場合の平方和の期待値は

$$\mathrm{E}\left\{\sum_{i=1}^{n}(X_i - \bar{X})^2\right\} = \frac{N}{N-1}(n-1)\sigma^2$$

であることが知られている。一般に母集団のサイズ N はかなり大きいので，因子 $\dfrac{N}{N-1}$ は無視して差し支えない。σ^2 の（不偏）推定量は，非復元抽出の場合も復元抽出の場合も同じ形の統計量である。

誤差）は一般に非復元抽出の方が小さい（全数調査（$N = n$）を行えば常に $\hat{\mu} = \mu$ すなわち分数が 0 である）。母集団分散が σ^2 のとき

$$\mathrm{MSE}(\hat{\mu}) = \mathrm{V}(\bar{X}) = \frac{N-n}{N-1}\frac{\sigma^2}{n} \tag{5.6}$$

である。母集団と標本の大きさの比率（**抽出率**）を $\lambda = n/N$ とすると (5.5) と (5.6) の比率は，ほぼ $1 - \lambda$ 倍，すなわち非復元抽出による推定の方が平均 2 乗誤差が小さい。したがって，現実の問題で復元抽出を行うことはないものと考えてよい。(5.6) の導出は本書の目的からそれるが，問題 5.3，問題 5.4 の解がその証明であるので，興味があればこれに取り組んでみるとよい。

● **標本比率の平均 2 乗誤差**

支持率などの母集団比率，特定の確率現象の生起確率などを，調査・実験などによって推定する場合，データを $(0, 1)$ に数値化すれば，平均の推定の問題に帰着できる。母集団支持率，あるいは現象の生起確率を p とし，X_i を第 i 調査対象の反応を数値化した変数とする。このとき

$$P(X_i = 1) = p, \qquad P(X_i = 0) = 1 - p$$

であるから，母集団分散 σ^2 すなわち $\mathrm{V}(X_i)$ は $\mathrm{V}(X_i) = \mathrm{E}(X_i^2) - \{\mathrm{E}(X_i)\}^2 = p(1-p) = pq$ である。ただし，$q = 1 - p$ とおいた。これ以降とくに断らずこの記号を用いる。したがって，標本比率 $\hat{p} = \bar{X}$ による p の推定の平均 2 乗誤差は (5.5) あるいは (5.6) から

$$\mathrm{MSE}(\hat{p}) = \mathrm{V}(\hat{p}) = \begin{cases} \dfrac{pq}{n} & \text{復元抽出のとき} \\ \dfrac{N-n}{N-1}\dfrac{pq}{n} & \text{非復元抽出のとき} \end{cases} \tag{5.7}$$

であることがわかる。

5.1.4　大数法則と推定量の一致性

ある未知の量（母数）θ の推定量 $\hat{\theta}$ が，標本サイズの増加に伴って「真の

● クローズアップ 5.3　不偏分散

　初学者にとって，統計学には「神秘的な教え」が多々あるようである。それらのうちで，最初に遭遇するものが，不偏分散ではないだろうか。なぜ，偏差平方和を n ではなくて $n-1$ で割るのかという疑問である。これには，「データが母集団そのものであるときは，(これは分散の定義であるから) n で割る。データが母集団からの標本であり，母集団の分散を推定しようとするときは，「不偏」にするため $n-1$ で割る」という答えが用意されている（204 ページ）。

　それではなぜ「不偏でなくてはならないか」というと，これはいささか難しい問いになる。標本抽出に 5.1.1 項で説明したような「偏り」があれば，一般に標本特性は母集団特性と乖離する。この偏りはサイズが増加しても減少しない。だから偏りがあってはならない。という説明がなされたりするが，これは，推定の一致性が保証されない場合の例である。

　一致性のある推定量であれば厳密に不偏でなくても，不偏な推定量より（平均 2 乗誤差の意味で）劣るとは限らない。少し計算が面倒であるが，次の例を考えよう。

　母集団分布は正規分布であるとする。偏差平方和を n で割って得られる推定量を $\tilde{\sigma}^2$ とする。通常の不偏分散を $\hat{\sigma}^2$ で表す。このとき，$\hat{\sigma}^2$ は不偏であり，その分散すなわち平均 2 乗誤差は $\mathrm{MSE}(\hat{\sigma}^2) = \dfrac{2\sigma^4}{n-1}$ であることが知られている。一方，$\tilde{\sigma}^2$ は，$\tilde{\sigma}^2 = \dfrac{n-1}{n}\hat{\sigma}^2$ であるから，偏りが $\mathrm{E}(\tilde{\sigma}^2) - \sigma^2 = -\dfrac{\sigma^2}{n}$，分散が $\mathrm{V}(\tilde{\sigma}^2) = \dfrac{(n-1)^2}{n^2}\mathrm{V}(\hat{\sigma}^2) = \dfrac{2(n-1)}{n^2}\sigma^4$，平均 2 乗誤差は $\mathrm{MSE}(\tilde{\sigma}^2) = \dfrac{2n-1}{n^2}\sigma^4$ である。両者の比をとると，$\dfrac{\mathrm{MSE}(\tilde{\sigma}^2)}{\mathrm{MSE}(\hat{\sigma}^2)} = \dfrac{(n-1/2)(n-1)}{n^2} < 1$ となり，不偏でない推定量 $\tilde{\sigma}^2$ のほうが通常の不偏分散 $\hat{\sigma}^2$ よりも平均 2 乗誤差が小さい。

　不偏分散が推奨される明快な根拠は，実のところあまりないように思われる。推定を不偏推定量に限定すると，推定量の最適性などが明快に議論できることから，過度に不偏性を重視する傾向が，(いわゆる古典的) 数理統計学の発展期にあり，不偏分散への信仰も，その時代から引き継がれた因習ではないかと思われる。

　ただし，両者の差はわずかであるので，取り立ててどちらが良いというほどのことはない。多くの教科書にある通説に従って，不偏分散を用いる方が無難であるかもしれない。

値」θ に確率的な意味で近づく（確率収束する。169 ページ参照）とき，この推定量を 一致推定量（consistent estimator）という。一致性（consistency）をもたない推定の方法は「いくらデータを集めても母集団の真の姿をとらえない」のであるから，そのような推定量は用いるべきではない。

一致性を保証するための次の定理は，大数法則の証明（169 ページ）と同様にして示すことができる。

定理 5.1 母数 θ の推定量 $\hat{\theta}$ が一致性をもつための条件は，標本サイズ n の増大に伴い平均 2 乗誤差 MSE$(\hat{\theta})$ が 0 に収束することである。平均，比率，分散の推定量の平均 2 乗誤差はすべて n に反比例するので（(5.5)(5.7)(5.8)式），これらは一致推定量である。

5.2 区間推定

標本に基づいて，「母数がある範囲（区間）に存在することを一定の精度で保証する」という形式で行われる推論を 区間推定（interval estimation）という。これに対して，母数の「値」を 1 つ定める形式の推論を 点推定（point estimation）という。

母数の推定は，確率的に変動する標本に基づいて行われるから，推定値は必然的に誤差を伴う。一般に，推定量 $\hat{\theta}$ の標準偏差（通常，推定量は不偏であるから，標準誤差は平均 2 乗誤差の平方根と考えてよい）を，$\hat{\theta}$ の 標準誤差（standard error）といい $\sigma_{\hat{\theta}}$ と書く。推定量の標準誤差が小さければ，「真の」母数の値は推定値からそう遠くないところにあると期待できる。一方これが大きければ，推定はあまり信頼できず「真値」は推定値から遠くにある可能性を否定できない。誤差の大小は，区間推定の形式で推論に織り込むことができる。

5.2.1 母集団平均の区間推定

母集団平均の区間推定には，母集団平均 μ とその推定値 $\hat{\mu}$ の距離がどの程

◆ ワンポイント 5.4　分散の推定量の平均 2 乗誤差

　母集団平均の推定に限らず，いろいろな特性値・母数の自然な推定量の多くは一致性をもつ。たとえば，不偏分散 S^2 は母集団分散 σ^2 の不偏推定量であるが，さらに

$$\mathrm{V}\left(S^2\right) \sim \frac{\mu_4 - \sigma^4}{n} \tag{5.8}$$

であることが知られている。ここで，記号 $\sim$ は右辺の式と左辺の式の比が n を大きくすると 1 に近づくことを表し，また μ_4 は母集団の 4 次の中心積率（168 ページ）である。

◆ ワンポイント 5.5　中央値の推定

　母集団特性値は，標本の対応する特性値で推定するのが自然である（200 ページ）。ただし，必ずしも不偏な推定ではないことに注意されたい。

　ゼミ性の生活費の例（クローズアップ 5.1）を，再び取り上げる。8 人の母集団の中央値は $x_M = 8.5$ である。非復元抽出標本 $(X_1, \cdots, X_4)$ の中央値は，$X_M = \dfrac{X_{(2)} + X_{(3)}}{2}$ である（$X_{(1)}, \cdots$ は順序統計量）。この標本抽出実験における基本事象は，8 人から 4 人を選ぶ $\binom{8}{4} = 70$ 通りの選び方の各々である。これらのすべての選び方に対して，中央値を求めるとその分布は，つぎのようになる。

表 5.2　標本中央値の確率分布

x_M	5.5	6.5	7	7.5	8	8.5	9	9.5	10	10.5
度数	5	4	11	8	5	11	6	11	4	5
累積度数	5	9	20	28	33	44	50	61	65	70

この分布の平均が中央値 X_M の期待値である。実際にこれを求めると

$$\mathrm{E}(X_M) = 8.214 \neq 8.5 = x_M$$

であり，標本中央値は，母集団中央値の不偏推定量ではない。

度であるか，言い換えれば，推定量すなわち標本平均が（母集団平均のまわりで）どのように分布するかを知る必要がある．標本平均の分布を正確に知ることは，一般には不可能であるが，標本サイズ n がある程度大きければ，4.9 節で述べた中心極限定理（定理 4.3，182 ページ）を利用して，近似的に知ることができる．このようなときの区間推定を例をあげて説明する．

[例 5.1] A 大学 5,000 人の男子学生から 50 人の標本を選んでデータを収集し，その標本平均 171.48 cm を得たと想定し，A 大学の男子学生の平均身長 μ の区間推定を考えよう．

日本人の成年男子の身長の分布の標準偏差は，およそ $\sigma = 5.5$ cm である．A 大学の男子学生の身長分布の標準偏差も同じく 5.5 cm（既知；known）であると仮定する．母集団平均の推定量 $\hat{\mu} = \bar{X}$ は不偏であってその期待値は μ である．標本は，非復元抽出によって得られるが，抽出率が小さいので各測定値は互いに独立とみなすと，$\hat{\mu}$ の標準誤差は $\sigma_{\hat{\mu}} = \sqrt{5.5^2/50} = \sqrt{0.605} = 0.778$ である．

またサイズ $n = 50$ は十分大きいと考える（215 ページ参照）と，定理 4.3 により，$\hat{\mu}$ の分布は，正規分布 $N(\mu, 0.778^2)$ である．

さて，推定誤差 $|\hat{\mu} - \mu|$ に絶対的な上限があれば，母平均 μ の存在範囲が定まる．しかしながら，確率変動を伴う標本からの推論では，「絶対確実な」結論は，自明なもの，たとえば「$\mu > 0$」，以外には得られない．われわれは，「絶対」の代わりに「ほぼ確実」を保証することで妥協せざるを得ない．仮に，確率が 95％ の事象を「ほぼ確実」なものと考えよう．標準正規分布の上側 2.5％点（両側 5％）は 1.96 である（表 4.6，167 ページ）から，$P(|\hat{\mu} - \mu| \leq 1.96 \times 0.778 = 1.52) = 95\%$．すなわち，推定誤差は「ほぼ確実に」1.52 以下である．$\hat{\mu} = 171.48$ であるから，μ は「ほぼ確実に」

$$171.48 - 1.52 = 169.96 \leq \mu \leq 173.00 = 171.48 + 1.52$$

の範囲にあるということができる．区間推定において「ほぼ確実」とみなす確率を信頼水準（confidence level）あるいは信頼係数といい，それに対応す

● クローズアップ 5.4　ベルヌーイと大数法則，推測

スイスのバーゼルで多くの天才を擁する家系に生まれた，ヤコブ（英語名 James で呼ばれることも多い）・ベルヌーイは，数学，物理学で多くの業績を遺したが，確率・統計にとっても，ベルヌーイ試行，ベルヌーイ分布などに名を遺す偉大な先人の一人である．主著は，1713 年に甥のニコラス・ベルヌーイによって出版された『推測の技法』（原著名：" Ars Conjectandi, The Art of Conjecture"）で，ここにおいて比率に関する大数法則を初めて証明したとされている．

図 5.2　ヤコブ・ベルヌーイ
（1654-1705）

ベルヌーイは実質的に次のことを行っている（現代の用語法で説明する）．有限母集団からの復元抽出の状況を考えた．白玉，黒玉がそれぞれ r, s 個入っている壺から，復元抽出を行ったとき，白玉の標本比率 $\hat{p} = \dfrac{X}{N}$ と真の割合 $p = \dfrac{r}{r+s}$ との差が，一定の小さい限界 ϵ 内に入らない確率が $P(|\hat{p} - p| > \epsilon) < c/(1+c)$ となるために必要なサイズ N の評価を行っている．これは大数の弱法則そのものである．

これに関して，興味深い 2 点を述べる．まず，証明の中で $\epsilon = \dfrac{1}{r+s}$ としている．証明自体は，p, ϵ が任意の実数であってよいにもかかわらず，この値に限定している．これは，問題を壺の中の白玉の数を（正しく）当てることを意識していたことを推察させる．有限母集団からの標本抽出は，「組合せ論的確率」の範囲で解釈が可能であるが，18 世紀初頭，確率解釈を「経験確率」に広げることに対する逡巡があったことがその理由であろうか．

第 2 に，証明は本質的な点で，$(x > Np$ のとき$)$，$P(X = x)/P(X = k+l) < \eta$ となるような η がある，つまり，$P(X = x)$ がある（和が収束する）等比数列より小さいことを利用している（数学好きな読者は証明に挑戦してみよう）．この評価は，チェビシェフの不等式（169 ページ）によるものよりはるかによく，後にド・モアブル（1667-1754）によって証明された中心極限定理につながり，不十分ではあるが p の信頼区間を導くことにも利用できる．

る母数の範囲を 信頼区間（confidence interval）という。

この例で，母平均 μ の信頼水準 95％の信頼区間（95％信頼区間）は [169.96, 173.00] である。

[例 5.2]　母集団分散が未知の場合　図 5.3 は，マイケルソン（A.A. Michelson, 1879）による光速度決定のための実験により得られた測定値のヒストグラムである（数値は実際の値から 290,000 (km/s) を引いたものである）。大きさ $n = 100$ のこのデータの標本平均は $\bar{x} = 852.4$，不偏分散は $S^2 = 6242.7$ である。これから「この実験の測定値の（仮想）母集団すなわち標本値の確率分布」の平均の信頼区間を求める。

標本平均は，母集団平均（$\mu = \mathrm{E}(X_i)$）の不偏推定値である。母集団分散を σ^2 で表せば，推定量 $\hat{\mu} = \bar{X}$ の標準誤差は $\sigma_{\hat{\mu}} = \dfrac{\sigma}{100}$ である。n は大きいから中心極限定理が成り立ち，$\hat{\mu}$ の確率分布が正規分布であるとすれば，95％の確率で $|\hat{\mu} - \mu| \leq 1.96\sqrt{\dfrac{\sigma^2}{100}}$ である。σ^2 は未知であるから，直ちには信頼区間が得られないが，σ^2 を，その推定量すなわち不偏分散 $\hat{\sigma}^2 = S^2 = 6242.7$ で置き換えれば，次の μ の近似的な（注意 5.1）95％信頼区間を得る。

$$852.4 - 1.96\sqrt{62.4} = 836.9 \leq \mu \leq 867.9 = 852.4 + 1.96\sqrt{62.4}$$

〈まとめ 5.1〉（数量変数の）独立標本から，標本平均 $\bar{x}$，不偏分散 S^2 が得られたとする。サイズ n が十分大きければ母平均 μ の信頼水準 $1 - \alpha$ の信頼区間は

$$\bar{x} - z_{\alpha/2}\frac{S}{\sqrt{n}} \leq \mu \leq \bar{x} + z_{\alpha/2}\frac{S}{\sqrt{n}} \tag{5.9}$$

である。ここで，z_c は標準正規分布の上側 c 分位点（$100c$ パーセント点）を表す。

★注意 5.1　信頼区間が「近似的」とは，信頼区間が真の母数を含む確率（coverage rate）が，信頼水準の公称値（名目水準；nominal level）95％に厳密には等しくないという意味である。$\hat{\sigma}^2$ は一致推定量であるから，標本サイズ n が十分大きければ，

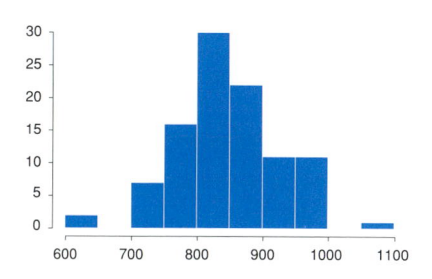

図 5.3　光速度測定値の分布

● *クローズアップ 5.5*　モンテカルロシミュレーション

　多くの場合，統計量の正確な分布を理論的に求めることは，事実上不可能である。そのときには，コンピュータ上で乱数を用いて，統計量（の実現値）を繰返し作成し，その相対度数分布（経験分布 (empirical distribution) という）を確率分布の近似とする方法が採られる。乱数を使って得られる経験分布によってその統計量の確率分布を近似する方法をモンテカルロシミュレーション (Monte Carlo simulation)，あるいは単にシミュレーションまたは乱数実験という。

[例 5.3]　図 5.4 は，ゲーム得点データ（図 1.21，26 ページ）を大きさ $N=120$ の母集団とみなし，それから無作為に非復元抽出された大きさ $n=20$ の標本の平均値の分布を，シミュレーションによって求めたものである。この分布の平均・分散はそれぞれ，$\bar{x}=89.987$, $s^2=9.325$ であり，また歪度は，$b_1=0.124$，尖度は $b_2=-0.0005$ である。母集団分布は（図 1.14，19 ページ）に見るように正規分布とはいえないが，標本平均の分布（図 5.4）は非復元抽出標本でも正規分布に近いことがシミュレーションによりわかった。

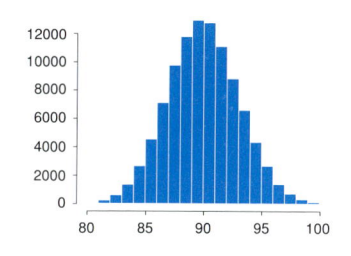

図 5.4　標本平均の分布（非復元抽出）

$\hat{\sigma}^2$ は σ^2 に十分近く，推定の影響はない．実際に n がどの程度であれば「十分大」であるかについては，母集団分布の形状にもより，またどの程度の近似をもって良しとするかなどにもよるので，確たる答えはない．しかしながら，一般に 20 程度であれば良いのではないかと思われる．母集団分布が正規分布の場合には，ここで述べた近似的な方法でなく正確な信頼区間の求め方が知られている（5.3 節）．

★注意 5.2　例 5.2 で，各測定値 X_i の確率分布の期待値 $\mu = \mathrm{E}(X_i)$ が「真の光速度」に一致すると仮定すると，以上の分析によって，光速度についての 95％信頼区間 [836.9, 867.9] が得られたことになる．突き詰めて考えれば，この仮定には何の根拠もないが，実験データの取り扱いはそのような仮定に基づいて行われる．これは，測定に偏りがないようにできるだけの注意を払って実験を行ったとする，科学実験におけるフィクションの数学的表現である．

5.2.2　比率の区間推定

視聴率の標本調査を考えよう．ある地区の全世帯から無作為に $n = 600$ 世帯を選び，ある時刻にある番組の視聴状況を調べたところ，$X = 60$ 世帯が番組を見ていたことがわかったとしよう．これを基に，母集団視聴率 p の信頼区間を考える．

標本視聴率（p の推定値）は $\hat{p} = \dfrac{X}{n} = 0.1$ である．X の分布は，抽出率はほぼ 0 であるから，2 項分布 $\mathrm{B}(n, p)$ である．また，$\hat{p}$ の標準誤差は $\sqrt{\dfrac{p(1-p)}{n}}$ で，$n = 600$ は十分大きいから中心極限定理によって，その分布は正規分布 $\mathrm{N}\left(p, \dfrac{pq}{n}\right)$ でよく近似できる．したがって，95％の確率で

$$p - 1.96\sqrt{\dfrac{pq}{n}} \leq \hat{p} \leq p + 1.96\sqrt{\dfrac{pq}{n}} \tag{5.10}$$

が成り立つ．これを書き換えて，母集団比率 p についての「範囲」

$$\hat{p} - 1.96\sqrt{\dfrac{pq}{n}} \leq p \leq \hat{p} + 1.96\sqrt{\dfrac{pq}{n}}$$

を得るが，ここでは「範囲」の両端を表す式が未知母数を含んでおり，標本からこれを定めることができない．そこで p, q を，その推定値 $\hat{p} = 0.1$，$\hat{q} = 1 - \hat{p} = 0.9$ で置き換えることにより，次のような p の信頼区間を得る．

◆ ワンポイント 5.6　非復元抽出標本と正規分布

　中心極限定理は，大雑把にいって，「独立な」多数の確率変数の和が正規分布で近似できることを主張している（注意 4.2, 182 ページ）。非復元抽出では各変数は独立でないから，直接にはこの定理が適用できない。しかし，非復元抽出の場合，標本の大きさ n が十分大きければ，標本平均 $\bar{X}$ の分布はやはり正規分布で近似できることが知られている（Lehmann, E.L. 著，鍋谷清治他訳，『ノンパラメトリクス』森北出版，1977 年）。$\mathrm{E}(\bar{X}) = \mu$, $\mathrm{V}(\bar{X}) = \left(1 - \dfrac{n}{N}\right)\dfrac{\sigma^2}{n}$ であるから，

$$\bar{X} \sim \mathrm{N}\left(\mu, (1-\lambda)\dfrac{\sigma^2}{n}\right) \tag{5.11}$$

である。ここで n は標本の大きさ，$\lambda = \dfrac{n}{N}$ は標本の抽出率である。

　なお，現実に行われている国全体の世論調査などでは，抽出率は 0（復元標本と同じ）とみなして全く問題はない。

◆ ワンポイント 5.7　非復元抽出標本に基づく信頼区間

　ゲームの得点データ（図 1.21, 26 ページ）を大きさ $N = 120$ の母集団とみなし，この母集団から大きさ $n = 20$（抽出率 $\lambda = 1/6$）の標本を取り出し，母平均（μ）が，未知であるとして μ の信頼区間を求めてみよう。非復元抽出の結果，標本平均 $\bar{X} = \hat{\mu} = 94.45$，不偏分散 $S^2 = 181.84$ を得た。

　乱数を用いた母分散を σ^2 とすると，(5.6) から，$\hat{\mu}$ の標準誤差は $(1 - 5/6)\sigma^2$ である。母分散も未知であるので，これをその推定値で置き換える。母分散の推定量は，非復元抽出の場合も復元抽出と同じ（ワンポイント 5.3）であるから，$\hat{\sigma}^2 = S^2 = 181.84$ である。これより，$\hat{\mu}$ の標準誤差 σ_μ の推定値 $\hat{\sigma}_\mu = \sqrt{\dfrac{5}{6}\dfrac{181.84}{20}} = 2.75$ を得る。$\hat{\mu}$ の分布は，ほぼ正規分布であるから，μ の 95％信頼区間は

$$94.45 - 1.96 \times 2.75 = 89.06 \leq \mu \leq 99.84 = 94.45 + 1.96 \times 2.75$$

である。なお，われわれは「真の母平均」（$\mu = 89.983$）を知っているが，上の信頼区間は，この値を含んでいる。

$$0.1 - 1.96\sqrt{\frac{0.1 \times 0.9}{600}} = 0.080 \leq p \leq 0.120 = 0.1 + 1.96\sqrt{\frac{0.1 \times 0.9}{600}} \tag{5.12}$$

ここで，実際の水準は95％ではないが，$n = 600$は十分大きいので，近似的に95％と考えてよい。

〈まとめ5.2〉 母集団比率pの大きさnの標本に基づく信頼水準$1-\alpha$の（近似的な）信頼区間は

$$\hat{p} - z_{\alpha/2}\sqrt{(1-\lambda)\frac{\hat{p}\hat{q}}{n}} \leq p \leq \hat{p} + z_{\alpha/2}\sqrt{(1-\lambda)\frac{\hat{p}\hat{q}}{n}} \tag{5.13}$$

である。ここで，z_αは標準正規分布の上側100α％点，$\hat{p}$は標本比率，λは抽出率である（無限母集団あるいは復元抽出の場合は$\lambda = 0$である）。

5.2.3 区間推定 —— 一般の場合

一般にαを（小さい）正の定数とし，母数（または母集団の特性値）θについて，上端U，下端Lを，標本$X_1, \cdots, X_n$に基づいて定めた区間$[L(X_1, \cdots, X_n), U(X_1, \cdots, X_n)]$が，確率$1-\alpha$で真の母数$\theta$を含むとき，この区間を$\theta$の信頼水準$1-\alpha$の信頼区間という。

ほとんどの推定量$\hat{\theta}$の分布は（nが大きいとき）正規分布で近似でき，その分散はnに反比例する。この比例定数をvとおくと，標準誤差は，$\sigma_{\hat{\theta}} = \dfrac{v}{\sqrt{n}}$で，近似的な信頼区間は

$$\hat{\theta} - z_{\alpha/2}\sqrt{\frac{v}{n}} \leq \hat{\theta} + z_{\alpha/2}\sqrt{\frac{v}{n}} \tag{5.14}$$

である。vが未知の母数を含む場合は，これをその推定値$\hat{v}$で置き換える。いくつかの場合についてvは次のように与えられる（λは抽出率）。

(1) 母集団比率の推定：$v = (1-\lambda)p(1-p)$
(2) 母集団平均の推定：$v = (1-\lambda)\sigma^2$

◆ ワンポイント 5.8 「2 シグマ」と誤差の表記

Z の上側 2.5％点は 1.96 であるが，これをおよそ 2 とみなし，「平均 ±2 × 標準偏差（シグマ）の確率がおよそ 95％である」などとする表現はしばしば見られる。これに倣って大雑把にいえば，95％信頼区間は，「推定値プラスマイナス（推定量の）標準誤差の 2 倍」である。

支持率などの調査結果が公表されるとき，標本支持率とともに誤差の範囲を示して ±3％などと記されることがあるが，この範囲は (5.14) で表される信頼区間を示していると理解される。ただし，ときにはこの数値（±3％）が標準誤差を意味していることもあるので注意が必要である。

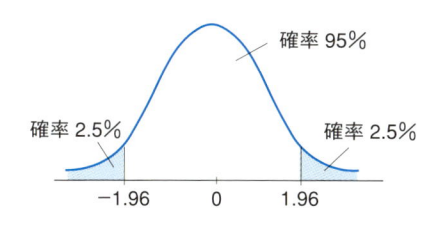

図 5.5 標準正規分布と確率

● クローズアップ 5.6 比率の推測における標本の大きさの決定

支持率調査で，95％信頼区間の長さを 2％以内にすることが望まれているとき，標本の大きさを決定することを考える。95％信頼区間の長さは 3.92 × 標準誤差である。比率の推定では，推定量の標準誤差は $\sqrt{\dfrac{pq}{n}}$ である。この値は未知の母数 p によるが，$p(1-p) = -\left(p - \dfrac{1}{2}\right)^2 + \dfrac{1}{4}$ であるから，$p(1-p) \leq \dfrac{1}{4}$ だから，標準誤差は $p = \dfrac{1}{2}$ のとき最大で $\dfrac{1}{2\sqrt{n}}$ である。信頼区間の長さを p の値にかかわらず 2％ (0.02) 以下にするには，n が $\dfrac{3.92}{2\sqrt{n}} \leq 0.02$ を満たす必要がある。これより

$$n \geq \left(\dfrac{1.96}{0.02}\right)^2 = 9603.8$$

つまり，$n \geq 9604$ が必要である。

(3) 母集団分散の推定：$v = \mu_4 - \sigma^4$（(5.8)）

5.2.4 標本の大きさの決定

推定量の分散が n に反比例する，すなわち標準誤差が $\sqrt{n}$ に反比例する事実は重要である（有限母集団の場合，抽出率 $r = n/N$ が n に依存するから厳密には，信頼区間の長さは $\sqrt{n}$ に反比例しない。ただし，r が小さい場合は，近似的に成立する）。標準誤差は，推定の精度すなわち信頼区間の長さを決定する，すなわち n の増加に伴って，母数の信頼区間の幅（長さ）は $\sqrt{n}$ に反比例して小さくなる。母数の信頼区間を 1/10 にする，すなわち精度を 1 桁上げるためには 100 倍のデータが必要であることがわかる。

母平均の推定量の標準誤差は，母集団分散 σ^2 を含む。あらかじめ定めた長さの信頼区間を与える標本の大きさ n を決定するには，σ^2 に関する情報が必要である。σ^2 が既知であれば，必要な標本の大きさ n は容易に求まる（問題 5.7）。

一般に，σ^2 は未知であるから，n を直ちに決定することはできない。予備抽出を実施し σ^2 を推定し，これに基づいて，必要なサイズを決定し，改めて追加標本を抽出することが考えられる。詳細は省略するが，スタイン（Stein）の 2 段階推定法（double-sampling method）は，正規母集団を仮定して，定められた長さをもちかつ正確な信頼区間を定めるものである（Kendall, M.G. & A.Stuart（1977）"The advanced theory of statistics, 4th ed.", vol.1, p.651, 34–36 項）。

5.2.5 片側信頼限界

保険料の設定では，死亡率 p の過小評価に伴う危険が大きい。したがって，p の存在範囲についての「保証」は「p がある限界よりも小さくはない」という形式で得られることが望ましい。

このような状況では次のように推論を行えばよい。サイズ n が大きければ

● *クローズアップ 5.7* **超母集団**

厚生労働省の『平成 13 年簡易生命表』によれば，日本の 60 歳男子の死亡率は 0.904％である。また，総務省統計局の人口推計によればわが国の 60 歳男子の人口は $N = 870{,}000$ である。これから，60 歳男子の 1 年間の死亡率の 95％信頼区間を求めよ，という問題を考える。公式 (5.13) で $n = 870{,}000$, $\hat{p} = 0.00904$ とすると，$1.96\sqrt{\dfrac{0.00904 \times 0.99096}{870{,}000}} = 0.00020$ であるから，95％信頼区間は次のように求められる。

$$0.00904 - 0.00020 = 0.00884 \leq p \leq 0.00924 = 0.00904 + 0.00020$$

しかしながら，この解（あるいは問題そのもの）には，やや疑義がある。生命表の「死亡率」は，年初の日本国民（60 歳男子）全体の人数を分母とし，その集団の 1 年間の死亡数を分子とする。すなわち，得られた死亡率は全数調査に基づいて得られたものであり，「p」$= 0.904$ は「母集団死亡率」であると考えられる[1]。つまり，「死亡率」は「母集団死亡率」であるから，これを「推測する」ことは無意味である。

しかし，われわれの関心が，2001 年の死亡率ではなく，「将来」の死亡率であるような場合（たとえば，生命保険の保険料を決定する場合），「死亡現象」は過去から未来にわたって無限に続くもの（**超母集団**；hypothetical population）であり，「ある年」の「母集団」はその超母集団からの標本であると考えるべきであろう。このように考えれば，「全数調査データに基づく推測」も無意味ではない（問題 5.6）。

---

[1] 実際には，5 年に一度実施される 国勢調査（census）と，市町村に届け出られる出生・死亡数（業務統計）を集計した人口動態統計などから，人口，死亡数が推計される。これらの数値にも当然誤差があり，全数調査であっても必ずしも正確ではない。しかしここでは，これらの数値は「正確である」と仮定して話をしている。

正規近似により標本比率は $\hat{p} \sim \mathrm{N}\left(p, \dfrac{pq}{n}\right)$ であるから，標準正規分布の上側 5％点 1.645（1.96 すなわち「両側」5％でないことに注意）を用いて

$$P\left(\hat{p} \leq p + 1.645\sqrt{\dfrac{pq}{n}}\right) = 95\,\%$$

である．標準誤差に含まれる p を推定値で置き換え，p についての表現に直すと

$$p \geq \hat{p} - 1.65\sqrt{\dfrac{\hat{p}\hat{q}}{n}} \tag{5.15}$$

がほぼ（95％の確率で）成立することがわかる．これは p についての半直線の領域を表すが，その左端（下限）を母数 p の信頼水準（信頼係数）95％の **信頼下界**（lower confidence bound）あるいは（下方）**片側信頼限界**という（実例については，クローズアップ 5.8 を参照されたい）．

5.3 正規母集団の推測

前節までの推論では，母数の信頼区間を構成するときに，中心極限定理に依存し $\bar{X}$ の分布が正規分布でよく近似できることを用いた．標本が小さいとき，その分布は母集団分布によって異なり，精確な確率の評価ができない．また，しばしば未知の量をその推定量で置き換える近似を行った．これらの近似の誤差は，標本が小さいときには無視できない大きさになる．

このような場合，母集団に適当な仮定を設定することによって，正確な（あるいはより精度の高い）推測を行うことができる場合がある．ここでは，母集団の正規性（および標本の独立性）を仮定する場合について，簡単に説明する．以下本節では，測定値 $X_1, X_2, \cdots, X_n$ は互いに独立で，その分布は正規分布 $\mathrm{N}(\mu, \sigma^2)$ であるものとする．

正規母集団に関する推測は，数学的に厳密な理論体系（**精密小標本理論**と呼ばれる）が存在し，「古典的な数理統計学」の核を成しているといってよい．

● **クローズアップ5.8　信頼限界**

[例 5.4] クローズアップ 5.7 と同じ状況で，60 歳の男子の死亡率の 95％信頼下界を求める。(5.15) で $n = 870{,}000$, $\hat{p} = 0.00904$ とすれば

$$p = 0.00904 - 1.65 \times \sqrt{\frac{0.00904(1 - 0.00904)}{870000}} = 0.00887$$

である。

● **母平均の信頼限界**

「母集団平均 μ の片側信頼限界」も同様に考えられる。大きさ n の標本の平均が $\bar{X}$，標本標準偏差が S であるとき，μ の 95％信頼上界は $\bar{X} + 1.65\sqrt{\dfrac{1-r}{n}}S$ である。μ の（半無限）区間の形で表せば

$$\mu \leq \bar{X} + 1.65\sqrt{\frac{1-r}{n}}S \tag{5.16}$$

である（問題 5.8）。

[例 5.5] ある地域で発生する交通事故を考えよう。事故は毎日独立に同じ確率 p で発生すると仮定する。この地域で 1 年間（$n = 365$ 日）無事故であったとするとき，p はどのくらい小さいといえるであろうか。これは p の信頼限界（上界）を求める問題である。

n が大きく，事故件数 X が 0 であるので事故発生率 p は小さいと考えてよい。したがって，X の分布はポアソン分布 Poisson(λ)（$np = \lambda$）でよく近似できる。事象 $\{X = 0\}$ の確率は，(4.39) で $k = 0$ とすれば，$P(X = 0) = e^{-\lambda}$ であるが，λ が大きい（すなわち $e^{-\lambda} \leq 0.05$ の）とき，この確率は小さく 5％以下である（「ほぼ」起こらない）。つまり，$\lambda = np \leq -\log 0.05 = 2.996$ したがって，

$$p \leq 0.0082 = \frac{-\log 0.05}{365} \tag{5.17}$$

でなければならない。これが p の 95％（片側）信頼区間である。1 年間無事故であれば，1 日の事故発生確率は，大きくても 0.82％であるといえる。

これについて概略を述べる．理論的な詳細は，本書のレベルを超えるので割愛する．

5.3.1 母平均の信頼区間

σ^2 が既知であるとき，$\bar{X}$ の標準化変数 $Z = \frac{\sqrt{n}(\bar{X}-\mu)}{\sigma}$ が，標準正規分布に従い，たとえば $P(|Z| \leq 1.96) = 0.95$ であることを用いて 95％信頼区間を得た（例 5.1）．

σ^2 が未知の場合は，これをその不偏推定値 $\hat{\sigma}^2 = S^2 = \frac{1}{n-1}\sum_{i=1}^{n}(X_i - \bar{X})^2$ で置き換えて，検定統計量には

$$T = \frac{\sqrt{n}(\bar{X} - \mu)}{S} \tag{5.18}$$

を用いる．正規標本理論によれば T は，自由度（degrees of freedom）$n-1$ の t 分布と呼ばれる分布に従うことが知られている（クローズアップ 5.10）．巻末の表に，代表的な信頼水準に対応する t 分布の上側パーセント点を掲げる（近年，統計処理ができるほとんどのソフトウェアが，t 分布の分布関数 $(P(T \leq x))$ の値を返す関数を用意しているので，表の必要性は少なくなっている）．自由度 m の t 分布の上側 q 分位点を $t_q^{(m)}$ で表せば

$$P\left(|T| \leq t_{\alpha/2}^{(n-1)}\right) = P\left(\mu - t_{\alpha/2}^{(n-1)}\frac{S}{\sqrt{n}} \leq \bar{X} \leq \mu + t_{\alpha/2}^{(n-1)}\frac{S}{\sqrt{n}}\right) = 1 - \alpha$$

であるから，つぎの信頼区間の公式が得られる．

〈まとめ 5.3〉 正規母集団からの標本に基づく μ の信頼水準 $1 - \alpha$ の信頼区間は

$$\bar{X} - t_{\alpha/2}^{(n-1)}\frac{S}{\sqrt{n}} \leq \mu + t_{\alpha/2}^{(n-1)}\frac{S}{\sqrt{n}}. \tag{5.19}$$

[例 5.6] 表 5.3 はキャベンディッシュ（H.Cavendish, 1798）による地球の密度の測定値である $(n = 29)$．測定誤差に正規分布を仮定し，地球の密度

● クローズアップ 5.9　χ^2 分布

$Z_1, \cdots, Z_m$ が互いに独立に標準正規分布に従うとする。このとき

$$Y = \sum_{i=1}^{m} Z_i^2$$

の分布を自由度 m の χ^2 分布 (the chi square distribution on m degrees of freedom) といい，$\chi^2(m)$ と書く。χ^2 分布は統計学の理論・応用で極めて重要である。

χ^2 分布の期待値，分散は

$$E(Y) = m, \quad V(Y) = 2m$$

である。m が大きいときは各 Z_i が独立であるから，中心極限定理によって Y の分布は正規分布に近い。ただしこの近似はあまり正確でない。正規近似によれば，$m = 50$ のとき Y の上側 2.5％点は $50 + 1.96 \times \sqrt{100} = 69.6$ である。一方，付表 B から正確な値は 71.4 である。

Y 分布の期待値・分散は

$$E(Y) = m, \quad V(Y) = 2m$$

で与えられる。

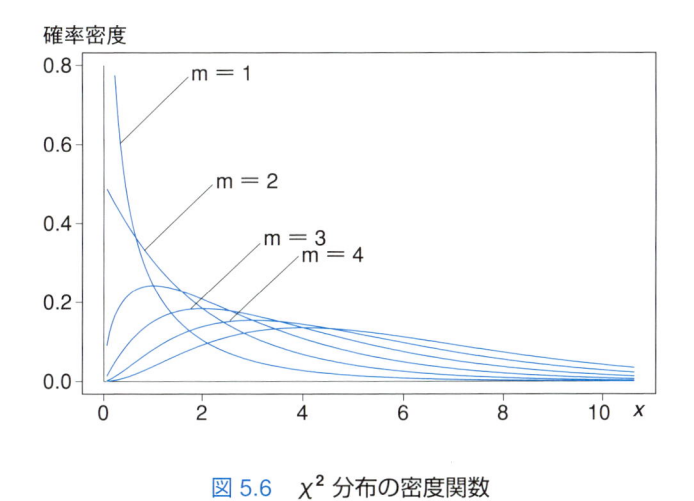

図 5.6　χ^2 分布の密度関数

についての 95％信頼区間を求めてみよう．

データの平均・不偏分散は，それぞれ $\bar{x} = 5.482$, $S^2 = 0.04273$ である．これから，標準誤差の推定値は $\dfrac{S}{\sqrt{29}} = 0.0384$ である．自由度 $28 (= 29 - 1)$ の t 分布の上側 2.5％点は $t_{0.025}^{(28)} = 2.05$ であるから，95％信頼区間は

$$5.482 - 2.05 \times 0.0384 = 5.404 \leq \mu \leq 5.561 = 5.482 + 2.05 \times 0.0384$$

である．なお，現在知られている地球の密度は 5.517 である．得られた信頼区間 [5.404, 5.561] はこの値を含んでいる．

正規分布を仮定しない，中心極限定理に基づく近似的な信頼区間 —— **大標本**の場合 —— の公式 (5.9) では，$t_{0.025}^{(28)} = 2.05$ の代わりに $z_{0.025} = 1.96$ を用いることに注意する．

5.3.2 母分散の信頼区間

●χ^2 分布と偏差平方和

正規母集団の推論には，χ^2 分布（クローズアップ 5.9）が深く関わる．次のような χ^2 分布の性質がよく利用される．

$X_1, \cdots, X_n$ が互いに独立に正規分布 $\mathrm{N}(\mu, \sigma^2)$ に従うとすると，標本の偏差平方和について

(1) $\dfrac{1}{\sigma^2} \displaystyle\sum_{i=1}^{n} (X_i - \mu)^2 \sim \chi^2(n)$

(2) $\dfrac{1}{\sigma^2} \displaystyle\sum_{i=1}^{n} (X_i - \bar{X})^2 \sim \chi^2(\underline{n-1})$

が成り立つ．(1) は χ^2 分布の定義から直ちに得られる．(2) の証明は，本書のレベルを超えるので省略する．詳しくは中級以上の統計学のテキストを参照されたい．

●母分散の信頼区間

母集団平均が未知であるとする．自由度 m の χ^2 分布の上側分位点，下側分位点を，それぞれ $\bar{\chi}_\beta^2(m)$, $\underline{\chi}_\beta^2(m)$ と表す．偏差平方和の性質 (2) から，

表 5.3　キャベンディッシュによる地球の密度の測定値（1798 年）

5.50	5.55	5.57	5.34	5.42	5.30	5.61	5.36	5.53	5.79
5.47	5.75	5.88	5.29	5.62	5.10	5.63	5.68	5.07	5.58
5.29	5.27	5.34	5.85	5.26	5.65	5.44	5.39	5.46	

● クローズアップ 5.10　t 分布

Z が標準正規乱数，Y が自由度 m の χ^2 分布に従う確率変数で，Z, Y は互いに独立であるとき，$T = \dfrac{U}{\sqrt{Y/m}}$ の分布を自由度 m の t 分布という．t 分布は，その自由度によって形が異なる．図 5.7 はいくつかの自由度の t 分布の確率密度関数のグラフである．t 分布は 0 を中心として対称で，自由度が大きくなるにつれ，正規分布（図の太線）に近づく．また自由度が小さいほど「裾が重い」．小さい確率に対応する上側パーセント点は，自由度が小さいほど大きくなる．

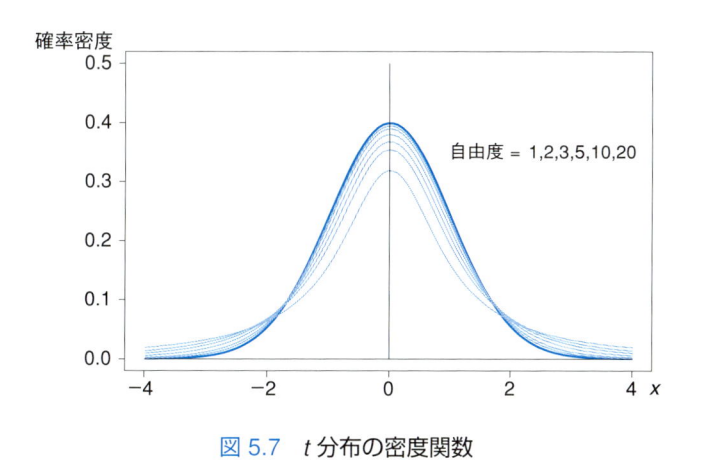

図 5.7　t 分布の密度関数

$$P\left\{\underline{\chi}^2_{\alpha/2}(n-1) \le \frac{1}{\sigma^2}\sum_{i=1}^n (X_i - \bar{X})^2 \le \bar{\chi}^2_{\alpha/2}(n-1)\right\} = 1 - \alpha$$

である。$\sum(x_i - \bar{X})^2 = (n-1)S^2$ であることに注意して { } 内の不等式を σ^2 について解いて，母分散 σ^2 の信頼係数 $1-\alpha$ の信頼区間

$$\frac{(n-1)S^2}{\bar{\chi}^2_{\alpha/2}(n-1)} \le \sigma^2 \le \frac{(n-1)S^2}{\underline{\chi}^2_{\alpha/2}(n-1)} \tag{5.20}$$

を得る。付表 B は代表的な β についてその分位点を与える。

[例 5.7]（例 5.6 の続き） 表 5.3 のデータに基づいて，母集団 σ^2 の 95％信頼区間を求めてみる。$\hat{\sigma}^2 = S^2 = 0.04273$ であった。自由度は $n-1 = 28$ であり χ^2 分布表から $\underline{\chi}^2_{0.025}(28) = 15.31$, $\chi^2_{0.025}(28) = 44.49$ である。これより母集団分数 σ^2 の 95％信頼区間は

$$\frac{28 \times 0.0427}{45.31} = 0.0269 \le \sigma^2 \le 0.0782 = \frac{28 \times 0.0427}{15.31}$$

である。

5.4 尤度に基づく推測

この節では，独立標本の推定問題を通して，主として点推定の理論を概観する。やや理論的であるので難しいと思われる部分は読み飛ばしてかまわない。

5.4.1 現象とモデル

ある薬を被験者に投与しその効果を調べる臨床試験を考えよう。薬は，対象となる被験者ごとにあるいはその時々の状況に応じて効いたり効かなかったりする。われわれは，n 人を対象にした試験結果を，被験者 i に効果があるとき $X_i = 1$，ないときに $X_i = 0$ の値をとる確率変数の組 $X_1, X_2, \cdots, X_n$ で表し，各実験結果は X_i の実現値であると考える。このような前提の下，さらに，$X_1, X_2, \cdots, X_n$ の偶然変動すなわち確率分布（確率法則（distribution

◆ワンポイント 5.9　ベイズ統計学の区間推定

　これまで，信頼水準（たとえば 95％）は「確率」と区別して説明してきたことに，お気づきであろうか。もちろん，信頼区間を導くときに確率の評価を行った。しかし，そこでは確率的に変動するもの（確率変数）は，標本平均など（実験，調査など繰返しが可能であるもの）である。これに対し，推測すべき母平均などは，固定した定数として扱っている。これは，「繰返し」が想定できない量について確率を考えないという，確率の「頻度主義」解釈に基づいている。

　これに対して，ベイズ流の主観主義の立場では，未知のものには「分析者の確信の度合いに応じて」確率分布を割り当てることができると考える。例 5.5 を考えよう。ここでは交通事故発生率（確率変数）を Θ で表す。「われわれにとって事前には Θ について情報が全くない」ことは，Θ が $0 \leq \Theta \leq 1$ の範囲で等しく可能である（Θ が $[0, 1]$ 上の一様分布に従う）とすれば，最も自然に表現できる。

　連続分布の取り扱いはやや面倒なので，ここでは，区間 $[0, 1]$ を $1/K$（たとえば，$K = 10{,}000$）刻みに区切り，$P(\Theta = p_k = k/K) = 1/K$，$k = 0, 1, \cdots, K-1$ であるとする。事故発生率 Θ が p_k であるとき，1 年間無事故である確率は $P(X = 0 | \Theta = p_k) = (1 - k/K)^n$ である。ベイズの公式 (4.8)（142 ページ）より，条件 $\{X = 0\}$ のもとでの Θ の条件付確率分布（事後分布）は

$$P(\Theta = p_k | X = 0) = \frac{P(X = 0 | \Theta = p_k)}{\sum_{j=0}^{K-1} P(X = 0 | \Theta = p_j)}$$

$$= \frac{(1 - k/K)^n}{\sum_{j=0}^{K-1} (1 - j/K)^n} \fallingdotseq \frac{n e^{-\lambda_k}}{K}, \ k = 0, 1, 2, \cdots$$

である。ただし，$\lambda_k = np_k = \dfrac{nk}{K}$ とおいた。Θ が区間 $[0, p_k]$ にある事後確率は

$$P(\Theta \leq p_k | X = 0) = \sum_{j=0}^{k} \frac{n e^{-\lambda_k}}{K} \fallingdotseq \int_{0}^{\lambda_k} e^{-\lambda} d\lambda = e^{-\lambda_k}$$

この右辺は $\lambda_k = np_k \fallingdotseq -\log 0.05 = 2.996$ のとき 0.95 になる。これから，$X = 0$ のとき，95％の「確率」で

$$\Theta \leq 0.0082 \tag{5.21}$$

である。(5.17) と (5.21) が，同じ区間を表していることに注意したい。

law）という）に仮定をおく．このような実験の場合，通常は互いに独立で同一のベルヌーイ分布 $B(1, \pi)$（ベルヌーイ試行）を仮定する．このようにしてわれわれは分析対象となるモデルに到達する．

統計分析では，確率変数を用いた理論的な枠組み（モデル；model）をデータに結びつける．この確率変数の分布が，少数の母数によって完全に定まるとき，そのモデルを母数モデル（parametric model）あるいは母数型モデルという．以下では，最尤法と呼ばれる，モデルの（未知）母数の汎用性の高い推定法について説明する．

5.4.2 尤度と最尤推定

各観測値の分布は，離散分布であれば，各点の確率 $p(x_k, \theta)$，$k = 1, \cdots$ 連続変数であればその密度関数 $f(x, \theta)$ によって表される．観測値が互いに独立で同一の分布に従うことを，分布を表す密度関数等の式，あるいは分布を表す記号を用いて $X_1, X_2, \cdots, X_n \sim$ i.i.d. $f(x, \theta)$ あるいは $X_1, X_2, \cdots, X_n \sim$ i.i.d. $B(1, p)$ などのように表す．

比率の推測では，モデルはベルヌーイ試行であり，各 X_i は互いに独立で，$P(X_i = 1) = \pi$，$P(X_i = 0) = 1 - \pi$ である．また，その実現値（データ）を $x_1, x_2, \cdots, x_n$ で表す．任意の数 a に対して，$a^0 = 1$ であるから，X_i の分布は一つの式 $p(x, \pi) = P(X = x) = \pi^x (1 - \pi)^{1-x}$，$x = 0, 1$. と表すことができ，独立性から，$X_1, X_2, \cdots, X_n$ の同時確率分布は

$$P\{(X_1, X_2, \cdots, X_n) = (x_1, x_2, \cdots, x_n)\}$$
$$= \pi^{x_1}(1-\pi)^{1-x_1} \times \cdots \times \pi^{x_n}(1-\pi)^{1-x_n} = \pi^y(1-\pi)^{n-y} \quad (5.22)$$

である．

さて，$n = 5$ で $(X_1, X_2, \cdots, X_5) = (1, 1, 0, 1, 0)$ が観測されているとしよう．点推定は，データに照らして適当と思われる π の値を 1 つ選ぶことである．理解を容易にするため，π は 0.2，0.5 のどちらかであることがわかっていると仮定する．(5.19) より $\pi = 0.2$ のとき，上の観測値が得られる確率

◆ ワンポイント 5.10　モデル

　独立同一標本（200 ページ）は，簡単すぎてモデルといわれることが少ない。むしろ，……の推定あるいは「……分布族の推定」などといわれる。モデルという名称は，「回帰分析モデル」のように，構造をもつものを指す場合に好んで用いられる。しかしながら，本来モデルは，現実世界の中で数量による表現になじむものを抽象化したものであるから，独立同一標本の枠組みも紛れもなくモデルである。

● クローズアップ 5.11　尤度関数のグラフ

　図 5.8 は，尤度関数 $L(\pi) = \pi^3(1-\pi)^2$ のグラフである。$L(\pi)$ は $\pi = 3/5$ で最大値 0.03456 をとる。

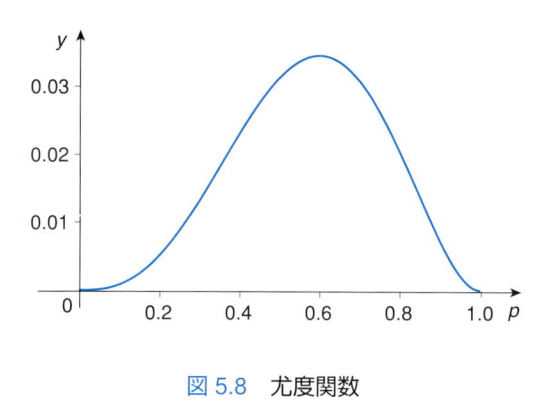

図 5.8　尤度関数

5.4　尤度に基づく推測　231

は 0.00512, $\pi = 0.5$ のとき 0.03125 である。つまり $\pi = 0.5$ のほうが, 実際の観測値 $Y = 3$ を得る確率が約 6 倍大きい。この事実を示されてどちらを選ぶかと問われれば, われわれは $\pi = 0.5$ のほうを選ぶ (べき) であろう。

π の値は, 実際には $[0, 1]$ のすべての値を取り得るが, 確率を判断基準にするこの「選び方」はそのまま適用できる。母数の「真値」が π のとき, 観測値 (データ) が得られる確率を π の尤度 (likelihood) という。尤度は π の関数である。これを尤度関数 (likelihood function) といい, $L(\pi)$ あるいは必要があれば観測値を明示して $L(\pi; x_1, x_2, \cdots, x_n)$ のように表す。尤度関数を最大にする π の値を, π の推定値とする方法を最尤法といい, その結果得られる推定値を最尤推定値 (maximum likelihood estimate) という。推定値を標本の確率変動に伴って変化する確率変数であるとみなすとき, これを最尤推定量 (maximum likelihood estimator; MLE) という。最尤法は, 母数型モデルの推定に, 少なくとも原理的には常に (母数が複数個ありモデルが複雑な場合は, 尤度を最大にすることが, 数値的にも容易でないことがあるが) 適用でき, また 5.4.4 項に述べるように多くの場合にその「良さ」が保証されている極めて便利な推定の方法である。

上の例では, $L(\pi) = \pi^3 (1-\pi)^2$ である。$L'(\pi) = \pi^2 (1-\pi)(5\pi-3)$ だから, $\pi = 3/5$ で最大値 (0.03456) をとることがわかる。最尤推定値 $\hat{\pi}$ は $\hat{\pi} = 3/5$ である。なお, これは標本比率に一致するが, このことは偶然ではなく, 一般に比率 π の最尤推定値は標本比率である。

【メモ 5.1】 独立標本に基づく母集団比率の推定問題では, 最尤推定値は標本比率と一致する (問題 5.10)。

● 対 数 尤 度

尤度 $L(\theta; x_1, x_2, \cdots, x_n)$ の対数を, 対数尤度 (log-likelihood) といい, $l(\theta; x_1, x_2, \cdots, x_n)$ と書く。尤度の最大化は, 対数尤度の最大化と同値である。独立標本では, その確率分布は

$$p(x_1, \cdots, x_n; \theta) = p(x_1; \theta) p(x_2; \theta) \cdots p(x_n; \theta)$$

● クローズアップ 5.12　ブートストラップ法

　母数モデル（すなわち特定の確率分布）を前提にしない，母集団特性についての推論を，非母数的あるいはノンパラメトリックな推論（nonparametric inference）という。ここではその一部を簡単に紹介する。

　観察された標本を（疑似）母集団とみなして，ここから改めて標本抽出をすることを想定して，統計量の性質を調べ，もともとの母集団の推測に役立てる方法を，ブートストラップ法（bootstrap）という。地球密度データ（表 5.3）をもとに中央値の区間推定にこれを適用する。$N = 29$ の疑似母集団 $(x_{(1)} \leq x_{(2)} \leq \cdots \leq x_{(N)})$ から $n = 29$ の（疑似）標本を取り中央値を求める（1 から 29 までの番号から重複を許して 29 個の番号を無作為に選び，その番号の中央値を M とすると $x_{(M)}$ が標本の中央値である）。

　図 5.9 は，上のような標本抽出を 10,000 回繰り返して得た M の（実現値の）分布である（順序の理論分布が対称であるので対称化した）。ここで，事象 $11 \leq M \leq 19$ の相対度数（確率の推定値）は 94.9％ である。

　疑似母集団からの，大きさ $n = 29$ の疑似標本の中央値 X_M^* について

$$P(x_{(11)} = 5.39 \leq X_M^* \leq 5.57 = x_{(19)}) \fallingdotseq 95\%$$

すなわち，疑似標本中央値 X_M^* と疑似母集団中央値 $x_M^* = x_{(15)} = 5.47$ の差について

$$P(5.39 - 5.47 = -0.08 \leq X_M^* - x_M^* \leq 0.10 = 5.57 - 5.47) = 95\%$$

である。この確率評価が標本中央値 X_M と真の母集団中央値 x_M についても（近似的に）成り立つとすると，つぎのような母集団中央値 x_M の水準 95％ の（ブートストラップ）信頼区間

$$5.47 - 0.10 = 5.37 \leq x_M \leq 5.55 = 5.47 - (-0.08)$$

が得られる。

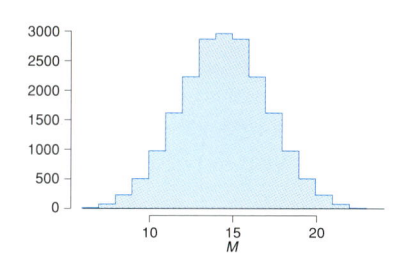

図 5.9　順位の分布

と積の形に表されるが，積を和に変える対数の性質から，対数尤度は，

$$l(\theta, x_1, x_2, \cdots, x_n) = \sum_{i=1}^{n} \log p(x_i, \theta)$$

と，各 x_i に対応する成分 $l_i(\theta, x_i) = \log p(x_i, \theta)$ の和として表されるので，大数法則，中心極限定理などが適用でき，尤度あるいは最尤推定量の性質を論じることができる．

5.4.3　推定精度の限界

推定量の誤差は小さいことが望ましい．しかし，不確実な情報に基づく推測であるから，誤差をなくすことはできない．誤差の原因は推定量のバラツキすなわち分散である．分散を 0 にすることは簡単である．データのいかんにかかわらず，たとえば $\hat{\pi} = 0.5$ とすればよい．推定の目的は，しかし，データに基づいて未知の母数に近い値を得ることである．そのため，未知母数がどのような値であっても，推定量が母数を中心に分布する「不偏性」，あるいは標本サイズの増加とともに推定量に確率的に近づくことを保証する「一致性」などが，推定量の資格として要請される．

次の定理は，上のような性質を満たす推定量に限定すると，分散をある限界以下にできないことを示すものである．

定理 5.2　クラメール＝ラオ（Cramér＝Rao）の不等式

$X_1, X_2, \cdots, X_n$ を，θ を母数とする離散型確率分布 $p(x_k, \theta)$, $k = 1, 2, \cdots$ に従う独立同一標本であるとし，$\hat{\theta}$ をこれに基づく θ の不偏推定量とする．このとき，平均 2 乗誤差 MSE（mean squared error）は

$$\mathrm{MSE}\left(\hat{\theta}\right) \geq \frac{1}{nI(\theta)} \qquad (5.23\mathrm{a})$$

ここで

$$I(\theta) = -\sum_k \frac{\partial^2 \log p(x_k, \theta)}{\partial \theta^2} p(x_k, \theta) \qquad (5.23\mathrm{b})$$

● **クローズアップ 5.13　最尤推定量**

以下に，さまざまな分布について，独立同一標本に基づく最尤推定量を示す（問題 5.12）。

(1) **ポアソン分布**　$X_1, X_2, \cdots, X_n \sim \text{Poisson}(\lambda)$ のとき最尤推定値は，標本平均である。

$$\hat{\lambda} = \frac{1}{n} \sum_{i=1}^{n} x_i \tag{5.24}$$

(2) **負の2項分布**　$X \sim \text{NB}(r, p)$ のとき最尤推定値は

$$\hat{p} = \frac{x}{r+x} \tag{5.25}$$

である。X は「r 回失敗するまでの成功の回数」であるから，$X = x$ のとき，試行回数は $r+x$，成功の回数は x であるから，$\hat{p}$ は，実際に行われた試行のうちの，成功の割合である。

(3) **正規分布**　$X_1, X_2, \cdots, X_n \sim \text{N}(\mu, \sigma^2)$ のとき，最尤推定値は

$$\hat{\mu} = \bar{x} = \frac{1}{n} \sum_{i=1}^{n} x_i \tag{5.26a}$$

$$\widehat{\sigma^2} = \frac{1}{n} \sum_{i=1}^{n} (x_i - \bar{x})^2 \tag{5.26b}$$

である。ここで，分散の推定の式で分母が n であって不偏分散ではないことに注意する。また，「広がりの母数」を，σ^2（を1つの変数）としても σ としても結果は，次のように同じである。

$$\hat{\sigma} = \sqrt{\frac{1}{n} \sum_{i=1}^{n} (x_i - \bar{x})^2} \tag{5.26c}$$

(4) **一様分布**　$X_1, X_2, \cdots, X_n \sim \text{U}[0,\theta]$ とする。このとき，θ の最尤推定値は，

$$\hat{\theta} = \max_{i} X_i \tag{5.27}$$

である。ただし，$\max_{i} a_i$ は $a_1, \cdots, a_n$ の最大値を表す。

5.4　尤度に基づく推測

である。$I(\theta)$ は フィッシャー（Fisher）情報量（Fisher's information measure）と呼ばれる（ここで ∂ は偏微分を表す記号であり，「ラウンド」と読む）。

★注意 5.3　不等式（5.23a）（クラメール＝ラオの不等式）は，不偏推定量の分散の下限，したがって標準誤差の下限を与える。もしある不偏な推定量が，この下限と同じ分散をもてば，これより小さい標準誤差（あるいは平均 2 乗誤差）をもつ不偏な推定量がないことを意味する。このようなとき，その推定量を 最小分散不偏推定量（minimum variance unbiased estimator）と呼ぶ。クラメール＝ラオの不等式による下限と同じ平均 2 乗誤差をもつ推定量を，有効推定量（efficient estimator）という。また，分散の下限を平均 2 乗誤差で割った値を，その推定量の 効率（efficiency）という。

なお，一般の推定量は，必ずしも不偏ではないが，少しばかりの仮定をおけば少なくとも近似的に（5.23a）が成り立つ。

[例 5.8]　標本比率の最適性　比率の推定にクラメール＝ラオの不等式を適用する。$x_1 = 0$, $x_2 = 1$ について，$\log p(0, \pi) = \log(1-\pi)$，$\log p(1, \pi) = \log \pi$，$\dfrac{\partial^2 \log p(0, \pi)}{\partial \pi^2} = -\dfrac{1}{(1-\pi)^2}$ および $\dfrac{\partial^2 \log p(1, \pi)}{\partial \pi^2} = -\dfrac{1}{\pi^2}$ である。これより，フィッシャー情報量は

$$I(\pi) = n\left(\frac{1}{1-\pi} + \frac{1}{\pi}\right) = \frac{n}{\pi(1-\pi)}$$

であり，定理 5.1 から不偏推定量の分散の下限 $\dfrac{\pi(1-\pi)}{n}$ を得る。これは標本比率による推定量の分散すなわち平均 2 乗誤差と一致する。したがって，「標本平均は（不偏推定量の中で）平均 2 乗誤差が最も小さい推定量である」ことが示された。

5.4.4　最尤推定量の特徴

最尤推定量は，次にあげるような良い性質をもち，統計分析で広く用いられている。

(1)　**形式性**　最尤法は，モデルの下でのデータの確率分布が得られさえすれば，信頼区間などの推測も含めて，形式的に適用できる。これは，極めて便利な特徴である（新しい問題についても教科書などに頼る必要がない）。

● クローズアップ 5.14　平均の推定

　正規母集団の平均の最尤推定量は，標本平均である．他の分布では，必ずしもこの事実が成り立たない．t 分布は，その確率密度関数が一見して（対称性，単峰性など）正規分布に似ているが，標本の性質はかなり違う．正規分布の密度関数は，平均値から離れるに従って急速に小さくなる．つまり，「外れ値」が発生しない．t 分布ではこれに対して，(とくに自由度が小さいとき) 裾が重く外れ値が出やすい．

　自由度 m の t 分布の密度関数は

$$f(t\,;m) = \frac{c(m)}{\left(1 + \dfrac{t^2}{m}\right)^{(m+1)/2}} \qquad (5.28)$$

であることが知られている．ここで，$c(m)$ は m だけに依存する定数である．$T_m \sim t(m)$ のとき，

$$\mathrm{E}(T_m) = 0 \quad m \geq 2, \quad \mathrm{V}(T_m) = \frac{m}{m-2} \quad m \geq 3 \qquad (5.29)$$

である．なお，この分布は $m \leq 1$ では，期待値が存在せず（期待値を定義する積分が発散する），$m \leq 2$ では分散が存在しない．

　さて，$t(m)$ 分布の密度関数 (5.28) を，左右にずらした分布の全体からなるモデルを考えよう．$m = 3$ とし，$X_1, X_2, \cdots, X_n \sim f(t-\theta, 3)$ とする（一般に，連続な確率変数 X の分布の密度関数が $f(x)$ であるとき，$X+\theta$ の密度関数は $f(x)$ を右に θ だけずらした，$f(x-\theta)$ である．θ が任意の実数値をとるときの分布の全体によって表されるモデルを，位置型分布モデル (location model) という）．$m = 3$ のとき (5.29) から母分散は 3 であるから，標本平均によって母平均 θ を推定するとその平均 2 乗誤差は，$\mathrm{MSE}(\bar{X}) = \dfrac{3}{n}$ である．一方，このモデルについて，フィッシャー情報量は

$$I(\theta) = \frac{m+1}{m+3} = \frac{2}{3} \qquad (5.30)$$

であることが知られている．最尤推定量では（漸近的に）$\mathrm{MSE}(\hat{\theta}) = \dfrac{3}{2n}$ で，最尤推定量の精度は標本平均の精度の 2 倍であることがわかる．

(2) **一致推定量である** 最尤推定量は，ゆるい仮定をおけば一致推定量であることが証明されている。しかしながら，必ずしも不偏ではない。比率の例では最尤推定量は標本比率であり，不偏であるが，正規分布における分散の最尤推定量は，偏差平方和を n で割って得られ，いわゆる不偏分散ではない。また負の2項分布において，比率 p の最尤推定量も不偏ではないことが知られている。

(3) **有効な推定量である** 独立同一標本において，n が十分大きく X_i の分布が適当な条件（regularity condition）を満たすとき，母数 θ の推定量 $\hat{\theta}$ の分布は，$N\left(\theta, \dfrac{1}{nI(\theta)}\right)$ である。数学的に正確に表現すると，$\sqrt{nI(\theta)}\left(\hat{\theta} - \theta\right)$ の分布が $n \to \infty$ のとき，$N(0, 1)$ に近づく。$n \to \infty$ のとき成り立つ性質を，漸近的（asymptotic）な性質という。ゆるい仮定の下で最尤推定量は，漸近的に正規分布に従いかつ有効（best asymptotically normal，BAN という）な推定量であることが知られている。

このことから，次のような，θ についての（近似的な）信頼区間が得られる。

$$\hat{\theta} - \dfrac{z_{\alpha/2}}{\sqrt{nI(\hat{\theta})}} \leq \theta \leq \hat{\theta} + \dfrac{z_{\alpha/2}}{\sqrt{nI(\hat{\theta})}} \tag{5.31}$$

通常，フィッシャー情報量は未知母数に依存するから，上のように，母数をその推定量で置き換える必要がある。

★**注意 5.4 適用の限界** 最尤法は，モデルを前提にするので，モデル（分布）が曖昧な場合適用できない。「母集団平均の推定」は，母集団分布についての仮定がなければ，この方法を適用することができない。

またモデルに関する仮定が成り立たないとき（想定している分布が実際と違っている場合など），何が起こるかは完全には予想できない（クローズアップ 5.12）。

5.4.5 十分統計量

ベルヌーイ試行の観測値 $x_1, x_2, \cdots, x_n$ に基づく母集団比率 p の推測で，尤度関数（5.22）したがって推定値は，$y = x_1 + \cdots + x_n$ のみによって表されることを見た。つまり試行における「成功」回数だけが推定に用いられそ

標本平均が悪い理由の一つは，t 分布では，「外れ値」が比較的頻繁に発生するが，このとき「平均」がこれに引きずられて，大きく母平均から乖離するためである。最尤推定量は，$X_1, X_2, \cdots, X_n$ の関数として（平均のようには）陽に記述できないが，最大化のプロセスの中に，「外れ値」をうまく処理する機能が組み込まれていると考えられる。このため，母集団分布が正確に t 分布でなくても，分布の裾が重いと考えられる場合，適当な裾の重い分布のモデルを用いて最尤法を適用すると，標本平均よりよい結果が得られると予想される。

9 個の正規乱数 $(x_1, x_2, \cdots, x_9 \sim N(0, 3))$ に，1 個の外れ値 $x_{10} = 20$ を加えた架空のデータ

$$\mathcal{X} = (2.35, -1.61, 2.14, 1.78, 0.26, 0.11, 3.74, -1.45, -0.96, 20)$$

を作成し，正規分布 $N(0, 3)$ および $t(3)$ に基づく位置型分布モデルの尤度のグラフを描くと，それぞれ図 5.10 および図 5.11 のようになる。

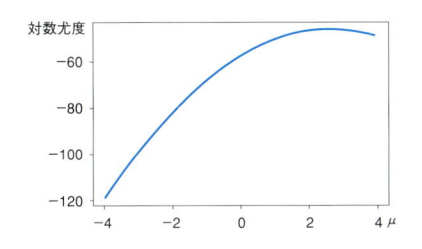

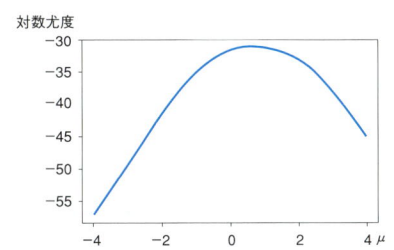

図 5.10 対数尤度関数（正規分布モデル） **図 5.11** 対数尤度関数（t 分布モデル）

正規分布モデルの対数尤度関数は，$\theta = \bar{x} = 2.636$ で最大 (-45.89) であるのに対し，t 分布モデルでは，$\theta = \hat{\theta} = 0.646$ 最大 (-31.03) である。われわれの目的が，外れ値を除く 9 個の乱数の母集団平均 ($\theta = 0$) の推定であるならば，t 分布モデルの最尤推定値 $\hat{\theta}$ のほうが，望ましいことがわかる。

これはたまたま（乱数として抽出された）一組の標本に基づいた比較にすぎないが，母集団を考慮しなくても，「外れ値」として，データに組み入れた値を除いた 9 個の数値の平均は 0.707 であるという事実を見れば，やはり $\hat{\theta}$ のほうが良いことが確認される。

の生起の順序は用いられていない．最尤推定量 $\hat{p} = Y/n$ は最良な（最小分散）推定量であるから，「順序の情報」は，推定に何の改善ももたらさず，「要約された」統計量 $Y = X_1 + \cdots + X_n$ だけに基づいて推定を行えばよいことがわかる．このようなとき，統計量 Y は（考えているモデルに対して）十分（sufficient）であるという．

定理 5.3　ラオ=ブラックウェル（Rao=Blackwell）の定理

　Y を母数型モデルの母数 θ に関する十分統計量，$\hat{\theta}$ を母数の任意の推定量とする．このとき，Y のみに依存する θ の推定量 $\hat{\theta}^*$ で次の性質をもつものが存在する．母数の「真値」が，いかなるものであっても，

$$\mathrm{E}(\hat{\theta}^*) = \mathrm{E}(\hat{\theta}), \qquad \mathrm{V}(\hat{\theta}^*) \leq \mathrm{V}(\hat{\theta})$$

証明のヒント：$\hat{\theta}^* = \mathrm{E}(\hat{\theta} | Y)$ （Y を与えたときの $\hat{\theta}$ の条件付期待値とすればよい．十分統計量の定義によりこの条件付期待値が未知母数 θ によらないことに注意する（問題 5.13）．

5.5　数学的知識の補足

● (5.1) の証明（204 ページ）

　母集団の各要素の値を x_j, $j = 1, \cdots, N$ とする．復元抽出だから，各 X_i, $i = 1, \cdots, n$ は互いに独立で各 x_j, $j = 1, \cdots, N$ を確率 $1/N$ でとる．したがって，母平均 μ からの偏差の 2 乗の期待値は $\mathrm{V}(X_i) = \mathrm{E}(X_i - \mu)^2 = \frac{1}{N} \sum_{j=1}^{N} (x_j - \mu)^2 = \sigma^2$ である．偏差の 2 乗和の期待値は，したがって，$E\left\{\sum_{i=1}^{n} (X_i - \mu)^2\right\} = \sum_{i=1}^{n} \mathrm{E}(X_i - \mu)^2 = n\sigma^2$ となる．また，公式 (5.5) から $\mathrm{V}(\bar{X}) = \frac{\sigma^2}{n}$ である．平方和の分解の公式から $\sum_{i=1}^{n} \mathrm{E}(X_i - \bar{X})^2 = \sum_{i=1}^{n} X_i - \mu^2 - n(\bar{X} - \mu)^2$，この期待値をとって

◆ ワンポイント 5.11　平均のロバスト推定

外れ値に左右されにくい統計的方法をロバスト（robust）であるという。標本平均はこれにあたらない。平均のロバスト推定には，剪端平均（trimmed mean），M-推定量（M-estimator）などがしばしば用いられる。

平均は，偏差平方和を最小にする母数 θ の値である。偏差平方和はデータと母数のズレの大きさを評価すると考えられる。これに対し M-推定法は，ズレの大きさを平方和ではなく別の（図 5.12 のように大きな偏差をあまり大きく評価しない）関数（ペナルティ関数という）の和で評価する方法である。

クローズアップ 5.12 の最尤法は，M-推定量の一種と見ることもできるが，尤度すなわちペナルティ関数が複雑であるのであまり用いられないようである。

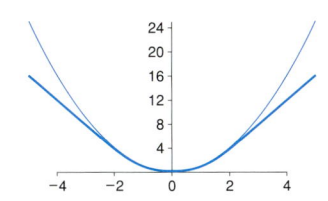

図 5.12　ペナルティ関数の例

◆ ワンポイント 5.12　十分統計量

一般に，観測値 $X_1, X_2, \cdots, X_n$ に基づく統計量 Y について，Y を与えたときの $X_1, X_2, \cdots, X_n$ の条件付分布が，母数 θ によらないとき，Y を θ に関する十分統計量（sufficient statistic）という。

ある確率変数の分布が，母数 θ に無関係であれば，その実現値を得る確率に基づいて，異なる母数の中から一つを選択する根拠がない。すなわち，そのような変数は母数についての情報を全くもたないといえる。条件付分布についても，同様であるから，Y が上の意味で十分統計量であれば，それ以上のデータの詳細は不要であり，Y のみを用いれば「十分」であると考えられる。

実際，定理 5.3（ラオ＝ブラックウェルの定理）がこの考えを裏付けるものである。

$$\mathrm{E}\left\{\sum_{i=1}^{n} X_i - \bar{X}^2\right\} = \mathrm{E}\left\{\sum_{i=1}^{n} X_i - \mu^2\right\} - n\mathrm{E}\left(\bar{X} - \mu\right)^2 = (n-1)\sigma^2$$

となる。

━━━━━━━━━━ 問　題 ━━━━━━━━━━

5.1　クローズアップ 5.1 の非復元抽出問題で $X_1, \cdots, X_4$ の周辺分布は母集団の各値に 1/8 の確率を与えたものであることを示せ（この問題の基本事象は，$\{X_1 = x_1, X_2 = x_2, X_3 = x_3, X_4 = x_4\}$ で，標本の値 $(x_1, \cdots, x_4)$ は，表 5.1 に与えられた母集団の 8 個の値から 4 つとって順にならべたものである．標本空間は，$\binom{8}{4} = 70$ 個の順列に対応する基本事象の全体である）。

5.2　(5.4) を証明せよ。
ヒント：$\hat{\theta} - \theta = \left\{\hat{\theta} - \mathrm{E}\left(\hat{\theta}\right)\right\} + \left\{\mathrm{E}\left(\hat{\theta}\right) - \theta\right\}$ とし，この分解の第 1 項の期待値が 0 であり，第 2 項は「定数」であることを使えばよい。

5.3$^{(**)}$　平均 μ，分散 σ^2 で大きさが N の母集団から「無作為に非復元抽出された大きさ n」の標本を $X_1, X_2, \cdots, X_n$ とする。このとき，X_1, X_2 の間の共分散は
$$\mathrm{Cov}\left(X_1, X_2\right) = -\frac{\sigma^2}{N-1}$$
であることを示しなさい。
ヒント：母集団の各要素を $x_1, x_2, \cdots, x_N$ とする。(X_1, X_2) の取り得る値の組は $N(N-1)$ 通りある。これらがすべて，等確率で（無作為に）現れるから
$$\mathrm{Cov}\left(X_1, X_2\right) = \frac{\sum^{*}\left(x_i - \mu\right)\left(x_j - \mu\right)}{N(N-1)} = \frac{\left\{\sum_{i=1}^{N}\left(x_i - \mu\right)\right\}^2 - \sum_{i=1}^{N}\left(x_i - \mu\right)^2}{N(N-1)}$$
である。ここで $\sum^{*}$ は，$1 \leq i, j \leq N$ であって，$i \neq j$ であるような (i, j) の組すべてについての和を表す。

5.4$^{(**)}$　問題 5.3 と同じ設定で，$V(\bar{X})$ が (5.6) で与えられることを証明しなさい。
ヒント：$V\left(\sum_{i=1}^{n} X_i\right) = \sum_{i=1}^{n} V(X_i) + \sum_{i \neq j} \mathrm{Cov}(X_i, X_j)$ であることを利用する。ただ

し，$\sum_{i \neq j}$ は $i \neq j$ であるすべての (i, j) の（$n(n-1)$ 個の）組についての和を表す．

5.5 受講生 300 名のクラスの期末試験の採点を行い．最初の 60 名分を採点したところ，その平均点・標準偏差が，それぞれ 57.2 点，17.2 点であった．これに基づいて，全受講生 300 人の平均点の 99％信頼区間を求めなさい．正規分布の上側 0.5％点は，表 4.7（181 ページ）を参照のこと．

5.6 問題 5.5 において，「超母集団」を考え，その「平均」の推測を行うことにどのような意味があるかを考えなさい．

5.7 ある集団の身長の標準偏差は，$\sigma = 5.5$ であるとする．この集団の平均身長の 95％信頼区間の長さを 1 cm とするためには，標本の大きさ n をいくらにすればよいか．ただし，母集団は十分大きく抽出率は 0 として求めなさい．

5.8 問題 5.5 と同じ状況で，全受講生 300 人の平均点の 95％信頼上界を求めなさい．また，99％信頼上界も求めなさい．

5.9 M 大学の柔道部員 25 人について，その身長を測ったところ，平均・不偏分散はそれぞれ，$\bar{x} = 171.2$，$s_x^2 = 16$ であった．これに基づいて，正規母集団を仮定しその平均および分散の 90％信頼区間を，それぞれ求めなさい．
また，ここでは，「母集団」はどのようなものであるか，各自考えなさい．

5.10 ベルヌーイ試行における π の尤度 (5.22) は $\pi = \dfrac{y}{n}$ のとき最大になることを示しなさい．

5.11 クローズアップ 5.11 を示しなさい．
ヒント：(1) $X_1, X_2, \cdots, X_n \sim \text{Poisson}(\lambda)$ のとき，対数尤度は

$$l(\lambda, x_1, x_2, \cdots, x_n) = \sum_i \log(x_i!) + \sum_i x_i \log \lambda - n\lambda \tag{5.32}$$

である．これを，λ について最大化する．
(2) $X_1, X_2, \cdots, X_n \sim \text{N}(\mu, \sigma^2)$ のとき，対数尤度は

$$l(\mu, \sigma^2, x_1, x_2, \cdots, x_n) = -\frac{n}{2}\log(2\pi) - \frac{n}{2}\log v - \frac{1}{2v}\sum_i (x_i - \mu)^2$$

である．ここで，$v = \sigma^2$ とおいた．

(3) $X_1, X_2, \cdots, X_n \sim \mathrm{U}[0, \theta]$ とする．この密度関数は $\frac{1}{\theta^n}$，$0 \leq$ すべての $x_i \leq \theta$ である．θ が小さければ密度関数は大きい．したがって，尤度の最大化は $x_i \leqq \theta$ を満たす範囲での θ の最小化である．

5.12[**] $X_1, X_2, \cdots, X_5$ を $P(X_i = 1) = p$ のベルヌーイ試行列とする．$Y = X_1 + \cdots + X_5 = 3$ のときの $X_1, X_2, \cdots, X_5$ の条件付分布を求めなさい．

$\hat{p} = X_1$ とすると，これは p の不偏推定量であることを示し，さらに $\mathrm{E}(\hat{p} \mid Y)$ が標本平均 $\dfrac{Y}{5}$ であることを示しなさい．

5.13 シミュレーションの誤差 例 5.3 で，100,000 回の繰返しによるシミュレーションを行った．繰返しの各回ごとに，大きさ $N = 120$ の母集団（ゲームの得点データ）からの，大きさ $n = 20$ の非復元抽出標本の平均 $\bar{X}$ を 1 つ作成する．この結果，確率変数（標本平均）$\bar{X}$ の実現値が 1 つ得られる．

(1) 母集団分布の平均・分散は，それぞれ 89.98，223.18 である．$\bar{X}$ の期待値，分散を求めなさい．

(2) $\bar{X}$ の「シミュレーション分布」の平均・不偏分散は，それぞれ 89.987，9.325 であった．これに基づいて，$\bar{X}$ の期待値の 95％信頼区間を求めなさい．

第6章 仮説の検定

　「推測の枠組み」では，データは母集団から抽出された無作為標本と考える。標本は偶然に左右されるから，標本の特性と母集団特性は（似ていることが期待できるが）同じではない。標本に基づいて母集団についての推論を行う場合は，「偶然変動」を考慮に入れる必要がある。ここでは，母集団についてある仮説をたて，その真偽を実験・調査などによって得られる標本によって確かめる方法（これを統計的仮説検定（statistical hypothesis testing）あるいは単に仮説検定という）を説明する。

6.1　仮説検定の考え方
6.2　比率と平均の検定
6.3　2母集団の比較
6.4　適合度検定

6.1 仮説検定の考え方

あるコインが歪んでいないかどうかを知りたいとする。歪んでいなければそのコインを投げたとき表の面の出る確率 p は $1/2$ であり，一方，コインが歪んでいれば $p \neq 1/2$ と考えられる。(その) コインを多数回投げてみれば，大数法則により「表」の相対度数（これは p の推定値 $\hat{p}$ である）は p に近づくと期待できる。$\hat{p}$ が $1/2$ に近いかどうか —— あるいはこれと同等であるが X が $n/2$ に近いかどうか —— を観察すれば，$p = 1/2$ すなわちコインが歪んでいないかどうかを判断することができる。

真偽を判定したい命題を<u>仮説</u>（hypothesis）といい，この真偽を判定することを，その仮説の<u>検定</u>（test）という。仮説は，日常の言葉で表現すれば「コインは歪んでいない」であるが，検定論の枠組みでは，標本の分布を特定するという形式で表現される。n 回のコインを投げる実験中に表が出る回数 X は，2項分布 $B(n, p)$ であることを前提として，われわれの仮説は「$p = 1/2$」と表される。

さて，実験結果は偶然に支配されるから，$p = 1/2$ であっても $\hat{p}$ は正確に $1/2$ になるわけではない。実際に観察された結果 $\hat{p}_{\text{obs}}$（本節では，確率変数とその実現値（データ）との混同を避けるため，実現値には X_{obs} のように添え字 $_{\text{obs}}$ をつけて表す）と $1/2$ のズレを偶然変動の結果とみなすことができるかどうかを，判断しなくてはならない。ズレの程度は「コインの歪みがない（$p = 1/2$）と仮定したとき，観察されたズレ以上のズレが起こる確率」$P(|\hat{p} - 1/2| \geq |\hat{p}_{\text{obs}} - 1/2|)$ によって評価する。この確率を <u>P-値</u>（p-value）という。P-値は，仮説 $p = 1/2$ と観測された相対度数 $\hat{p}$ の「近さ」あるいは「仮説の信頼度」を評価する。P-値が大きければ，その程度のズレはしばしば起こることであるから，仮説は観測結果と矛盾しないと考える。逆に小さい P-値は，仮説とデータの矛盾を表すと考えられる。

コインが歪んでいるかどうかについて，YES か NO かの判断を下す必要がある場合は，P-値が，あらかじめ定めた一定値（これを<u>有意水準</u>（significance

● コラム 6.1　統計学の源流④ ●

図 6.1　アーバスノット
（1667−1735）

スコットランド出身のアーバスノット（J. Arbuthnot）は，数学，医学（一時期女王アン 2 世の侍医であった），文学（風刺作家として有名でスウィフトと親交があった）など様々な分野で活躍した才人で，英語で出版された最初の確率論の書『偶然の法則』を表している。

観察された事実の確率をある前提で評価することによってその前提条件の妥当性を論じたのは —— これは現代の検定論に通ずる —— アーバスノットが最初といわれている。1710 年に，ロンドン王立協会誌で発表した論文で，グラントの「諸観察」にならって，1629−1710 年のロンドンにおける男女の出生（受洗）数を調べ，すべての年で男児数が女児数を上回っていること（男女の数を決定するのが「偶然」であるならばコインの表裏と同じようにどちらの性が多いかが決まるから），その確率が $\left(\frac{1}{2}\right)^{82} \leq$ 1 兆分の 1 の 1 兆分の 1 であることを示し，出生を支配しているのは「偶然（Chance）」ではなく「作為（Art）＝神の摂理」であることを主張した。18 世紀初頭まで，偶然とは正しいサイあるいはコイン投げの結果のことであったようである。社会集団現象の規則性に神の意志を見る雰囲気（ジュースミルヒ；J.P. Süßmilch, 1706−1767）の有名な『神の秩序』はその代表である）は，この後もしばらく続いた。

このデータはその後何人かが解析を試みた。ニコラス・ベルヌーイ（213 ページ）は，男児数が（$p = 1/2$ でない）2 項分布に従っている —— つまり神の意志ではなく確率法則によって現象を説明しようとして —— ことを示そうとした。ニコラスは，2 項確率についての伯父のヤコブの評価式を精密化した独自の近似式を用いて，$p = 18/35$, $n = 14000$（なぜこの比率かは不明）のとき，$P(7037 \leq X \leq 7363) > 0.9776$ であることを述べ，各年の男児比が（$n = 14000$ に揃えたとする）と，11 の「外れ値」をのぞきこの範囲に入り，2 項分布がデータをよく説明しているとした。この議論は，少しおかしい（問題 6.18）が，彼の近似式は，しばらく後のド・モアブルによる中心極限定理による近似の一歩手前まで接近していると評価されている。

level) といい，習慣的に記号 α（アルファ）で表す。危険率ともいう）以下であるとき，観察されたズレ $|\hat{p}_{\text{obs}} - 1/2|$ が偶然変動と考えるには大きすぎるとみなして，コインに歪みがないという仮説を否定する。このように判断するとき，仮説を棄却する (reject) という。一方，P-値が有意水準より大きければ，ズレは偶然変動の範囲内とみなし，われわれは仮説を受容する (accept)。有意水準は 5% が最もよく用いられる。なお，有意水準 α を（P-値より）小さくすると仮説は棄却されない。α を大きくしていくと，ちょうど P-値を境にして仮説が棄却されるようになる。つまり，P-値は仮説が受容される最小の（仮説が棄却される最大の）有意水準と考えてよく，このため P-値を臨界水準 (critical level) ということもある。

実際にコインを $n = 100$ 回投げ，表が $X_{\text{obs}} = 61$ 回出たとしよう。仮説が正しいとき，表の回数 X の分布は 2 項分布 $B(100, 0.5)$ である。「相対度数 $= 1/2$」に対応する X の値は 50 であるから，「ズレ」の大きさは 11 である。これに対応する P-値 $P(|X - 50| \geq 11)$ は，2 項分布の確率の公式 (4.35) (162 ページ) により計算すると 3.52% である。したがって，有意水準 5% では仮説 $p = 1/2$ は棄却される。

同じ実験で，表が $X = 40$ 回ではどうか？ このとき「ズレ」は 10 であり，対応する P-値は $P(|X - 50| \geq 10) = 5.69\%$ であるから，有意水準 5% で仮説は受容される。

上の検定では，$T = |X - 50|$ に基づいて判断を下した。検定で判断の基準として用いられる統計量を検定統計量 (test statistic) という。上の議論から，検定統計量 T について $T \geq 11$ であれば，P-値は有意水準 5% より小さく，仮説は棄却されることがわかる。T についてのこの領域を棄却域 (critical region) という。反対に仮説が受容される領域 $\{T \leq 10\}$ を受容域 (acceptance region) という（X についての領域 $\{X \geq 61\}$ または $\{X \leq 39\}$ を棄却域，$\{40 \leq X \leq 60\}$ を受容域ということもある）。また，T がこれ以下であれば仮説が棄却されないという限界の値（ここでは $T = 10$）を臨界値 (critical value) という。検定を行うときは，実験結果から P-値を計算し

● クローズアップ 6.1　仮説検定の例①

仮説 $p = 1/2$ の検定の少し現実味のある応用例を述べる。

東京都における交通事故による死亡者数は，2001 年に 376 人，2002 年には 359 人であった。これから見るとこの 2 年間で死亡者数は減少傾向にあったといえそうである。しかし，交通事故はランダムな現象であるから，2 年間の死者数の減少は，偶然変動による「見かけ」の現象かもしれない。したがって，死者数の減少を，たとえば死亡事故が起きる環境が改善されているという結論に結びつけるためには，観察された結果が偶然変動では説明できないことを確かめる必要がある。

この問題は次のように分析する。簡単のため，735 の死亡が独立に発生していると仮定する。大きな事故で複数の死者が発生することはないこと，東京都の人口が大きく事故死の確率は極めて小さいことなどが成立すればこの仮定が満たされる。さて，2 年間で合計 735 人が事故で死亡している。2 年間で事故に遭った人の各々について，その事故発生が 2001 年である確率（2001 年，2002 年の 2 年間に事故に遭遇したという条件の下での条件付確率）を p とする。735 人中 01 年に死亡する人数は，2 項分布 $B(735, p)$ に従う。つまり，2001 年，2002 年度にまたがる合計 735 人の事故死のうち 01 年度の死亡数 X の分布は 2 項分布 $B(735, p)$ であることに注意し，これを前提に以下の話を進める。

観測された死亡者数の差が偶然変動の結果である，すなわち事故死の発生の可能性に 2001 年，2002 年で差がなければ，735 人の各々について 2001 年に事故に遭う確率 p は $1/2$ である。$n = 735$ はかなり大きいから 2 項分布は正規分布でよく近似できる。$\mathrm{E}(X) = 735/2 = 367.5$，$\sigma(X) = \sqrt{735 \cdot \frac{1}{2}\left(1 - \frac{1}{2}\right)} = 13.56$ である。X を標準化すると，$z = (376 - 367.5)/13.56 = 0.63$ である。これに対応する P-値は，$P(|Z| \geq 0.63) = 0.53$ である。つまりこの程度のズレは偶然変動の結果 2 回に 1 回は起き，これはごく当たり前の「偶然変動」であるから，東京都の交通事故を巡る環境が変化したとは断定できないことになる。

なくても判断を下すことができるよう，あらかじめ，臨界値を求め棄却域と受容域を定めておくものとされている。

6.1.1　仮説検定の論理

●検定における誤判断

仮説検定は，「仮説」の真偽を決定する問題と考えることができる。このプロセスでは，誤った決定（判断）を下す可能性が完全には除去できない。表6.1 は，仮説の真偽と決定（受容，棄却）の 4 通りの組合せについて，決定の正誤を記したものである。

仮説が正しい（真の）とき，仮説を受容することが望ましく，棄却することは誤りである。逆に仮説が正しくない（偽の）ときは，仮説を棄却することが正しい判断であり，受容することは誤りであってできるだけこれは避けたい。前者のような誤りを 第1種の誤り（type I error）といい，後者のような誤りを 第2種の誤り（type II error）という。

●帰無仮説

標本は偶然変動を伴うから，誤りを犯すかどうかも確率的な現象である。前項冒頭のコインを 100 回投げる実験の結果に基づいて，「表」の確率 p が $1/2$ であるかどうかを判断する検定を再び考える。正しいかどうかを検定したい仮説をとくに 帰無仮説（null hypothesis）ということがある。帰無仮説には記号 H_0 を用い「$H_0 : p = \dfrac{1}{2}$」のように表す。検定では，「帰無仮説 H_0 が正し（コインに歪みが無）ければ，あまり起こりそうもない」ほど，$T = |X - 50|$ が大きいときに，真である帰無仮説が「誤って棄却される」。仮説が真のとき，T がその程度以上大きくなる確率（P-値）が有意水準（α）以下である場合に棄却されるのであるから，誤りの確率は有意水準 α 以下である。

●対立仮説と検出力

帰無仮説が真でない場合に想定される状況（ここでは p の値）を 対立仮説（alternative hypothesis）といい，記号 H_1 で表す。対立仮説として仮に

表 6.1 検定の誤判断

仮説＼決定	受容	棄却
真	正	誤（第1種）
偽	誤（第2種）	正

◆ **ワンポイント 6.1 検 定**

「検定」はデータが母集団からの標本であるという場合に行われることはいうまでもない。たとえば、「50人のクラスで男子学生が23人いるとき、クラスの男子学生の割合が半数以下であるといってよいか？」等という質問を受けることがある。このような場合、その特定のクラスについていえば、当然 YES である。このクラスについては「全数」を調べており、男子学生が半数以上というのは紛れもない事実であるからである。一方、もしこのクラスの50人をもっと大きい集団の一部（すなわち、「無作為」であるかどうかはさておき、一種の標本）であるとすれば、検定の対象になり得る。

● **クローズアップ 6.2 実水準と名目水準**

第1種の誤りの確率が有意水準「以下」になるのは、検定統計量 T が離散型であるために、P-値がちょうど α となる T の値が存在しないためである。検定統計量の分布が連続型であれば、P-値が有意水準と一致するように臨界値を定めることができる。第1種の誤りの確率を検定の サイズ（size）または 実水準（actual level）といい、α を 名目水準（nominal level）といって区別することもある。T がちょうど臨界値（248ページの例では $T = 10$）であるときに、そこでの P-値と有意水準の差を埋めるため、一定の確率で仮説を棄却することにする検定方式（確率化検定；randomized test）も考えられている。ただし、これは実際に使われることはほとんどない。

6.1 仮説検定の考え方　251

$p = 0.65$ としてみよう。このとき「表」の数 X の分布は $B(100, 0.65)$ であり，帰無仮説が「誤って受容される」確率（すなわち第 2 種の誤りの確率）を β とすると $\beta = P(40 \leq X \leq 60 \mid p = 0.65) = 17.2\%$ である。対立仮説の下で「正しい判断をして」帰無仮説を棄却する確率を <u>検出力</u>（power）という。検出力は $1 - \beta (= 82.8\%)$ である。

検出力は高い（第 2 種の誤りの確率が小さい）ことが望まれる。検出力は，（対立仮説の下で，帰無仮説を）棄却する確率であるから，棄却域が広いほど高くなる。棄却域は有意水準を大きくすることで拡げることができるが，これは第 1 種の誤りを大きくすることを意味する。つまり，第 1 種と第 2 種の誤りの確率は，相反する（trade-off の）関係にある。

★注意 6.1　一般に（頻度主義の立場からの）仮説検定論においては，第 1 種の誤りを一定の値 α 以下にしたうえで，検出力ができるだけ高くなるように，「棄却域を設定する」ものとされている。このときの検出力の上限（これは対立仮説の値ごとに異なる）は簡単に求められる。図 6.2 の点線はその限界を表している（問題 6.2）。

●検定結果の意味

ここで説明した仮説検定の根拠となる論理の中心は，「仮説が正しければ，標本（検定統計量）は棄却域には（ほぼ）入らない。したがって，実際の標本が棄却域に入れば，仮説が正しいことは（ほぼ）あり得ない」というものである。帰無仮説が真でない（棄却される）場合に想定されるのが，対立仮説である。したがって，(「ほぼ」という限定詞つきであるが)「帰無仮説が棄却されれば，必然的に対立仮説が証明された」ことになる。

一方，帰無仮説が「受容」されたとしよう。これは「実験あるいは観察の結果（標本）が帰無仮説と矛盾しない」ことを意味する。検出力曲線（図 6.2）でもわかるように，対立仮説が帰無仮説に近いとき（前出の例では，コインの歪みが小さいとき），帰無仮説が受容される確率が高い。したがって「帰無仮説が受容されたとしても，対立仮説の可能性が否定できない」，つまり「帰無仮説の受容は，必ずしも帰無仮説の証明を意味しない」。したがって，<u>仮説検定を「証明」のために用いるときは，証明したい命題を対立仮説とするべ</u>

● **クローズアップ 6.3** 対立仮説と棄却域

無作為に抽出した有権者を対象とした内閣支持率調査で，有効回答数 1,400 人中 52.5％（735 人）が内閣を支持すると回答した「抽出率は 0 とみなしてよい」。無回答はないものとして，有意水準 $\alpha = 5\%$ で内閣は過半数の有権者に支持されていると主張したいとする。このためには，母集団支持率 p について $p > 0.5$ であることをいえばよい。したがってこの場合は，対立仮説を $H_1 : p > 0.5$ としたい（帰無仮説は $H_0 : p \leq 0.5$ である）。

ところで，本章冒頭の例のような $H_0 : p = 0.5$ の検定では，棄却域を求めると「$X < 663.3$，または $X > 736.7$」である。この検定では，右側の領域 $X \geq 737$ ならば $\hat{p} \geq 52.6\%$ であり，対立仮説 $p > 0.5$ を支持していると考えてよいが，左側の領域は $\hat{p} \leq 47.4\%$ で，対立仮説は支持されない。この例では，したがって棄却域は「右側」つまり $X > c$ とし，また，これに対応して，P-値は $P(X \geq X_{\mathrm{obs}})$ とするのが適切である。

この例について，$X_{\mathrm{obs}} = 735$ に対応する P-値は，$B(1400, 0.5)$ の正規近似「離散補正あり」によって

$$P(X \geq 735) \fallingdotseq 1 - \Phi\left(\frac{735 - 0.5 - 700}{\sqrt{1400/4}}\right) = 1 - \Phi(1.844) = 3.26\%$$

である。したがって，有意水準 5％で仮説は棄却され，内閣支持率は過半数であるといってよい。

★**注意 6.2** ここで帰無仮説は $p \leq 0.5$ であり，帰無仮説の下での，確率 $P(X \geq X_{\mathrm{obs}})$ は p の値に応じて無数にあるが，その中で $p = 0.5$ の場合が最も大きく（確かめよ），この最大値を P-値とする。これが小さいことは，帰無仮説の p の中のどれを選んでも，得られた標本が仮説と矛盾するという意味で P-値として適当である。

きである（クローズアップ 6.3 も一読されたい）。

●両側検定と片側検定

上の考察からもわかるように，検定統計量は「帰無仮説の棄却が，対立仮説の支持を意味する」ように，言い換えると「対立仮説の下で，標本がなるべく棄却域に入る（検出力が高くなる）」ように選ぶことが求められる。この点に留意すると棄却域の設定のしかたは次のようにまとめられる。

〈まとめ 6.1〉 検定したい母数を θ とする。一般に，棄却域は対立仮説と同じ側に設定する。
(1) $H_0 : \theta = \theta_0$, $H_1 : \theta \neq \theta_0$ のとき，棄却域は両側。
(2) $H_0 : \theta \leq \theta_0$, $H_1 : \theta > \theta_0$ のとき，棄却域は右側。
(3) $H_0 : \theta \geq \theta_0$, $H_1 : \theta < \theta_0$ のとき，棄却域は左側。
とする。上の (1) のような検定を 両側検定 (two-sided test)，(2)(3) のような検定を 片側検定 (one-sided test) という。なお，特殊な場合には，もっと複雑な領域を棄却域とすることがよい場合もあるが，そのようなケースは稀であり，上述の 3 通りしかないと思って差し支えない。帰無仮説・対立仮説は，問題に応じて適切に選択しなくてはならない。

6.2 比率と平均の検定

6.2.1 比率の検定

比率についての片側検定の手順は，前節で例として取り上げている。大きさ n の標本中の「成功」の数 X の分布は $B(n, p)$ であるが，これは正規分布 $N(np_0, np_0q_0)$ でよく近似できるとする。母集団比率の検定は，次のようにまとめられる。

〈まとめ 6.2〉 片側検定 帰無仮説 $H_0 : p \leq p_0$ を対立仮説 $p > p_0$ に対して有意水準 α で検定する問題では，棄却域は

● クローズアップ 6.4　検出力曲線

　対立仮説（p の値）は通常無数にある。p の値を変化させて対応する検出力をグラフにしたものを 検出力曲線 という（図 6.2 の実線）。$p = 0.5$（帰無仮説）に対応する検出力は，第 1 種の誤りの確率（検定の大きさ）である。当然予想されるように対立仮説 (p) が帰無仮説 ($p = 0.5$) に近（遠）ければ，検出力は低（高）い。

　片側検定では，一方の側（対立仮説の方向）に棄却域が集中しているので，実際の母数がその方向にある場合，両側検定に比べて検出力が高くなる。図 6.2 中の破線は，片側検定の検出力曲線である。

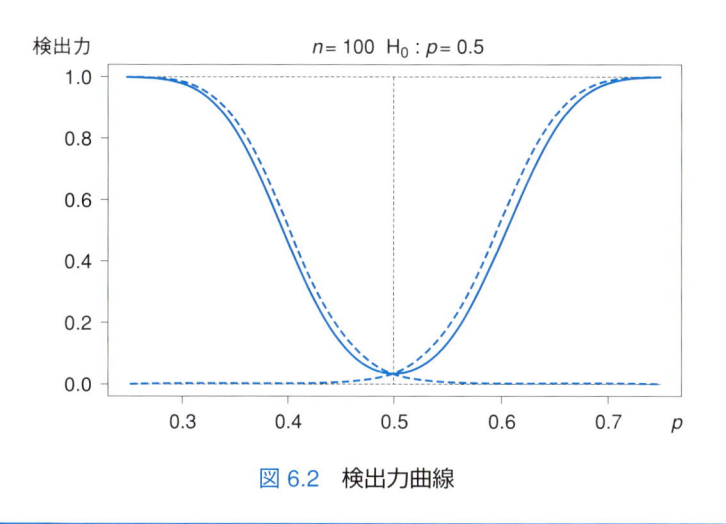

図 6.2　検出力曲線

$$x > np_0 - 0.5 + z_\alpha \sqrt{np_0 q_0}$$

である（0.5 は離散補正；ワンポイント 4.17，187 ページ参照）。また，P-値 $= 1 - \Phi\left(\dfrac{X_{\mathrm{obs}} - 0.5 - np_0}{\sqrt{np_0 q_0}}\right)$ である。ただし，$\Phi(x)$ は標準正規分布の分布関数である。

両側検定 帰無仮説 $H_0 : p = p_0$ を対立仮説 $p \neq p_0$ に対して有意水準 α で検定する問題では

$$x < np_0 - 0.5 - z_{\alpha/2}\sqrt{np_0 q_0} \quad \text{または} \quad x > np_0 + 0.5 + z_{\alpha/2}\sqrt{np_0 q_0}$$

が棄却域である。P-値 $= 2\left\{1 - \Phi\left(\dfrac{|X_{\mathrm{obs}} - np_0| - 0.5}{\sqrt{np_0 q_0}}\right)\right\}$ である。クローズアップ 6.4 の場合，棄却域は正規近似によれば

$$x > 700 + 0.5 + 1.65\sqrt{1400/4} = 731.3$$

すなわち，$X \geq 732$ である。

6.2.2 平均の検定

大きさ n の標本 $(X_1, X_2, \cdots, X_n)$ に基づく平均 μ に関する検定を，簡単にまとめる。母集団平均の推定量は $\bar{X}$ である。この値と仮説の値 μ_0 との差 $\bar{X} - \mu_0$ を基準にして検定を行う。n が大きければ（中心極限定理により）$\bar{X}$ の分布は，$\mathrm{N}\left(\mu_0, \dfrac{\sigma^2}{n}\right)$ である。σ^2 の代わりにその推定量 $\hat{\sigma^2} = S^2 = \dfrac{1}{n-1}\sum_{i=1}^{n}(X_i - \bar{X})^2$，$S = \sqrt{S^2}$ を用いて基準化した

$$T = \frac{\sqrt{n}\,(\bar{X} - \mu_0)}{S} \tag{6.1}$$

を検定統計量とする。帰無仮説の下で T は 0 を中心として分布し，対立仮説の下では T の 0 からのズレは大きくなる。検定はこのことに基づいて行われる。以下は比率の検定とほぼ同様である。

◆ **ワンポイント 6.2　信頼区間と仮説検定**

5.2 節（210 ページ）で区間推定について説明した。（母数 θ に関する）信頼区間とは，簡単にいえば，「θ が（ほぼ間違いなく）含まれる区間」であり，この区間外には「真の」θ がないことを主張するものであった。

帰無仮説 $H_0 : \theta = \theta_0$ を考えよう。仮に，（標本に基づいて得られた）信頼区間が帰無仮説の値 θ_0 を含まないとしよう。上に述べた信頼区間の意味からすれば，帰無仮説 θ_0 は「真の」θ ではあり得ない，すなわち棄却されることになる。一方，θ_0 が信頼区間に含まれれば θ_0 は真である可能性が否定されない，すなわち受容される。とすれば，信頼区間が求められていれば，検定をする必要がないことになる。これは本当だろうか？

この答えは YES である。（たとえば p に関する）信頼区間の作り方は，$\hat{p}$ の（確率 $1-\alpha$ の）存在範囲 (5.10)（216 ページ）を導き，これを p について逆に解いて（若干の近似を行って）信頼区間 (5.12)（218 ページ）を得た。(5.10) と (5.12) は（近似がないとすると）同じ事象であることに注意する。したがって，$p = p_0$ であるとすると（すなわち帰無仮説の下で），p_0 が信頼区間 (5.12) に含まれることは，$\hat{p}$ が (5.10) の範囲にあることを意味するが，(5.10) は検定の受容域である。

以上のことは，一般の問題で，母数 θ のすべての値についていえることであるから，

　　水準 $1-\alpha$ の信頼区間に含まれる θ は，仮説 $\theta = \theta$ が有意水準 α で受容
　　されるような θ の全体である

ということができる。

〈まとめ 6.3〉 両側検定 母集団平均 μ に関する仮説 $H_0 : \mu = \mu_0$ の（対立仮説 $H_1 : \mu \neq \mu_0$ に対する，有意水準 α の検定は次のように行う。

仮説が真のとき，T の分布は標準正規分布で近似できる。P-値は $P(|T| > |T_{\text{obs}}|) = 2(1 - \Phi(|T|_{\text{obs}}))$ で，棄却域は

$$|T| > z_{\alpha/2} \qquad (6.2)$$

である（図 6.3）。棄却域を標本平均で表せば，$|\bar{x} - \mu_0| > z_{\alpha/2} \dfrac{S}{\sqrt{n}}$ である。

片側検定 仮説 $H_0 : \mu \leq \mu_0$ の，対立仮説 $H_1 : \mu > \mu_0$ に対する有意水準 α の検定は次のように行う。

P-値は $P(T > T_{\text{obs}}) = 1 - \Phi(T_{\text{obs}})$，棄却域は

$$T > z_\alpha \qquad (6.3)$$

である（図 6.4）。棄却域を標本平均で表せば，$\bar{x} > \mu_0 + z_\alpha \dfrac{S}{\sqrt{n}}$ である。仮説の不等号が逆の場合，不等号の向きを逆にすることの他は全く同様である。

6.2.3　標本が小さい場合——正規母集団

標本が小さい（n が小さい）ときは，中心極限定理の仮定が満たされず，$\bar{X}$ の分布は正規分布である（正規分布で近似できる）保証がない。その分布は，母集団の分布によって異なり，P-値の評価ができない。このような場合，検定（または信頼区間の構成）を行うためには，母集団について何らかの仮定をおかなければならない。仮定のおき方およびそれに応じた検定の方法はさまざまであるが，ここでは正規母集団（母集団分布が正規分布であること）を仮定する場合について簡単に説明する。

標本 $X_1, X_2, \cdots, X_n$ は互いに独立で，その分布は正規分布 $N(\mu, \sigma)$ であるとする。検定する仮説は，$H_0 : \mu = \mu_0$ である。このとき，(6.1) によって定義される T の分布は，標準正規分布ではなく，自由度 (degrees of freedom) $(n - 1)$ の t 分布である（5.3.1 項，224 ページを参照）。

● クローズアップ 6.5 　仮説検定の例②

　袋詰めで販売されているある食品は，内容量が 150 g と表示されている。この食品 50 袋について，内容量の重さを計測したところ，平均が 148.8 g，標準偏差が 4.7 g であった。この問題では，メーカーの製造工程で生産される食品の袋の全体を（仮想的な無限）母集団とし，得られた計測データは，そこからの無作為標本とみなす。実際の内容量が表示通りといえるか，すなわち母集団平均 μ が 150 であるかどうかを考える。

　分析者が生産者で，製造工程に問題がないかどうかを調べたいという状況を想定する。帰無仮説 $H_0 : \mu = 150$ を（両側）検定すればよい。$\hat{\mu} = \bar{X}$ の標準誤差は，$\sqrt{\dfrac{\sigma^2}{n}} = \dfrac{4.7}{\sqrt{50}}$ である（母集団分散 σ^2 は未知であるが，$S = 4.7$ を母集団標準偏差のよい推定値であるとする）。推定値と仮説の値の差を，標準誤差で基準化した統計量を T とすると，$T_{\mathrm{obs}} = \dfrac{\sqrt{50}\,(148.8 - 150)}{4.7} = -1.81$ である。この P-値は，中心極限定理により，$P(|T| > 1.81 = 2\,(1 - \Phi(1.81))) = 7.1\,\%$ であるから，有意水準 5 % で仮説は棄却されない。

　分析者が消費者団体などで，この商品の内容量が少ないことを問題としたいとする。このような場合は，帰無仮説 $H_0 : \mu \geq 150$ を対立仮説 $H_1 : \mu < 150$ に対して（片側）検定する。片側検定の場合の P-値は $P(T < -1.81 = \Phi(-1.81)) = 3.6\,\%$ であるから，有意水準 5 % で仮説は棄却される。検定の結果，内容量（の平均）は 150 g 未満であることが示されたといってよい（メーカーに是正を要求できる）。

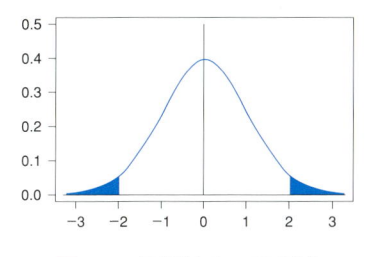

図 6.3　両側検定の棄却域

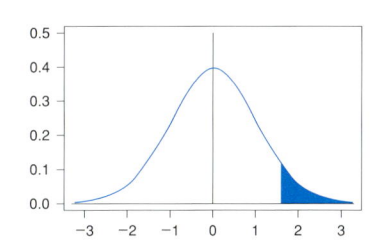

図 6.4　片側検定の棄却域

〈まとめ6.4〉 検定の棄却域は (6.2) で正規分布のパーセント点 $Z_{\alpha/2}$ に代わり，自由度 $n-1$ の t 分布のパーセント点 $t_{\alpha/2}^{(n-1)}$ を用いればよい（各自由度に対するパーセント点は**付表C**の t 分布表参照）。

両側検定 母集団平均 μ に関する帰無仮説 $H_0 : \mu = \mu_0$ の対立仮説 $H_1 : \mu \neq \mu_0$ に対する，有意水準 α の検定：棄却域は

$$|T| > t_{\alpha/2}^{(n-1)} \tag{6.4}$$

である。(6.4) は，$|\bar{x} - \mu_0| > t_{\alpha/2}^{(n-1)} \dfrac{S}{\sqrt{n}}$ と同じである。

片側検定 帰無仮説 $H_0 : \mu \leq \mu_0$ の，対立仮説 $H_1 : \mu > \mu_0$ に対する有意水準 α の検定：棄却域は

$$|T| > t_{\alpha/2}^{(n-1)} \tag{6.5}$$

である。(6.4) は，$\bar{x} > \mu_0 + t_{\alpha/2}^{(n-1)} \dfrac{S}{\sqrt{n}}$ と同じである。

t 分布は自由度によって異なるから，標準正規分布のようにすべての T_{obs} の値に対する上側確率の表は用意されていない。データから求める T_{obs} の値に対する P-値を表から求めることはできない。現在では，ほとんどの統計ソフトが t 分布の確率計算のための関数をもち，簡単に P-値が得られる。

6.2.4 分散の検定

正規母集団からの標本 $X_1, X_2, \cdots, X_n$ に基づく分散 σ^2 の推論は，標本の偏差平方和 $\text{SS} = (n-1)S^2 = \sum_{i=1}^{n}(X_i - \bar{X})^2$ について

$$\frac{\text{SS}}{\sigma^2} = \frac{1}{\sigma^2}\sum_{i=1}^{n}(X_i - \bar{X})^2 \tag{6.6}$$

の分布が，自由度 $(n-1)$ の χ^2 分布であることを用いる。たとえば，帰無仮説 $H_0 : \sigma^2 = \sigma_0^2$ の対立仮説 $H_1 : \sigma^2 \neq \sigma_0^2$ に対する有意水準 α の検定の棄却域は次のようになる。

● **クローズアップ 6.6　分布の正規性**

　正規母集団に関する推測は，数学的に厳密な理論体系が存在し，「古典的な数理統計学」の核を成しているといってよい．実験データなどの分析では，経験的にあるいは（先に述べたように）中心極限定理を根拠に，母集団分布の<u>正規性</u>（normality）の仮定が受け入れられている．しかしながら，実際にこれを適用する場合には，常にその仮定の妥当性を意識するべきであることはいうまでもない．

　分布の正規性にはさまざまな検定が存在する．一般に分布の形が正規分布をなしているかどうかの検定には，大きな標本が必要である．6.4 節の適合度検定は最も古くからある検定である（問題 6.16）．また，本書では説明を割愛したがデータの（経験）分布関数が正規分布の（理論）分布関数に近いか否かを見るタイプの検定として，<u>コルモゴロフ＝スミルノフ検定</u>がよく用いられる．

　正規分布では，歪度・尖度がともに 0 であることに注目して，標本の歪度 b_1，尖度 b_2 を用い（これが 0 に近いか否かを見）る検定もある（問題 6.17）．仮説の下で（すなわち正規分布からの標本に基づく）b_1, b_2 の（近似）分布は，それぞれ $N\left(0, \frac{6}{n}\right)$, $N\left(0, \frac{24}{n}\right)$ である．この分布を用いて，検定ができる．ただし，n が小さい（100 以下の）ときはあまり近似が良くないようである．

● **クローズアップ 6.7　正規母集団の平均の検定**

[例 6.1]　ある語学学校の少人数クラスで，受講生の受講前と受講後の英語検定試験の成績の差（のび）は表 6.2 の通りであった．この学校のうたい文句である「50 点アップ」には問題（誇張）がないかどうかを調べてみる．

表 6.2　授業の効果

受講生	A	B	C	D	E	F
得点の伸び	35	5	65	20	45	25

　成績の伸び X が正規分布 $N(\mu, \sigma^2)$ に従うと仮定し帰無仮説 $H_0 : \mu \geq 50$ を対立仮説 $H_1 : \mu < 50$ に対して検定する．表から $\bar{X} = 32.5$, $s^2 = 20.9^2$ を得る．検定統計量は

$$T = \frac{\sqrt{\sigma}(X - 50)}{s} = -2.05$$

である．棄却域は左側で，自由度 $5 = 6 - 1$ の t 分布の 5％点 $= -0.201$ であるから，T はこれより小さく，仮説は棄却される．

$$\text{SS} > \sigma_0^2 \chi^2_{\alpha/2}(n-1) \quad \text{または} \quad \text{SS} < \sigma_0^2 \chi^2_{1-\alpha/2}(n-1)$$

● 自 由 度

〔補足 6.1〕 統計分析で「自由度」という用語はいろいろな意味で使われる。平均値に関する検定では，しばしば誤差の自由度という表現が使われる。たとえば，大きさ $n=3$ の標本 X_1, X_2, X_3 を考えよう。検定には，母集団分散の推定値が必要である。通常これは，「誤差＝偏差」: $e_1 = X_1 - \bar{X}$, $e_2 = X_2 - \bar{X}$, $e_3 = X_3 - \bar{X}$ に基づいて推定される。偏差の数は 3 個のように見えるが，$e_1 + e_2 + e_3 = 0$ であるから，3 個のうちどれか 2 個を決めると残りは自動的に定まり，実質的に 2 個の偏差を用いて $\hat{\sigma}^2$ を求める。この「2」を（誤差）の自由度という。

自由度とは「ある統計量を作るために用いられる標本値の実質的な個数」である。

6.3　2 母集団の比較

国際的な比較のためのアンケートの分析，異なる教育方法の効果の比較など 2 つあるいはそれ以上の対象についてデータを収集し，これに基づく比較研究を行う機会は多い。たとえば，日米の子供の学力を比較するため共通の試験を実施し得点を比較するときなどである。このようなとき，試験結果は，両国それぞれの 10 歳児の集団（2 母集団）からそれぞれ抽出された 2 組の標本と考える（この場合，標本数は 2 である。一般に「標本数」は，標本を構成する要素の数ではない）。この標本に基づいて，母集団の違いを分析するわけであるが，標本から観察される「違い」が，有意である（偶然変動によるものでない）ことを確認する必要がある。この確認の手続きは，「母集団（あるいは母集団の特性値）に差がない」という仮説の検定を通じて行われる。

このような検定を（母集団比率の）差の検定という。通常「…の検定」という場合，…は「コインに歪みがないこと」のように帰無仮説に該当する命

● コラム 6.2　測定誤差の分析 ●

表 6.3 は，チコ・ブラーエ（T. Brahe, 図 6.5）による牡羊座の主星（α Arietis）の天球上の緯度を決めるための観測記録である。

観測値には，屈折などの影響による偏り（非標本誤差）が含まれる。表は，この偏りがほぼ打ち消されるように組み合わされた 12 対の観測値である。

チコは，各対の平均（3, 6 列をそれぞれ 1 つの標本値と考え，その平均 $\bar{X} = 27.3$）をもとに「真値」を $26°0'30''$ と定めた。複数の測定値を平均して精度をあげることは現代では常識であるが，チコのこの事例は記録に残る最も古いものとされている。

チコの観測誤差は，角度の 1 分（$60''$）以下であるといわれている。この意味はやや曖昧であるが，ここでは 1 個の観測に基づく 95%信頼区間の幅が 2 分以内であることと考えて，これを検証してみよう。

1 回の観測の誤差を ξ^2 とする。標本値，すなわち 1 対の観測値の平均の分散は $\sigma^2 = \xi^2/2$ であるから，$1.96\sqrt{2}\sigma \le 60$ であるかどうか，すなわち仮説 $H_0 : \sigma^2 \ge \sigma_0^2 = 60^2/(2 \times 1.96^2) = 21.64^2$ を検定する。

標本サイズは $n = 12$ であるから，片側検定の棄却域（6.4.2 節）は，自由度 11 の χ^2 分布の下側1%点を用いて，$SS < \sigma_0^2 \chi_{0.05}^2(11) = 2143.6$ である。一方データから $SS = 1446.7$ であるから，仮説は棄却される。また P-値は 1.05% である。観測誤差は，1 分より小さいといってよい。

データから不偏分散は $S^2 = SS/11.5^2$ である。これを用いて平均 μ の 99% 信頼区間を求めるとは，[16.6, 38.1] である。一方，現在知られている「真値」$26°0'45''$ はこの信頼区間の外にある。これは，チコの測定に，標本の変動では説明できない誤差があることを意味している。

図 6.5　チコ・ブラーエ
（1546-1601）
デンマークの天文学者。ガリレオと並んで，姓でなく名で「チコ」と呼ばれることが多い。

表 6.3　牡羊座の主星（α）の赤緯

256	217	20	125	-71	27
-207	283	38	404	-347	29
-45	81	18	340	-312	14
-11	76	32	61	-54	4
-309	392	42	-325	380	28
-458	532	37	-311	390	39

観測値から $+26°$ を引いた値（単位：秒）。

題を指す場合が多い．そうであれば，ここで扱う検定は「差のないこと」または「同等性」の検定というほうが適切であると思われるが，習慣的にこのような検定は「差」の検定と呼ばれている．

6.3.1 比率の差の検定 —— 標本が大きい場合

無限母集団 G_1, G_2 についてある性質 A をもつ要素の比率を p_1, p_2 とする．また，G_1 からの大きさ n_1 の標本中 X_1 が性質 A をもつとする．同様に n_2, X_2 を定める．このとき，帰無仮説 $H_0 : p_1 = p_2$ の対立仮説 $H_1 : p_1 \neq p_2$ に対する有意水準 α の検定を考える．

それぞれの比率の推定量の差 $d = \hat{p}_1 - \hat{p}_2$ を判断のベースとする．中心極限定理により d の分布は正規分布となるから，これをその標準誤差 σ_d で基準化し検定統計量とすればよい．

σ_d は次のように求める．（仮説の下で共通の）母集団比率を p とすると，$\hat{p}_1$, $\hat{p}_2$ は互いに独立で，分散はそれぞれ，$\dfrac{pq}{n_1}$, $\dfrac{pq}{n_2}$ であり，差 d の分散は，それらの和である．ここで，p は未知であるので，2 つの標本を合わせて得られる推定値 $\hat{p} = \dfrac{X_1 + X_2}{n_1 + n_2}$ で置き換えると，d の標準誤差の推定量 $\hat{\sigma}_d = \sqrt{\hat{p}\hat{q}(1/n_1 + 1/n_2)}$ を得る．ただし，$\hat{q} = 1 - \hat{p}$ である．

このようにして求めた標準誤差の推定値によって d を基準化した

$$T = d/\hat{\sigma}_d \tag{6.7}$$

を検定統計量とする．仮説の下で T の分布は，近似的に標準正規分布になる．これより，棄却域は

$$|T| > z_{\alpha/2} \tag{6.8}$$

である．棄却域を差 d で表せば，$d > z_{\alpha/2}\hat{\sigma}_d$ または $d < -z_{\alpha/2}\hat{\sigma}_d$ である．なお，P-値は $P(|d| \geq |d_{\text{obs}}|) = 2\{1 - \Phi(|Z_{\text{obs}}|)\}$ である．

★注意 6.3 上では「差の両側検定」を説明した．「片側検定」は，帰無仮説，対立仮説の考え方，それに応じた棄却域の求め方など，1 標本の場合と全く同様である．

● クローズアップ6.8　比率の差の検定――例題

問題 3.2（128 ページ）中の表 3.28 の結果をもとに，法学部と社会学部の男子学生の憲法意識に差があるかどうか判断してみよう．同表中，法学部では $n_1 = 63$ 人中 $X_1 = 39$ 人が，社会学部では $n_2 = 53$ 人中 $X_2 = 41$ 人が，それぞれ憲法 9 条をを評価している．標本比率は，それぞれ $\hat{p}_1 = 39/63 = 62.9\%$, $\hat{p}_2 = 41/53 = 77.4\%$ であり，その差 $d = \hat{p}_1 - \hat{p}_2 = -14.5\%$ が有意であるか否かが問題となる．

ここでは，帰無仮説は $H_0 : p_1 = p_2$ すなわち両側検定が適当である．2 つの標本を合わせて得られる共通の比率 p の推定値は $\hat{p} = \dfrac{X_1 + X_2}{n_1 + n_2} = 0.696$ であり，標準誤差の推定値 $\hat{\sigma}_d = \sqrt{0.774 \times 0.226 \times (1/63 + 1/53)} = 0.0861$ を得る．

これらを合わせて，検定統計量の値 $T = \dfrac{-0.145}{0.0861} = -1.68$ を得る．標準正規分布の両側 5 ％ は 1.96 であるから，有意水準 5 ％ で仮説は棄却されず，学部間の差は有意といえない．なお，$|T| = 1.68$ に対する P-値は 9.3 ％ である．

★注意 6.4　上の例からもわかるように，比率の推測において，データは母集団の要素について 2 値（性質 A が「ある」，「ない」）変数に関するものである．「母集団」をもう一つの変数（分類変数）とすると，結果は表 6.4 のような 2×2 分割表にまとめられる．

仮説「2 集団の比率に差がない」の検定は，「条件付き分布が同じ」ことすなわち独立性の検定と形式的に同等である（問題 6.14）．

表 6.4　2×2 分割表

	A	$\bar{A}$	
G_1	n_{11}	n_{12}	$n_{1.}$
G_2	n_{21}	n_{22}	$n_{1.}$
	$n_{.1}$	$n_{.2}$	n

6.3.2 平均の差の検定 —— 標本が大きい場合

数値型母集団 G_1, G_2 から, 大きさがそれぞれ n_1, n_2 の標本 $X_1, \cdots, X_{n_1}$, $Y_1, \cdots, Y_{n_2}$ が得られているとする。また, それぞれの母集団の大きさは無限で, n_1, n_2 ともに十分大きいとする。仮説

$$H_0 : \mu_1 = \mu_2 \tag{6.9}$$

の検定を扱う。検定統計量は, 前節と同様, 差 $d = \bar{X} - \bar{Y}$ をその標準誤差で割った $T = \dfrac{d}{\sigma_d}$ である。$\bar{X}$, $\bar{Y}$ の分布は中心極限定理により正規分布で, 分散がそれぞれ $\dfrac{\sigma_1^2}{n_1}$, $\dfrac{\sigma_2^2}{n_2}$ であるから, d の分布は正規分布でその標準誤差は $\sigma_d = \sqrt{\dfrac{\sigma_1^2}{n_1} + \dfrac{\sigma_1^2}{n_1}}$ である。σ_d は, σ_1^2, σ_2^2 をそれぞれの標本から求める不偏分散 S_1^2, S_2^2 で推定できる。以上から, 検定は次のようにすればよい。

〈まとめ6.5〉 両側検定 帰無仮説 $H_0 : \mu_1 = \mu_2$ の対立仮説 $H_1 : \mu_1 \neq \mu_2$ に対する有意水準 α の検定: 検定統計量は

$$T = \frac{\bar{X} - \bar{Y}}{\sqrt{\dfrac{S_1^2}{n_1} + \dfrac{S_2^2}{n_2}}} \tag{6.10}$$

とし, 棄却域は

$$|T| > z_{\alpha/2} \tag{6.11}$$

である。ここで, S_1^2, S_2^2 はそれぞれ母分散の σ_1^2, σ_2^2 の不偏推定量で

$$\hat{\sigma}_1^2 = S_1^2 = \frac{1}{n_1 - 1} \sum_{i=1}^{n_1} (X_i - \bar{X})^2 \tag{6.12a}$$

$$\hat{\sigma}_2^2 = S_2^2 = \frac{1}{n_2 - 1} \sum_{i=1}^{n_2} (Y_i - \bar{Y})^2 \tag{6.12b}$$

である。また, P-値 $= 2\{1 - \Phi(T_{\text{obs}})\}$ である。

● クローズアップ 6.9　比率の差の検定——標本が小さい場合

標本が小さいときには，正規分布による近似が使えない。

[例 6.2]　表 3.12（87 ページ）の，アウトドアスポーツの好き嫌いのアンケートについて，男女別に集計した分割表を再び取り上げる。アンケートに回答した女子学生 $n_1 = 16$ 人中 $X_1 = 10$ 人が，男子学生 $n_2 = 17$ 人中 $X_2 = 15$ 人がそれぞれアウトドアスポーツが好きだと解答した。これに基づいて一般に男子学生は女子学生よりアウトドア・スポーツを好むといえるかどうかを判断したい。

女子学生，男子学生それぞれの母集団は無限であり母集団比率は p_1, p_2 であるとする。帰無仮説と対立仮説はそれぞれ

$$H_0 : p_1 \geq p_2 \qquad H_1 : p_1 < p_2 \tag{6.13}$$

とする。

この検定は次のように行う。男女を問わず合計すると回答者総数は 33 人，そのうち「好き」は 25 人である。仮に回答者 33 人の中から，でたらめ（無作為）に 16 人を選び，その中の「好き」の人数を X とすると，X の分布は「超幾何分布」であり，(4.33)（160 ページ）で $N = 33$, $M = 25$, $n = 16$ とした場合になる。ここで $p_1 = p_2$ であるとすると，好き嫌いの可能性について男女差がないから，女子学生の数に相当する 16 人を選んだとき，その中の「好き」の数 X_1 の分布は超幾何分布 (4.33) である。一方，$p_1 < p_2$ であれば，女子学生は「好き」の可能性が低いから X_1 は小さくなる傾向があると期待できる（$p_1 > p_2$ ならば逆に X_1 は大きくなる）。したがって，仮説は X_1 が大きいときに棄却される。すなわち P-値は $P\left(X_1 \leq X_{1,\,\mathrm{obs}}\right)$ である。また，検定の棄却域は，すなわち c をある定数として $X_1 < c$ を棄却域とすればよい。ここで c は $P(X_1 < c)$ が有意水準を超えない最大の c とすればよい。

この例について実際に P-値を計算すると $P(X_1 \leq 10) = 9.4\,\%$ である。したがって，有意水準 5 ％で仮説は棄却されない。

超幾何分布に基づくこの検定を フィッシャーの正確検定（exact test）という。

片側検定は省略する。

6.3.3　平均の差の検定 —— 正規母集団

標本分布（母集団分布）が正規分布であり，かつ等分散：$\sigma_1^2 = \sigma_2^2$ である場合は，次のような厳密な方法が知られている。

2母集団に共通の分散を σ^2 とおく。差 $d = \bar{X} - \bar{Y}$ の分散が，$V(d) = \left(\dfrac{1}{n_1} + \dfrac{1}{n_2}\right)\sigma^2$ であることに注意して，検定統計量を

$$T = \frac{d}{\hat{\sigma}_d} = \frac{\bar{X} - \bar{Y}}{\sqrt{\left(\dfrac{1}{n_1} + \dfrac{1}{n_2}\right)\hat{\sigma}}} \tag{6.14}$$

とする。ただし

$$\hat{\sigma}^2 = \frac{1}{n_1 + n_2 - 2}\left\{\sum_{i=1}^{n_1}(X_i - \bar{X})^2 + \sum_{i=1}^{n_2}(Y_i - \bar{Y})^2\right\}$$

は共通の分数 σ^2 の推定量である。仮説 $H_0 : \mu_1 = \mu_2$ の下で，検定統計量 T の分布は自由度 $(n_1 + n_2 - 2)$ の t 分布であることが知られている。これより，（両側）検定の棄却域は

$$|T| > t_{\alpha/2}^{(n_1+n_2-1)} \tag{6.15}$$

である。

6.3.4　平均の差の検定 —— 非正規母集団で小標本の場合

前項では，母集団分布に正規性を仮定したが，たとえば所得分布などは右に歪んでおり正規分布とはかなり違うことが知られている。このような場合，前項の検定（しばしば t 検定と呼ばれる）の使用は適切ではない。次のような，順位（ランク，rank）に基づく方法が薦められている。

母集団 G_1 からの標本 $X_1, X_2, \cdots, X_{n_1}$ と，母集団 G_2 からの標本 $Y_1, Y_2, \cdots, Y_{n_2}$ を区別せずに「大きさの順に」並べたときの X_i の順位（小さい

● クローズアップ 6.10　平均値の差の検定——例題

　ある大人数の講義の期末試験を，1 時間目と 2 時間目に分けて行った。それぞれ別問題を用意するはずが，誤って同じ問題を 2 回出題した。1 時間目の試験の得点は，受験者 $n_1 = 155$ 人で，平均 $\bar{X} = 62.5$，(不偏) 分散 $S_1^2 = 245.1$ であり，2 時間目の試験の得点は，受験者 $n_2 = 132$ 人で，平均 $\bar{Y} = 64.3$，分散 $S_2^2 = 309.5$ であった。平均点は 2 時間目の方が高いが，この差が有意かどうかが問題となる。

　この状況では，2 時間目の受験生のほうが有利であることが疑われ，これを立証したい（そのときには得点調整が必要となる）のであるから，帰無仮説 $H_0 : \mu_1 \geq \mu_2$ を対立仮説 $H_1 : \mu_1 < \mu_2$ に対して有意水準 5 ％で検定する。

　検定統計量は（6.10）より

$$T_{\text{obs}} = \frac{62.3 - 64.5}{\sqrt{\dfrac{245.1}{155} + \dfrac{309.5}{132}}} = -0.908$$

対立仮説のとき，差 d は負になりやすいから，棄却域は「左側」，臨界値は -1.64 である。上で求めた T_{obs} は，$T_{\text{obs}} > -1.64$ であるから，仮説は棄却されず，必ずしも 2 時間目が有利であるとはいえない。

◆ ワンポイント 6.3　分散が等しくない場合

　正規母集団で分散が等しくない（$\sigma_1^2 \neq \sigma_2^2$ の）場合は，厳密な方法は存在しない。大標本の場合は 6.3.2 項で説明した方法でよい（十分よい近似である）。小標本の場合，仮説の下でその分布が σ_1^2，σ_2^2 に依存しない検定統計量を求める問題はベーレンス＝フィッシャー問題という。$\sigma_1^2 = \sigma_2^2$ ならば，(6.14) 式の T がそのような統計量である。この問題は否定的に（そのような統計量が存在しないという形で）解決されているが，ウェルチ（Welch）の検定と呼ばれる方法が，よい近似を与えるとされている。

方からの順番）を R_i とする．もし同じ大きさの値があれば，それらを便宜的に並べたうえでその番号の平均を順位とする．2 母集団の分布が全く等しい（帰無仮説）と仮定すると 2 標本を合わせた標本値 $X_1, X_2, \cdots, X_{n_1}, Y_1, Y_2, \cdots, Y_{n_2}$ は全体として，1 つの母集団からの大きさ $n = n_1 + n_2$ の標本とみなすことができ，また X の順位の組 $R_1, R_2, \cdots, R_{n_1}$ は，「1 から $n_1 + n_2$ までの番号から，無作為に選ばれた n_1 個の数字の組」とみなすことができる．

一方，母集団 G_1 の要素が母集団 G_2 のそれよりも平均的に大きい（対立仮説）とすると，各 X_i は各 Y_i よりも大きくなる傾向をもち，したがってそれらの順位も（確率的に）大きくなる．したがって，X_i の順位の全体としての大きさを測るための統計量を基準として判断を下すことが考えられる．そのような統計量のうち最もよく用いられているものが，順位和（rank sum）統計量

$$W = \sum_{i=1}^{n_1} R_i \tag{6.16}$$

である．

[例 6.3] N ゼミ生の生活費データ（表 5.1）を再び取り上げる．これは，自宅通学生の集団 G_1，下宿生の集団 G_2 からの大きさがそれぞれ $n_1 = 4, n_2 = 4$ の標本である．順位を求めると表 6.6 の通りである．自宅通学生についての順位和は $W = 1 + 2 + 3 + 5 = 11$ である．自宅通学生の順位の組は $\binom{8}{4} = 70$ 通りあり，これに基づいて W の分布を求めると表 6.7 となる．これから，片側検定の P-値すなわち $P(W \leq 11) = 2/70 = 2.9\%$ が得られる．有意水準 5％で仮説は棄却され，下宿生の方が生活費が高いという結論が得られる（問題 6.8 の結論と比較してみよう）．

この順位和に基づく検定を，ウィルコクソンの順位和検定（Wilcoxon's test），あるいは単に順位和検定と呼ぶ（本質的に同じ検定が，マン＝ホイットニー（Mann-Whitney）検定という名で使われることもある）．

仮説の下で W の分布は，$n = n_1 + n_2$ が小さければ例 6.3 のように数え上

● クローズアップ 6.11　平均の差の検定

　ある大学で留学生のための日本語試験の受験生のうち，K 国出身者と C 国出身者の成績（得点）は表 6.5 の通りであった。これに基づいて K 国出身者と C 国出身者の間に日本語能力に差があるといえるかどうかを有意水準 5％で検定する。ただし，試験の成績の分布は正規分布であると仮定する。

表 6.5　留学生の試験成績

K 国 (X)	73	62	75	91	87
C 国 (Y)	55	70	77	47	58

この標本について，$\bar{X} = 77.6$, $\bar{Y} = 61.4$ である。また平均周りの変動は $\sum (X_i - \bar{X})^2 = 539.2$, $\sum (Y_i - \bar{Y})^2 = 577.2$ である。これから検定統計量は

$$T = \frac{77.6 - 61.4}{\sqrt{2/5 \times (539.2 + 577.2)}} = 2.168$$

自由度は $5+5-2=8$ であるから，有意水準 5％の両側検定の臨界値は $t_{0.025}^{(8)} = 2.306$ である。したがって 2 国の平均点の差は有意ではない。

表 6.6　（一部再掲）N ゼミ生の生活費

名前	A	B	C	D	E	F	G	H
生活費	3	5	6	9	11	8	10	20
通学形態	自	自	自	自	下	下	下	下
順位	1	2	3	5	7	4	6	8

表 6.7　順位和統計量の分布（$n=8$, $n_1=4$）

W	10	11	12	13	14	15	16	17	18
度数	1	1	2	3	5	5	7	7	8
W	19	20	21	22	23	24	25	26	計
度数	7	7	5	5	3	2	1	1	70

げなどによって求めることができる。n が大きいときは，正確な分布を求めることは困難であるが，$\mathrm{E}(W) = \dfrac{n_1(n+1)}{2}$, $\mathrm{V}(W) = \dfrac{n_1 n_2(n+1)}{12}$ であることを利用した正規近似の精度は逆によく，これに基づいて P-値などを求めればよい。上の例では，$\mathrm{E}(W) = 18$, $\mathrm{V}(W) = 12$ であるから，これを用いて W を基準化した検定統計量は，$Z = \dfrac{11 + 0.5 - 18}{\sqrt{12}} = -1.87$ である。標準正規分布に基づく P-値は 3.0％で，正確な値 2.9％に十分近い（ここでは，離散補正を行っている）。

6.4 適合度検定

サイコロを繰返し 600 回投げて，表 4.1（133 ページ）の第 1 の表のような度数分布が得られたとする。これから，「サイコロに歪みがない」（すべての目が等しく 1/6 の確率で現れる）といい得るかどうかを検定することを考える。このような，相対度数分布が，特定の確率分布に（偶然変動の範囲内で）一致しているかどうかの検定を，一般に適合度検定（test for goodness of fit）という。

結果（カテゴリー）が $O_1, O_2, \cdots, O_K$ の $K, (K \geq 3)$ 通りあり，各試行で結果 O_k が生ずる確率が p_k ($p_1 + p_2 + \cdots + p_K = 1$) であるようなランダムな現象について，一連の独立で同一な試行から得られる度数分布（n 回の試行の結果は度数分布，$X_1, X_2, \cdots, X_K$ に集約される。ここで各 X_k は，それぞれ O_k の回数であり，$X_1 + X_2 + \cdots + X_K = n$ である）に基づいて，その確率法則に関する仮説を検定することがこの節のテーマである。

6.4.1 基本的な適合度検定

検定したい帰無仮説は「H_0：すべての k で $p_k = p_{k0}$」である。ここで，p_{k0} は帰無仮説のときの p_k の値を表す定数である（サイコロ投げの例では $p_{k0} = \dfrac{1}{6}$ である）。各カテゴリーについて大数法則が成り立つから，仮説が正

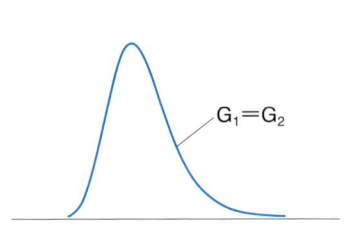

図 6.6a　順位和検定の帰無仮説 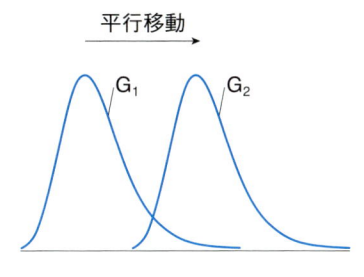　　　図 6.6b　順位和検定の対立仮説

● クローズアップ 6.12　順位和検定の適用範囲

　順位和検定は，厳密には平均の差の検定ではなく，「2 母集団の分布が同じである」こと，言い換えると「2 標本が同じ母集団から抽出されたものである」（図 6.6a）ことの検定である．また，対立仮説として想定されるのは，「一方の母集団の分布が，他方を左右にずらした分布である」（図 6.6b）状況である．

　母集団 G_1, G_2 の平均が同じであっても，分散が異なる場合，帰無仮説の下での W の分布は，上に述べた分布とは異なり，P-値は正確に評価されない．たとえば，G_1, G_2 は中央値が同じで，G_2 の母分散だけが 0（に非常に近い）と仮定する．$n_1 = n_2 = 4$ とするとき，$W = 10 + 4X$ である．ここで X は G_1 からの標本で中央値を超えるものの数である．容易にわかるように X の分布は 2 項分布 $B\left(4, \frac{1}{2}\right)$ であるが，表 6.7 の分布とは異なる．

　母集団の正規性が仮定されない場合に，無条件にこの検定が薦められるわけではないので注意されたい．

しければ $\frac{X_k}{n} \fallingdotseq p_{k0}$ が成り立つ。言い換えると，各セルで，実現度数 X_k は，期待度数 np_{k0} の近くで変動するから，仮説からのズレは，$(X_k - np_{k0})^2$ で測ればよい。実際には，これをすべてのカテゴリー O_k について，次のように一種の標準化を施したうえで合計する

$$\chi^2 = \sum_{k=1}^{K} \frac{(X_k - np_{k0})^2}{np_{k0}} = \sum_{\text{すべての結果 } O_k} \frac{(\text{実現度数} - \text{期待度数})^2}{\text{期待度数}} \tag{6.17}$$

を検定統計量とする。しばしば，これを χ^2 **統計量**という。

帰無仮説の下で，この統計量の変動は，自由度 $(K-1)$ の χ^2 分布で近似できる（この近似は，n が大きく，すべての k で期待度数 $np_{k0} \geq 5$ であればよいとされている）。t 分布と同様，χ^2 分布も各自由度について典型的なパーセント点を掲げた表が用意されている。また，ほとんどの統計ソフトには，χ^2 分布の確率を求める関数が用意されている。表などを用いるとき自由度が $K-1$ である ことに注意する。

対立仮説は「H_1：1つ以上の k について $p_k \neq p_{k0}$」である。対立仮説の下では，$p_k \neq p_{k0}$ であるような k について $(X_k - np_{k0})^2$ は大きくなるから，χ^2 統計量も大きくなる。したがって，検定の棄却域は「右側」とするべきであり，P-値は $P\left(\chi^2 \geq \chi^2_{\mathrm{obs}}\right)$ である。

この検定は，観察された度数分布が指定された分布をもつ母集団からの標本といえるかどうかの検定であり，**適合度検定**（test for goodness of fit）または χ^2 **適合度検定**と呼ばれる。

[例 6.4] 本節冒頭の，サイコロの例を考える。サイコロを繰返し 600 回投げて得られた度数分布（表 4.1 の第 1 の表，133 ページ）から，「サイコロに歪みがない」（すべての目が等しく 1/6 の確率で現れる）という仮説を検定する。表の数値から χ^2 を求めると，$np_{k0} \equiv 100$ だから

$$\chi^2 = \frac{(108-100)^2}{100} + \cdots + \frac{(80-100)^2}{100} = 7.90$$

◆ ワンポイント 6.4 検定における後知恵

クローズアップ 6.11 で片側検定を行うと、自由度 8 の t 分布の上側 5% 点は $t_{0.05}^{(8)} = 1.860$ であるから、「K 国の留学生は、C 国の留学生よりも日本語の成績がよい」ことが示されることになる（各自確かめられたい）。

ここでは片側検定と両側検定で異なる結論が得られる。K 国語は語順などが日本語と同じで C 国語より日本語に近いとされている。したがって K 国の留学生の日本語能力のほうが高い可能性が十分あり、両国留学生の日本語能力に「違いがある」とすれば、K 国生が高得点であると予想できる。したがって対立仮説を片側とすることは合理的であると思われる。

ただし、上のような「片側検定がよいことの根拠」が、実験あるいは観察の結果を見てから思いつくような場合、これは（偶然による）見かけの違いを後知恵（hindsight）によって合理化したにすぎないのではないかという批判を受ける余地がある。仮説検定の適用にあたっては、後知恵は避けなければならないとされている。

後知恵がよくないことは、次のような状況を考えるとわかりやすい。厚生労働省『2006 年度人口動態統計』によると、出生数は全国で $N = 1,062,434$ で男児の割合は $p_0 = 0.5129$ である。各県ごとに男児の出生確率について、仮説 $H_0 : p = p_0$ の検定のための統計量（各県のデータは全国の新生児の大きさ N の母集団からの大きさ n_i の標本とみなす。男児比率の分布は、平均 p_0、分散 $(1 - n_i/N) p_0 q_0 / n$ の正規分布である。これに基づいて、標本比率を標準化して検定統計量とする）を求めた。仮説の下でこれは標準正規分布に従うから、個別の県について出生性比が全国平均 p_0 に等しいかどうかの検定ができる。

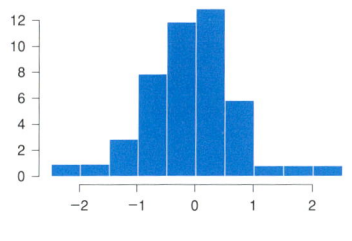

図 6.7 検定統計量の分布

表 6.8 P-値の分布

P-値	度数
0.0 - 0.2	6
0.2 - 0.4	4
0.4 - 0.6	11
0.6 - 0.8	13
0.8 - 1.0	13

である.自由度 $6-1=5$ の χ^2 分布の上側 5％点は 11.07, $\chi^2 = 7.90$ に対する P-値は 16.2％である.したがって,(もともと正しいサイコロを振った結果であるから当然であるが)仮説は受容される.

6.4.2 分布型の検定

[例 6.5] 表 6.9 は,家族によって男の子または女の子が生まれやすい傾向があるかどうかを調べるため,子供が 8 人の世帯について男の子の数の分布を調べたデータである(これは表 4.4(145 ページ)の表の数値を 1/6 倍したものである).そのような傾向がなければ,子供の性別はランダムに決まり,男児の数は 2 項分布 $B(8, p)$ に従うはずである.ここで p は男児の出生率を表す.一方,家族によって,女の子ばかり,あるいは男の子ばかり生まれやすいとすれば,表の両端(すなわち性別に偏りがある家族)の度数が,中央よりも大きくなると予想される.ここでは,男児数の分布が,2 項分布(からの標本)であるかどうかの検定を行う.

男女が等確率で生まれるとすれば,分布は $K=8$, $p=0.5$ の 2 項分布である.これを仮定して(帰無仮説として)期待度数を求めると,表 6.9 の中段のようになる.これに基づいて χ^2 統計量を求めると $\chi^2 = \dfrac{(35-34.9)^2}{34.9} + \cdots = 79.84$ を得る.これは極めて大きく(自由度 $8-1=7$ の χ^2 分布に基づく P-値は 1 兆分の 1 以下である),2 項分布 $B(8, 0.5)$ のあてはまりは悪い.しかしながら,この結果は当然である.男児の出生率は 0.5 より少し大きく,男児数の分布は,仮説が正しく,男女がランダムに生まれるとしても $B(8, 0.5)$ とは異なるからである.2 項分布であるかどうかの判断を下すには,観察された度数分布に最も近い 2 項分布(母数 p)を探し,それが観察度数にどの程度近いかを見る必要がある.

このため,通常は

$$p = \hat{p} = \sum_k k \frac{x_k}{n} \tag{6.18}$$

この結果，愛知県の統計量は全国最大で $T = 2.455$，（片側検定の）P-値は 0.70% であった．愛知県では，男児が生まれやすいといえるだろうか．

図 6.6 は愛知県を含めた 47（都道府県）の検定統計量の分布である．これは標準正規分布に近いように見える．また，47 個の P-値の分布は表 6.8 の通りである．仮説の下で P-値の分布は，[0, 1] 上の一様分布である（問題 6.13）．表 6.8 に基づいて，これら 47 の統計量が一様分布に従っているかどうかの検定（χ^2 適合度検定，6.4 節参照）を行うと $\chi^2(4) = 7.36$ でこの検定の P-値は 11.7% である（なお，47 の検定統計量は互いに独立でないので，標準の適合度検定は厳密には適用できないが，ここではその点は無視する）．県ごとの出生性比の変動は，純粋に偶然に支配されていると思われる．2.455 はこの中の最大値であるが，偶然，愛知県の統計量が最大となったのであって，愛知県が特別であるとする理由はない．

このようなケースでは，47 都道府県の統計量の最大値またはその P-値の最小値の分布に基づいて，検定を行わなければならない．仮説の下で「各県の男児出生比が等しい」ので P-値の分布は一様分布である．各々の検定の P-値が独立である（上と同様この問題は無視する）とすると，47 個中最小の P-値を M で表すと，$P(M < x) = 1 - (1-x)^{47}$ である（問題 6.14）．これから「最小値 $M = 0.007$ の P-値」は $1 - 0.993^{47} = 28.3\%$ である．愛知県の P-値 0.7% は 47 県の中でたまたま最小になったのであって，愛知県の特殊性を表すものではないことがわかる．

表 6.9 男児数の分布

男児数	0	1	2	3	4	5	6	7	8	計
度数	35	247	888	1774	2493	1988	1113	348	57	8943
期待度数 ($p=0.5$)	34.9	279.5	978.1	1956.3	2445.4	1956.3	978.1	279.5	34.9	8943
期待度数 ($p=\hat{p}$)	27.5	233.3	866.2	1837.8	2436.9	2068.0	1096.8	332.4	44.1	8943

によって p を推定し，この値を用いて各 k についての期待度数 $K\binom{K}{k}\hat{p}^k(1-\hat{p})^{K-k}$ を求める．ここで，n は総度数，K は試行回数（2項分布の母数），x_k は k の度数である．このようにして求める検定統計量 χ^2 の<u>帰無分布</u>（null distribution）（帰無仮説の下での分布をこのようにいう）は，<u>自由度（$K-2$）の χ^2 分布</u>であることが知られている．

適合度検定の場合，一般に自由度は

$$\text{自由度} = （\text{セルの数}) - 1 - (\text{推定した母数の数}) \tag{6.19}$$

である．

この例では，$\hat{p}=0.5147$ で，これから求めた期待度数が表 6.9 の最下段である．このとき，$\chi^2=14.75$ となる．自由度 $8-1-1=6$ の χ^2 分布に基づく P-値は，2.3％すなわち有意であり，依然として2項分布があてはまっているとはいえない．

6.4.3 分割表の独立性の検定

分割表における独立性の検定の考え方は，すでに第3章80ページ以下に述べた．ここでは確率論を用いて整理する．

表 6.10 は，ある集団から無作為に抽出した200人について，喫煙習慣と健康状態を同時に調べた結果をまとめた 2×2 の分割表である．表では，喫煙，非喫煙それぞれのグループでの健康率が $90/125=72\%$，$50/75=67\%$ で両者に違いがあるが，これが有意な差であるかを検定したい．

母集団から無作為に1人を抽出するとき，表の4通りのセルのどれかに該当する．この確率（母集団比率）を p_{ij}，$i,j=1,2$ で表し，一方の変数についての周辺確率を $p_{i\cdot}$，$p_{\cdot j}$ で表す．帰無仮説は，母集団における2変数（「喫煙」「健康」）の独立性である．これは

$$H_0 : p_{ij} = p_{i\cdot}p_{\cdot j} \tag{6.20}$$

278　第6章　仮説の検定

● コラム 6.3　後知恵 ●

　ラプラス（P.S. Laplace, 1749-1827）は，その著書（『確率の哲学的試論』内井惣七訳，岩波文庫）の中で，ヨーロッパ各地の男女の出生数の比率が安定しておよそ 22：21 であることを指摘している．一方，パリにおいて，1745 年から 1784 年の間に洗礼を受けた男女の新生児数は，それぞれ 393386 人，377555 人である．これはおよそ 25：24 の比率である．このデータを，男女比が 22：21 の母集団からの大きさ 770941 の標本とみなすとき，その P-値は 0.85% である．ラプラスは，この出生性比の「有意差」は何らかの「原因」によって生じたものと考え，その原因の候補として農村からパリの捨て子養育院に送られる捨て子の男女比が小さい（女児が捨てられる傾向がある）ことが，パリ全体の男女比を歪めていると論じた．

　この推論には後知恵はないのだろうか．多くの地域について性比を求めたところたまたまパリの値が異常であったにすぎないのではないだろうか．この場合，パリは首都であり，出生（受洗）性比が他の地域と異なると信じるに足る理由がありそうである．

　では，どのような場合が「後知恵」であり，どのようなときにそうでないのであろうか．これには，主観的な判断の入り込む余地があり，難しい問題である．いずれにせよ，検定には誤りが避けられない．したがって，P-値が 100 万分の 1，1 億分の 1 というような極端な場合はともかく，通常の有意水準を用いた結論はあくまでも暫定的（provisional）なものと考えておくことがよいと思われる．

表 6.10　喫煙と健康（架空データ）

喫煙＼健康	良	不良	
あり	**50**	**25**	75
なし	**90**	**35**	125
	140	60	200

と表される。問題は，各セルの度数 n_{ij} が (6.20) で表されるセルの確率に適合しているかどうかの検定，すなわち一種の適合度検定と考えることができる。観測度数 n_{ij} と仮説の下での期待度数 np_{ij} の適合度の統計量 (6.17) に準じて $\sum_{\text{すべてのセル}} \frac{(\text{実現度数} - \text{期待度数})^2}{\text{期待度数}}$ とすればよいが，周辺確率 $p_{i\cdot}, p_{\cdot j}$ は自由であるから，期待度数が直接指定できない。分布型の検定でも行ったように，帰無仮説の場合の各セル（カテゴリー）の確率が一通りに決まらない場合は，それを適当な方法で推定する。周辺確率は，対応する周辺相対度数で推定するのがよい。

$$\hat{p}_{i\cdot} = \frac{n_{i\cdot}}{n}, \quad \hat{p}_{\cdot j} = \frac{n_{\cdot j}}{n} \tag{6.21}$$

これを用いて，検定統計量は

$$\chi^2 = \sum_{\text{すべての } i,j} \frac{(n_{ij} - n\hat{p}_{i\cdot}\hat{p}_{\cdot j})^2}{n\hat{p}_{i\cdot}\hat{p}_{\cdot j}} \tag{6.22}$$

である。すべてのセルの期待度数が大きい（5 以上であればよいというのが通説である）とき，仮説 (6.20) の下で，χ^2 の帰無分布は自由度 1 の χ^2 分布であることが知られている（自由度 1 の χ^2 分布の密度関数（図 5.6，225 ページ）と，χ^2 統計量のシミュレーション分布（図 3.1，85 ページ）を比較されたい）。自由度は (6.19) の公式による。推定した母数は $p_{1\cdot}, p_{2\cdot}, p_{\cdot 1}, p_{\cdot 2}$ であるが，$p_{1\cdot} + p_{2\cdot} = 1$，$p_{\cdot 1} + p_{\cdot 2} = 1$ であるから，実質的に母数の数は 2 である。したがって，自由度は $4 - 1 - 2 = 1$。これをもとに，P-値の算出，臨界値の設定を行うことができる。

表 6.10 に対して，$\hat{p}_{1\cdot} = 75/200 = 0.375$，$\hat{p}_{2\cdot} = 1 - \hat{p}_{1\cdot} = 0.625$，$\hat{p}_{\cdot 1} = 140/200 = 0.7$，$\hat{p}_{\cdot 2} = 1 - \hat{p}_{\cdot 1} = 0.3$ であり，これから求めた各セルの期待度数が表 6.11 である。これより，$\chi^2 = \frac{2.5^2}{52.5} + \cdots = 0.635$ である。この値に対する，自由度 1 の χ^2 分布に基づく P-値は 0.426 であるから，仮説は棄却されずこのデータから喫煙と健康の関係を結論することはできない。

表 6.11　喫煙と健康（期待度数）

喫煙＼健康	良	不良	
あり	52.5	22.5	75
なし	87.5	37.5	125
	140	60	200

◆ ワンポイント 6.5　分割表の独立性の検定例

表 6.12 はある年に春・秋両学期とも統計学を受講した学生を，所属学科（E 学科およびその他）と成績（上，中，下）の 2 カテゴリー変数によって分類した 2×3 の分割表である．これについて，2 変数の独立性の検定を行う．周辺確率を推定し各セルの期待度数を求めると表 6.13 の通りである．これから，$\chi^2 = \dfrac{(11-6.36)^2}{6.36} + \cdots = 9.98$ を得る．推定した周辺確率は，$p_{1\cdot}$，$p_{2\cdot}$，$p_{\cdot 1}$ の 3 個であるから，自由度は $6-1-3=2$ である．自由度 2 の χ^2 分布に基づく P-値は 0.75％であるから，独立性は棄却され，E 学科生の成績分布は他学科生と異なることが示された．

表 6.12　学科 × 成績

学科	上	中	下	
E	11	11	6	28
他	9	19	32	60
	20	30	38	88

表 6.13　学科 × 成績

学科	上	中	下	($\hat{p}$)
E	6.36	9.55	12.09	(0.318)
他	13.64	20.45	25.91	(0.682)
($\hat{p}$)	(0.227)	(0.341)	(0.432)	

⟨まとめ6.6⟩ $K \times L$ 分割表における独立性の検定：帰無仮説 (6.20) の下で，χ^2 検定統計量 (6.22) は自由度 $(K-1)(L-1)$ の χ^2 分布に従う．したがって，独立性の仮説 (6.20) の検定で，棄却域は

$$\chi^2 > \chi^2_\alpha((K-1)(L-1)) \tag{6.23}$$

である．

━━━━━━━━━ 問 題 ━━━━━━━━━

6.1 比率の検定問題 $\left(\text{コイン投げ}, n = 100 \; H_0 : p = \dfrac{1}{2}\right)$ で有意水準 10％の検定の棄却域（および受容域）を求め，対立仮説 $H_1 : p = 0.65$ のときの検出力を求めなさい（確率の計算には正規近似を用いる）．

6.2 $n = 400$ の標本に基づいて帰無仮説 $H_0 : p = 0.5$ を検定する有意水準 5％の検定の棄却域（および受容域）を求め，対立仮説 $H_1 : p = 0.6$ のときの検出力を求めなさい．

6.3 ある年のプロ野球全試合の成績は引き分けを除くと先攻チームの 344 勝 418 敗であった．「先攻」は不利であるといえるか．有意水準 5％で検定しなさい．片側検定・両側検定のどちらが適切であるか考えなさい．

6.4 多肢選択問題では 1 番目の選択肢が正解である可能性が高いという風説がある．これを確かめるためにランダムに選んだ 4 択問題 200 題を調べたところ，1 番の選択肢が正解である問題の数は 59 であった．この風説は正しいといえるか．有意水準 5％で検定しなさい．また，片側検定・両側検定のどちらが適切であるか考えなさい．

6.5 問題 6.3 と同じデータで，リーグ別に先攻チームの勝敗を集計すると，セ・リーグでは，引き分けを除く 380 試合中先攻チームの 171 勝 209 敗，パ・リーグでは引き分けを除く 382 試合中 173 勝 209 敗であった．先攻チームの勝率にリーグ差があるか否か，有意水準 5％で検定しなさい．

また，逆転ゲーム（先取点をあげた側が負けた試合）数は，セ・リーグでは全 390 試合中 125，パ・リーグでは 390 試合中 133 であった．「逆転率」にリーグ差があるかどうか，有意水準 5％で検定しなさい．

◆ワンポイント 6.6　適合度検定の例

　サイコロは,「目」をくぼみで表すため, 穴の大きさをうまく作らないと, すべての目が等確率で出現しない（大きい数の目を刻んだ面は「軽く」なるので上を向きやすい）。表 6.14 は, ある工場で作られた 12 個のサイコロを投げ, 12 個のうち「大きい数の目」すなわち 5, 6 の目が出た個数 X を数える実験を繰り返した結果である。サイコロが正しければ, 5 または 6 の目が出る確率は 1/3 であり, X の分布は, 2 項分布 $B(12, 1/3)$ である。表の第 3 列はこのときの各目の期待度数である。実験結果がこの分布に適合しているか否かが検定できる（問題 6.10）。

表 6.14　5, 6 の目の数の分布

5, 6 の数	度数	期待度数 ($p=1/3$)	期待度数 ($p=\hat{p}$)	5, 6 の数	度数	期待度数 ($p=1/3$)	期待度数 ($p=\hat{p}$)
0	185	202.7	187.4	7	1331	1254.5	1329.7
1	1149	1216.5	1146.5	8	403	392.0	423.8
2	3265	3345.4	3215.2	9	105	87.1	96.0
3	5475	5575.6	5464.7	10	14		
4	6114	6272.6	6269.3	11	4	14.3	16.1
5	5194	5018.0	5114.7	12	0		
6	3067	2927.2	3042.5	計	26306	26306	26306

★注意 6.5　この例では, $X=11, 12$ に対する期待度数は, それぞれ 1.19, 0.05 と小さいのでセルの期待度数についての 274 ページの条件を満たしていない。この場合には, 一般に期待度数の小さいセル（ここでは 10, 11, 12 のセル）をプールして扱うこととすることが多い。このとき, 自由度の算出式 (6.19) の「セルの数」はプールしたセルを 1 と数える。

6.6 （問題 6.5 の続き）ある年のプロ野球，セ・リーグ全 390 試合で先攻チームの 1 試合の平均得点 $\bar{X} = 4.06$，分散 $S_1^2 = 9.76$，パ・リーグ全 390 試合の先攻チームの 1 試合の平均得点 $\bar{Y} = 4.44$，分散 $S_2^2 = 10.84$ であった．先攻チームの 1 試合の得点に両リーグで差があるといえるか．

また，後攻チームの得点は，セ・リーグでは平均得点 $\bar{X} = 4.01$，分散 $S_1^2 = 7.60$，パ・リーグでは平均得点 $\bar{Y} = 4.75$，分散 $S_2^2 = 10.39$ であった．後攻チームの 1 試合の得点に両リーグで差があるといえるか．

それぞれ，有意水準 5％で検定しなさい．

6.7 ラプラス（279 ページ参照）は，例数の小さい地域では偶然変動によって，女児が男児より多く生まれる場合もあることにふれ，確率（P-値）の計算により判断を行うべきであることを主張している．ラプラスによれば，フランスのある地域において 5 年間に生まれた新生児 2,009 のうち，1,026 人が女児であった．仮説 $H_0 : p = 0.5$ に対する P-値を（正規近似により）求めなさい．また，仮説 $H_0 : p = 21/43$ ではどうか，求めなさい．

6.8 クローズアップ 5.1 のゼミ生の生活費データ（表 5.1, 201 ページ）について，下宿生と自宅通学生とで生活費に差があるといえるだろうか．母集団分布が正規分布であると仮定して，有意水準 5％で（片側）検定しなさい．

6.9 表 4.1（133 ページ）の第 2，第 3 の表について，それぞれ例 6.4 と同様の適合度検定を行ってみよ．

6.10 ワンポイント 6.6 で，一般の 2 項分布 $B(12, p)$ を仮定し，p の推定値 $\hat{p}$ を (6.18) によって求めなさい．表 6.14 の最右列はこの $\hat{p}$ を用いて求めた期待度数である．これを用いて，2 項分布の適合度を検定しなさい．

6.11 現行ルールの下で行われた，「囲碁」棋士の過去の対戦約 15,000 回中，「先手」の勝率は 51.86％であった．現行ルールは公平であるといってよいか．有意水準 1％で検定しなさい．

同じ問題で，過去の対戦数が 15,000 でなく，1,500 回であったら結論はどう変わるか．

6.12 2×2 分割表の検定で，検定統計量 χ^2 は $\chi^2 = \dfrac{n(n_{11}n_{22} - n_{12}n_{21})^2}{n_{1\cdot}n_{2\cdot}n_{\cdot 1}n_{\cdot 2}}$ と表されること，2 母集団の比率の差のための検定統計量 (6.7) について，$T^2 = \chi^2$ であることを示しなさい。

6.13 $X_1, X_2, \cdots, X_n \sim N(\mu, \sigma^2)$ で，σ^2 は既知であるとする。仮説 $H_0 : \mu = \mu_0$ の検定統計量 $T = \dfrac{\sqrt{n}(\bar{X} - \mu_0)}{\sigma}$ について，P-値：$P(T > T_{\text{obs}}|\mu = \mu_0)$ の分布は，仮説が正しいとき $[0, 1]$ 上の一様分布であることを示しなさい。

6.14 $U_1, U_2, \cdots, U_K$ を互いに独立な K 個の一様乱数とする。$U_1, U_2, \cdots, U_K$ の最大値を M とするとき，M の分布関数 $F_M(x) = P(M \leq x)$ は $F_M(x) = x^K$，$0 \leq x \leq 1$ であることを示しなさい。
また，$U_1, \cdots, U_K$ の最小値を m とするとき，m の分布関数は $F_m(x) = 1 - (1-x)^K$ であることを示しなさい。

6.15[*][**] 286 ページの表は，ロンドンにおける 1629 年から 1710 年までの男女別の出生数（受洗数）である（アーバスノット，247 ページ）。82 年間を通じての男児比率は，$p = 0.5163$ である。82 年間を通じて，男児比率が一定であることを調べたい。
(1) 各年それぞれの性比に対して，仮説 $H_0 : p = 0.5163$ を検定する検定統計量（T_i，$i = 1, \cdots, 82$）を求めなさい。
(2) 82 年間を通じて，出生性比が一定であったとすると，上の（82 個の）仮説はすべて正しく，求めた T_i はすべて，標準正規分布にしたがう。これを検証するため，
 a. T_i の平均が 0 であるか否かを検定しなさい。
 b. T_i の分散 σ_T^2 が 1 に等しいかどうかを検定しなさい。

6.16[*] ゲームの得点データ（表 1.5, 19 ページ）について，適合度検定によって正規性を検定しなさい。
ヒント：度数分布から平均・分散を求め，これから（正規分布を仮定して）各クラスの期待度数を求め，χ^2 値を求める。このとき，上下両端のセルの期待度数が小さいときは，期待度数が 5 以上になるまでプールする。自由度は，セルの数 -3 である。

6.17 ゲーム得点データ（図 1.21, 26 ページ）で，b_1, b_2 に基づく正規性の検定を

行いなさい（クローズアップ 6.6）。

6.18 問題 6.15 のデータについて，これから各年の男児出生率を求め，男児出生数を全出生数 $n = 14000$ に対してこの比率になるように修正した X' が実際のデータだと仮定する。$X' \sim \mathrm{B}(n = 14000, p = 18/35)$ のとき，事象 $A = \{7037 \leq X \leq 7363\}$ の確率 q を求め，ニコラス・ベルヌーイの近似値 0.9776 と比較せよ。事象 A は，82 年間で 71 回おきた。これに基づいて仮説 $q \geq 0.9776$ を有意水準 5% で検定しなさい。

年	男	女	年	男	女	年	男	女	年	男	女
29	5218	4683	50	2890	2722	71	6449	6061	92	7602	7316
30	4858	4457	51	3231	2840	72	6443	6120	93	7676	7483
31	4422	4102	52	3220	2908	73	6073	5822	94	6985	6647
32	4994	4590	53	3196	2959	74	6113	5738	95	7263	6713
33	5158	4839	54	3441	3179	75	6058	5717	96	7632	7229
34	5035	4820	55	3655	3349	76	6552	5847	97	8062	7767
35	5106	4928	56	3668	3382	77	6423	6203	98	8426	7626
36	4917	4605	57	3396	3289	78	6568	6033	99	7911	7452
37	4703	4457	58	3157	3013	79	6247	6041	00	7578	7061
38	5359	4952	59	3209	2781	80	6548	6299	01	8102	7514
39	5366	4784	60	3724	3247	81	6822	6533	02	8031	7656
40	5518	5332	61	4748	4107	82	6909	6744	03	7765	7683
41	5470	5200	62	5216	4823	83	7577	7158	04	6113	5738
42	5460	4910	63	5411	4881	84	7575	7127	05	8366	7779
43	4793	4617	64	6041	5681	85	7484	7246	06	7952	7417
44	4107	3997	65	5114	4858	86	7575	7119	07	8379	7687
45	4047	3919	66	4678	4319	87	7737	7214	08	8239	7623
46	3768	3395	67	5616	5322	88	7487	7101	09	7840	7380
47	3796	3536	68	6073	5560	89	7601	7167	10	7640	7288
48	3363	3181	69	6506	5829	90	7909	7302			
49	3079	2746	70	6278	5719	91	7662	7392	計	484379	453861

第7章 モデルとその推測

　モデル (model) とは，対象とする現象について，関心の中心となる観察・定量化可能な部分を，枝葉を切り捨て（すなわち単純化して）取り出したうえで，これについて，われわれのもつ見方あるいは仮定・仮説を数式を用いて表現したものである．対象に完全な再現性がないとき，その不確実性を確率変数・確率分布といった「確率論の道具」を用いて現象を表現したものが，確率モデル (stochastic models) である．確率モデルは，「推測」とともに用いられるとき統計モデル (statistical models) と呼ばれる（この両者はそれほど厳密に峻別できるものではない）．本章では，いろいろなモデルとその推測について説明する．

7.1　回帰モデルの推測
7.2　2値データの回帰分析

7.1 回帰モデルの推測

7.1.1 単回帰モデル

第3章において，われわれは図3.11（109ページ）のような現象を想定し，独立変数（原因あるいは入力）xと従属変数（結果あるいは出力）yとの関係にバラツキを生む要因として「誤差」eを導入した。

第5章，第6章で説明したように，不確実性・バラツキを伴う現象は，確率変数を用いて「モデル化」し，観測データをこの確率変数の実現値であるとみなして，いろいろな分析が行われる。この考えは，現代の統計分析，ひいてはほとんどの科学の領域でデータを処理する方法であり，また多くの工学分野においても完全な再現性のない対象は，このようなモデルを用いて取り扱う。図3.11の現象に対して，「誤差」を確率変数とするモデルを考える。単回帰モデルは

$$y_i = a + bx_i + e_i, \quad i = 1, \cdots, n \tag{7.1a}$$

で表される。e_iは，バラツキを表す確率変数である。独立変数の各値に「従属変数の条件付平均」を対応させるという「回帰」の本来の意味を明示して

$$\mathrm{E}(y_i|x_i) = a + bx_i, \quad i = 1, \cdots, n \tag{7.1b}$$

と表すこともある。

7.1.2 誤差に関する仮定

標準的な回帰分析の理論では，誤差の確率分布について，次の仮定をおく。

（仮定7-1） 独立変数xは「確率変数ではない」。

（仮定7-2） 誤差は0を中心に分布する。$\mathrm{E}(e_i) = 0, \; i = 1, \cdots, n$

（仮定7-3） 誤差項は互いに無相関（uncorrelated）である。

$$\mathrm{Cov}(e_i, e_j) = 0, \quad i, j = 1, \cdots, n, i \neq j$$

（仮定7-4） 誤差の分散は等しい（等分散性；homoscedasticity）。この共通

● **クローズアップ 7.1　誤差に関する仮定**

左の仮定 7–1〜7–5 に補足を加えよう。

(1)（仮定 7–1）：図 3.11（109 ページ）のようなシステムでは，独立変数は外部から与えられるから，このような仮定は妥当である。x が確率変数であっても，「全体として」——すなわち各 x_i がすべての誤差 e_j, $j = 1, \cdots n$ と——独立であれば，このように仮定してよい。計量経済分析で用いられる時系列モデル，同時方程式モデルなどでは説明変数 x も確率変数であり，誤差項と独立変数が独立でない。その場合，分析するうえでさまざまな問題が発生し，推測の方法に適切な修正が加えられる。

(2)（仮定 7–2）：(7.1a) と (7.1b) から，$e_i = y_i - \mathrm{E}(y_i)$ したがって，$\mathrm{E}(e_i) = 0$ であるから，この 2 つの式を合わせれば，この仮定は不要である。

(3)（仮定 7–5）：この仮定は，回帰係数 a, b，誤差分散 σ^2 に関する推測を，大きくない標本に基づいて厳密に行うときに必要となる。正規分布においては「無相関であること」と「独立性」とは同値である。

(4)（仮定 7–3）：経済分析では，データは時系列であることが多い。晴れの日が連続することがあるように，変数間の関係における「誤差」には，その値が時間的に関連する傾向（系列相関；serial correlation）が想定され，誤差の無相関の仮定は疑わしい。時系列データを用いる場合，注意が必要とされる。詳細は他書に譲るが，ダービン=ワトソン検定（Durbin-Watson test）は，回帰モデルにおける誤差項の系列相関の代表的な検定である。

(5)　仮定 7–1〜7–5 の仮定の下で「最小 2 乗法」のよさが保証されるという意味で，「標準的」である。したがって，われわれが最小 2 乗法によって回帰係数に関する推測を行う場合，暗黙のうちにこれらの仮定が成り立つことを前提にしているともいえる。この仮定のいくつかが成り立たない場合を想定した推測の方法は多数提案され，実際に用いられている（ワンポイント 7.5 参照）。

そのような方法の中で，とくに通常の最小 2 乗法を他の（最小 2 乗法に類似した）方法と区別して，通常の（ordinary）最小 2 乗法といい，OLS と呼ぶことがある。

の値を 誤差分散 といい σ^2 と書く。$V(e_i) = \sigma^2$, $i = 1, \cdots, n$ である。σ^2 も回帰モデルの未知母数である。

(仮定 7–5) 誤差 e_i の分布は正規分布である (誤差の正規性)。

7.1.3 母数の推定

本節の回帰モデルでは，回帰係数 a, b および誤差分散 σ^2 が従属変数 y_i の確率分布すなわちモデルを決定する母数である。回帰係数 a, b は最小 2 乗法で推定する。回帰係数の 最小 2 乗推定値 $\hat{a}, \hat{b}$ の求め方は，すでに第 3 章で述べた ((3.24) 式，112 ページ) 通りである。誤差分散 σ^2 は次のように推定する。残差平方和 RSS について $E(RSS) = (n-2)\sigma^2$ が成り立つ (問題 7.2) ので，この両辺を $n-2$ で割って

$$\hat{\sigma}^2 = \frac{RSS}{n-2} = \frac{1}{n-2} \sum_{i=1}^{n} \hat{e}_i^2 \tag{7.2}$$

とする。この推定量は 不偏 である。

仮定 7–1〜7–4 の下で，推定量 $\hat{a}, \hat{b}$ および $\hat{\sigma}^2$ は，次の性質をもつ。

● 回帰係数の推定量

(1) **推定量の不偏性** 最小 2 乗推定量は不偏である。すなわち，

$$E(\hat{a}) = a, \quad E(\hat{b}) = b \tag{7.3}$$

(2) **分散の公式** 回帰係数の推定量の分散・共分散は次の通りである。

$$V(\hat{a}) = \frac{\sigma^2}{n}\left(1 + \frac{\bar{x}^2}{s_{xx}}\right) \tag{7.4a}$$

$$V(\hat{b}) = \frac{\sigma^2}{ns_{xx}} \tag{7.4b}$$

$$Cov(\hat{a}, \hat{b}) = -\frac{\sigma^2 \bar{x}}{ns_{xx}} \tag{7.4c}$$

ただし，$\bar{x}, s_{xx}$ はそれぞれ独立変数 x の平均，分散を表す。なお，推定量の標準誤差は $\sigma_{\hat{a}} = \sqrt{V(\hat{a})}$, $\sigma_{\hat{b}} = \sqrt{V(\hat{b})}$ である。

● **クローズアップ 7.2 回帰係数の推定誤差**

回帰係数の推定値 $\hat{b}$ に関する公式 (7.3), (7.4) などは直観的に理解することができる。$n=2$ とし,独立変数が,$(x_1, x_2) = (2, 4)$ であり $(\bar{x}=3, s_x=1)$,真の回帰式が $y = 3 + 0.5x$ であるとする。誤差が $(e_1, e_2) = (1, -1)$ とすると,$(y_1, y_2) = (5, 4)$ で,この「データ」は図 7.1 の "A" 点である。$n=2$ のとき最小 2 乗法による回帰直線は,この 2 点を通る直線である!! この直線の切片,傾きが $\hat{a}, \hat{b}$ である。誤差が「変動」し,$(e_1, e_2) = (-1, 1)$ のときは,データは "a" の点になり,誤差の変動に伴って $\hat{a}, \hat{b}$ は,大きく「変動」することがわかる。誤差を $(0.5, -0.5)$ のように,1/2 の大きさにすると,データ点は "B","b" となり,変動が 1/2 になる。(7.4) で $V(\hat{b})$ が誤差変動(分散)σ^2 に比例することは,これから納得できよう。

独立変数を,$(x_1, x_2) = (1, 5)$(標準偏差 $\sqrt{s_{xx}}$ が 2 倍)とし,"A","G" の場合と同じ大きさで誤差を「変動」させると,図 7.1 の "C","c" の点となる。これは,"B","b" データと同じ回帰直線(の変動)を与える。(7.4) の中に,誤差分散と独立変数の分散が σ^2/s_{xx} の形で含まれていることが,直観的に理解できる。

図 7.2 は,独立変数を $(x_1, x_2) = (2, 4)$ から $(x_1, x_2) = (1, 3)$ に,すなわち平均 $\bar{x}$ を変化させ,上と同様に「変動」の変化を図示したものである。$\bar{x}$ が (s_x) に比べて大きくなると,切片 $\hat{a}$ が大きく変動する理由が明らかになる。

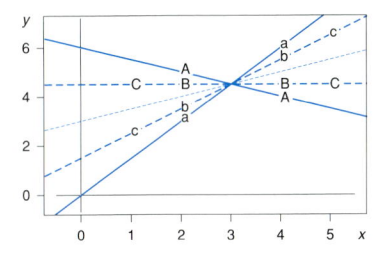

図 7.1 独立変数の分散と推定誤差 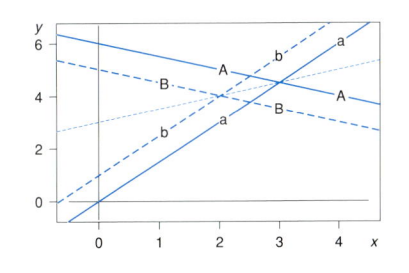   図 7.2 独立変数の平均と推定誤差

(3) **推定量の分布**　大標本の（データのサイズ n が大きく，また独立変数に極端な外れ値がなければ）とき，中心極限定理が成り立ち，推定量の分布は正規分布であることが証明されている。すなわち

$$\hat{a} \sim \mathrm{N}\left(a, \frac{\sigma^2}{n}\left(1 + \frac{\bar{x}^2}{s_{xx}}\right)\right), \quad \hat{b} \sim \mathrm{N}\left(b, \frac{\sigma^2}{ns_{xx}}\right) \tag{7.5}$$

である。なお，この性質（推定量の正規性）は，仮定 7–5 が満たされれば n の大きさにかかわらず厳密に成立する。

● 誤差分散の推定量

(4) σ^2 の分散は一般には複雑であるが，誤差項が互いに独立に同じ分布であるとすれば，比較的簡単な次の近似公式が成り立つ。

$$\mathrm{V}\left(\hat{\sigma}^2\right) \sim \frac{2\sigma^4}{n} + \frac{K}{n^2} \tag{7.6}$$

ここで，$K = \mathrm{E}(e_i^4) - 3\sigma^4$ である。

(5) **残差平方和の分布**　（正相性の仮定 7–5 の下で，残差平方和を誤差分散で基準化した量 $\dfrac{\mathrm{RSS}}{\sigma^2}$ は自由度 $n-2$ の χ^2 分布（$\chi^2(n-2)$）に従う。

[例 7.1]　表 7.1（上 2 段）は，1994 年から 2002 年までのトルコの為替レート（米ドル／（1,000 トルコリラ）r）と卸売物価指数（1990 = 100, p）である。この期間の年平均の物価上昇率は $100 \times (\sqrt[8]{50619/880} - 1) = 66.0\%$ と高い。同じ期間，米ドル／リラレートも同様に高騰し，この 2 変数の散布図（図 7.3）には，明瞭な直線関係が見られる。実際，$s_r = 509.86$，$s_p = 16019.3$ および $s_{rp} = 8103492$，したがって，$r_{rp} = 0.9922$ と高い相関関係が得られる。

r を p で説明する回帰式の係数は，$\hat{b} = \dfrac{s_r}{s_p} r_{rp} = 0.0316$，$\bar{r} = 482.8$，$\bar{p} = 15401.2$ であるから，$\hat{a} = \bar{r} - \hat{b}\bar{p} = -3.552$ である。図 7.4 に，回帰残差を横軸を p に対してプロットした。また残差平方和は，RSS $= 36541.52$ であり，これを誤差の自由度 $n-2 = 7$ で割って誤差分散の不偏推定値 $\hat{\sigma}^2 = 5220.2$ を得る。図 7.6 は，この回帰式に対する残差のグラフである。

図 7.4 では p の増加につれて残差が大きくなる傾向が見られる。このデー

表 7.1　トルコの為替レートと物価指数

年	1994	1995	1996	1997	1998	1999	2000	2001	2002
レート r	29.6	45.8	81.4	151.9	260.7	418.8	625.2	1225.6	1506.1
物価 p	880	1638	2881	5238	9000	13776	20861	33718	50619
成長率 g	-5.5	7.2	7.0	7.5	3.1	-4.7	7.2	-7.3	7.8
$\log(r)$	1.47	1.66	1.91	2.18	2.42	2.62	2.80	3.09	3.18
$\log(p)$	2.94	3.21	3.46	3.72	3.95	4.14	4.32	4.53	4.70

（出所）総務庁統計局「世界の統計」2001, 2004 年版

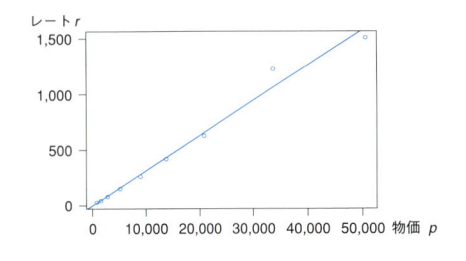

図 7.3　物価と為替レート（トルコ）

図 7.4　残差（為替レート）

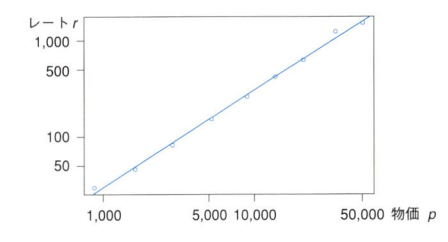

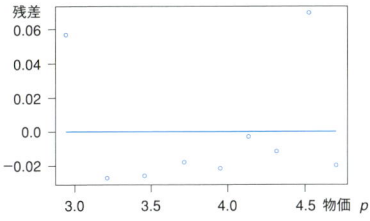

図 7.5　物価と為替レート（両対数目盛）

図 7.6　残差（為替レート）

7.1　回帰モデルの推測　　293

タは，標準的な回帰分析のための仮定 7–4（等分散性）を満たしていない可能性がある．時系列で，データの期間内で水準が大きく変動する場合は，対数変換により変動を安定化できる．図 7.5 は，r, p を対数目盛でプロットしたものである．$(\log(p), \log(r))$（表 7.1 の下 2 段）について相関係数は 0.9982，直線 $\log(r) = a' + b' \log(p)$ を推定すると，$\hat{a}' = -1.569, \hat{b}' = 1.013, \hat{\sigma}^2 = 0.0392^2$ を得る．図 7.6 は，この回帰式に対する残差のグラフである．

● 最小 2 乗法の良さ

仮定 7–1 から 7–5 の下で，クラメール＝ラオの不等式（定理 5.2, 234 ページ）によって，不偏な推定量の分散の最小値（下限）が，(7.4) 式で与えられることが知られている（定理 5.2 は母数が 1 個の場合であるが，母数が複数の場合の定理も存在する（大学院レベルだが，『統計的推測とその応用』C.R. ラオ著，奥野忠一他訳，1978 年，東京図書，第 5 章を参照）．回帰係数の最小 2 乗推定量 $\hat{a}, \hat{b}$ は，最良な不偏推定量である．

正規性の仮定 7–5 が成り立たない場合，最良であることはいえないが，推定量を「線形」，つまり $\tilde{a} = c_1 y_1 + c_2 y_2 + \cdots + c_n y_n$（$b$ についても同様）の形のものに限れば (7.4) より分散（平均 2 乗誤差）が小さい不偏推定量は存在しない（ガウス＝マルコフの定理）．

上で説明した最適性は，説明変数が複数の場合についても成り立つ．

7.1.4 回帰係数の信頼区間

標本が大きいか，誤差の正規性が仮定できるとすると，回帰係数の推定量 $\hat{a}, \hat{b}$ の分散の公式 (7.4) により，回帰係数の区間推定が可能になる．(7.5) から，傾きの推定量 $\hat{b}$ をその期待値 (b)・標準偏差 ($\sigma/\sqrt{ns_{xx}}$) によって標準化した変数を Z_b とすれば

$$Z_b = \frac{\sqrt{ns_{xx}}(\hat{b} - b)}{\sigma} \sim N(0, 1) \qquad (7.7)$$

が成り立つ．平均値に関する信頼区間（5.3.1 項）と同様に，σ が既知であれば，この事実から b の信頼区間を構成することができる（問題 7.1）．

● **クローズアップ 7.3** 対数変換

（例 7.1 続き）貨幣価値の下落が続くトルコでは，人々は価値の安定している外国通貨を好み，直接ドルなどによる売買も盛んに行われ，また通貨の交換にも規制がほとんどない。このような環境ではドル表示の物価は安定，すなわち「為替レートと物価は比例関係」にあると予想される。これを検証してみよう。変数間に $r = a + bp$ の関係を仮定する単回帰分析の枠組みにおいて，この仮説は

$$H_0 : a = a_0 = 0$$

と表されるから，これを帰無仮説とする検定を行う。

$\hat{a} = -3.552$, $\bar{p} = 15401$, $\hat{\sigma}^2 = 5520.2$ だから，$\hat{a}$ の分散の推定値は $\hat{\sigma}_{\hat{a}} = \dfrac{\hat{\sigma}^2}{n}\left(1 + \dfrac{\bar{p}^2}{s_{pp}}\right) = \dfrac{5520.2}{9}\left\{1 + \left(\dfrac{15401}{16019.3}\right)^2\right\} = 33.41$，検定統計量は

$$T_a = \frac{\hat{a} - a_0}{\hat{\sigma}_{\hat{a}}} = \frac{-3.552}{33.41} = -0.106$$

である。これに対し自由度 $9 - 2 = 7$ の t 分布の上側 2.5％点は 2.36 であるから，仮説は棄却されない（なお，$t_a = 0.106$ に対する P-値は 0.918 である）。

上の分析は，等分散の仮定を満たさないデータに標準的な方法を適用しており，適切な解析とはいえない。対数変換データの分析をしてみよう。ここでは単回帰モデルは

$$\log r = a' + b' \log p$$

である。r, p の間に比例関係 $r = kp$ が成り立てば，$b' = 1$ である。例 7.1 の計算結果から，$\hat{b'}$ の標準誤差 $\dfrac{\sigma^2}{ns_{xx}}$ の推定値は 0.0231 である。帰無仮説 $H_0 : b' = 1$ に対する検定統計量は $T_{b'} = \dfrac{0.0103}{0.0231} = 0.446$ であり，ここでも明らかに仮説は棄却されない（P-値は 0.585）。

$$\hat{b} - z_{\alpha/2} \frac{\sigma}{\sqrt{ns_{xx}}} \leq b \leq \hat{b} + z_{\alpha/2} \frac{\sigma}{\sqrt{ns_{xx}}} \tag{7.8}$$

しかし，誤差分散 σ^2 が「既知」であることは現実にはまれな状況である。σ が未知のときは，(7.7) の右辺で σ をその推定量 $\hat{\sigma} = \sqrt{\hat{\sigma}^2} = \sqrt{\frac{\mathrm{RSS}}{n-2}}$ で置き換えた統計量を用いる。

$$T_b = \frac{\sqrt{ns_{xx}}(\hat{b}-b)}{\hat{\sigma}} = \frac{\sqrt{ns_{xx}}(\hat{b}-b)}{\sqrt{\frac{\mathrm{RSS}}{n-2}}} \tag{7.9}$$

誤差の 正規性 を仮定すれば，T_b は自由度 $n-2$ の t 分布に従う。回帰係数 b の水準 $1-\alpha$ の信頼区間は

$$\hat{b} - t_{\alpha/2}(n-2) \frac{\hat{\sigma}}{\sqrt{ns_{xx}}} \leq b \leq \hat{b} + t_{\alpha/2}(n-2) \frac{\hat{\sigma}}{\sqrt{ns_{xx}}} \tag{7.10}$$

である。ここで，$t_{\alpha/2}(n-2)$ は自由度 $n-2$ の t 分布の上側 $100\alpha/2$ パーセント点である。同様に，$\mathrm{V}(\hat{a})$ の公式 (7.4a) を用いて a の信頼区間を作ることができる。

[例7.2] クローズアップ 3.7（115ページ）の例について，消費関数 $C = a + bY$ の係数 a, b の信頼区間を求める。ここでは $\hat{a} = 40.55$, $\mathrm{RSS} = \sum_{i=1}^{n} \hat{e}_i^2 = 3532.3$, $s_{YY} = 18676.80$, $\bar{Y} = 334.29$ であったから，誤差分散は

$$\hat{\sigma^2} = \frac{\mathrm{RSS}}{n-2} = 3532.3/15 = 235.48$$

であり，$\hat{\sigma}_{\hat{a}}^2 = \frac{\hat{\sigma^2}}{n}\left(1 + \frac{\bar{Y}^2}{s_{YY}}\right) = \frac{235.48}{17}\left(1 + \frac{334.29^2}{18676.80}\right) = 96.73$ である。自由度 $n-2 = 15$ の t 分布の上側 2.5 ％点は t 分布表から 2.13 である。これらより，切片（intercept）a の 95 ％信頼区間は

$$19.59 = \hat{a} - t_{0.025}(15)\hat{\sigma}_{\hat{a}} \leq a \leq \hat{a} + t_{0.025}(15)\hat{\sigma}_{\hat{a}} = 61.51$$

である。直線の傾き b の信頼区間は各自求められたい。

大標本，すなわち n が十分大きいときは，誤差の正規性を仮定しなくても

◆ワンポイント 7.1　対数正規分布

　データの分析において，対数変換は例 7.1 のように頻繁に行われる。モデルは $\log r = a + b \log p + \varepsilon$ であるが，この関係を変換前の変数で表せば，

$$r = Ap^b \times \varepsilon' \tag{7.11}$$

である。ここで，$A = \exp(a)$，$\varepsilon' = \exp(\varepsilon)$ 関数 $\exp(x)$ は e^x を表す。$e = 2.718\cdots$ と誤差項 ε が紛らわしいので，ここではこのように表記する。回帰分析で正規性 $\varepsilon \sim N(0, \sigma^2)$ を仮定すれば，$\exp(\varepsilon)$ の分布は，$1 = e^0$ を中心（中央値）とする，図 7.7 のような分布となる。

　この分布は対数正規（log normal）分布と呼ばれる。σ が小さければ，正規分布に近いが，σ の増加とともに，期待値 ($= \exp(\sigma^2/2)$)，分散 ($= \exp(\sigma^2)(\exp(\sigma^2) - 1)$)，分布の歪度（公式省略）いずれも急速に大きくなる（表 7.2）。$E(\varepsilon') > 1$ なので，モデル (7.11) について $E(r) > Ap^b$ であることに注意したい。

　ただし，例 7.1 では $\hat{\sigma}^2 = 0.0392^2$，したがって，$E(\varepsilon') = \exp(0.0392^2/2) = 1.0008 \fallingdotseq 1$ である。変換の影響は，ほとんどないといってよい。

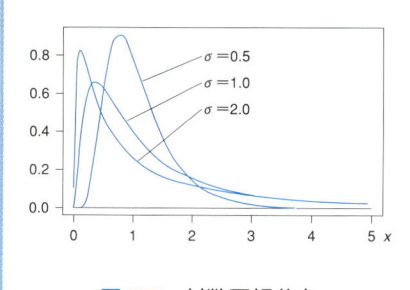

図 7.7　対数正規分布

表 7.2　期待値・標準偏差・歪度

σ	期待値	標準偏差	歪度
0.25	1.03	0.26	0.78
0.50	1.13	0.60	1.75
0.75	1.32	1.15	3.26
1.00	1.65	2.16	6.18
1.25	2.18	4.24	13.15
1.50	3.08	8.97	33.47
2.00	7.39	54.10	414.3
2.50	22.76	517.51	11824

（ある種の中心極限定理が成立し）近似的に推定量の正規性が成立し，(7.5)が成り立つ。また，σ^2 の推定量の分散は小さく（公式 (7.6)），σ^2 を推定したことの影響は無視できるから，b の信頼区間は (7.8) を用いてよい。

7.1.5 回帰係数の検定

回帰係数 b について帰無仮説

$$H_0 : b = b_0$$

の検定を考えよう。誤差分布は正規分布で，σ^2 は未知と仮定し，有意水準を α としよう。推定量 $\hat{b}$ の分布は (7.5) である。検定統計量は，推定量 $\hat{b}$ の仮説の値 b_0 からのズレ（乖離）を推定量の標準偏差 $\sigma_{\hat{b}}$ の推定値で割った値すなわち (7.9) の T_b が適当である。296 ページで述べたように，T_b の分布は帰無仮説の下で自由度 $n-2$ の t 分布に従う。対立仮説が両側（片側），すなわち

$$H_1 : b \neq b_0 (b > b_0)$$

であれば，棄却域は

$$|T_b| > t_{\alpha/2}(n-2), \qquad (T_b > t_\alpha(n-2)) \tag{7.12}$$

である。回帰係数（切片）a についての検定も全く同様である。

7.1.6 重回帰モデルの推測

独立変数が 2 個の重回帰モデル

$$y_i = b_0 + b_1 x_{i1} + b_2 x_{i2} + e_i, \qquad i = 1, \cdots, n \tag{7.13}$$

を考えよう。回帰係数の最小 2 乗推定値 $\hat{b}_0$, $\hat{b}_1$, $\hat{b}_2$ などの計算についてはすでに説明した（変数間の分散，共分散の記号，添え字の規則などは 3.3.2 項（116 ページ）参照）。ここでは，誤差項 e_i を確率変数とみなし，単回帰モデルと全く同じ仮定をおく。

◆ **ワンポイント 7.2　予測値の精度**

クローズアップ 7.2 と同じような設定を考える。$n=2$ で独立変数を $(x_1, x_2) = (2, 4)$ とし，「真の」回帰式を $y_i = 3 + 0.5 + e_i$，$i = 1, 2$ で誤差の分布は $N(0, 1)$ として，乱数を用いてデータを作り出し回帰直線を描く。これを，1,000 回繰り返した結果が図 7.8 である。中央の白抜きの直線は「真の」回帰直線である。

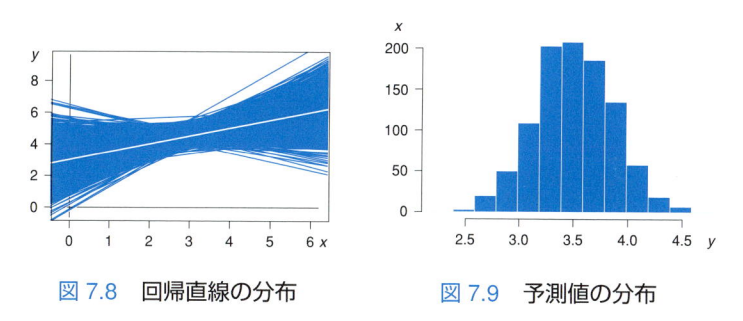

図 7.8　回帰直線の分布　　図 7.9　予測値の分布

回帰式 $y = \hat{a} + \hat{b}x$ を用いて，$x = x_0$ の値（たとえば $x = 1$）に対する y の予測値 $\hat{y} = \hat{y}(x_0)$ が得られる。図 7.9 はこの予測値の分布である（繰返し 1,000 回の結果）。この分布（シミュレーション分布）について $\bar{\hat{y}} = 3.517$ であり，真の回帰式の y の値，$3 + 0.5 \times 1 = 3.5$ にほぼ一致する。証明は省略するが，一般に予測値の分散は

$$V(\hat{y}(x_0)) = \frac{\sigma^2}{n}\left(1 + \frac{(x_0 - \bar{x})^2}{s_{xx}}\right) \tag{7.14}$$

である。この式，あるいは図 7.8 からもわかるように，予測点 x_0 が（推定に用いた）独立変数の平均から離れるに従って，予測の精度は悪くなる。モデルの推測に用いた，実験・観察データの範囲外に回帰式を適用する（外挿（extrapolation）という）ときは，その式の信頼性が低いことに注意しなくてはならない。

なお，当然であるが，$\hat{a}$ の分散 (7.4a) は，(7.13) で $x_0 = 0$ としたものである。

⟨まとめ 7.1⟩ 単回帰モデルの推測に平行して成立する事実を（証明なしで）列挙しておく．なお，説明変数の数を $p(p=2)$ で表し，一般の p の場合を類推できるように記述する．仮定 7–1〜仮定 7–4 の下で

(1) 誤差分散 σ^2 は

$$\hat{\sigma}^2 = \frac{\text{RSS}}{n-(p+1)} \tag{7.15}$$

で推定する．RSS は残差平方和．$n-(p+1)$ を **誤差の自由度** という．

(2) 最小 2 乗推定量 $\hat{b}_k$, $k=0,1,\cdots,p$ と $\hat{\sigma}^2$ は不偏推定量である．

(3) 推定量 $\hat{b}_1$, $\hat{b}_2$ の分散（標準誤差の 2 乗）は

$$\hat{\sigma}_{\hat{b}_1}^2 = V(\hat{b}_1) = \frac{\sigma^2}{n} \frac{s_{1y}s_{22} - s_{2y}s_{12}}{s_{11}s_{22} - s_{12}^2} \tag{7.16a}$$

$$\hat{\sigma}_{\hat{b}_1}^2 = V(\hat{b}_2) = \frac{\sigma^2}{n} \frac{s_{11}s_{2y} - s_{21}s_{1y}}{s_{11}s_{22} - s_{12}^2} \tag{7.16b}$$

(4) 大標本の場合あるいは，仮定 7–5 の下で，$\hat{b}_k$, $k=0,1,\cdots,p$ の分布は正規分布である．

(5) 推定量の正規性が成り立てば，次のように回帰係数 b_k が指定された値 b_{k0} に等しいという仮説 $H_0 : b_k = b_{k0}$ の検定を行うことができる．推定値 $\hat{b}_k$ と仮説の値 $b_{k0} = 0$ との差を標準誤差の推定値で基準化した統計量

$$T_{b_k} = \frac{\hat{b}_k - b_{k0}}{\hat{\sigma}_{\hat{b}_k}}$$

は帰無仮説の下で T_{b_2} の分布は自由度 $n-p-1$ の t 分布である（自由度は誤差の自由度に一致することに注意）．これから，単回帰分析の場合と全く同様に，検定を行う．T_{b_k} を（b_k の）t-値ということもある．

〔補足 7.1〕 正規方程式 (3.28)（116 ページおよび補足 3.1, 120 ページ）の係数を並べた行列（**分散共分散行列**）を $S = \begin{pmatrix} s_{11} & \cdots & s_{1p} \\ & \cdots & \\ s_{p1} & \cdots & s_{pp} \end{pmatrix}$，その逆行

◆ **ワンポイント 7.3** 回帰分析の標準的な仮定

　回帰分析における「標準的な仮定」は，推論の正しさとりわけ推測の根拠となる確率の評価の正しさのために必要な仮定である．この仮定が満たされないとき，どのような問題が生じるかを，例を挙げて説明しよう．

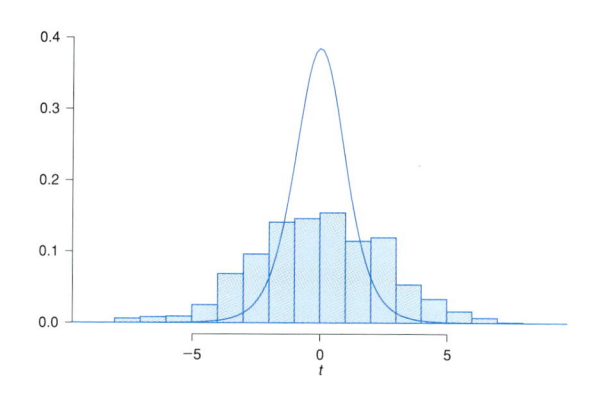

図 7.10 T_b のシミュレーション分布

　トルコの為替レートの分析（例 7.1 およびクローズアップ 7.3）では，(誤差項と独立変数の比例関係を想定して）対数変換を行った．ここでは，この想定が正しいとする．そこで，乱数を用い $V(e_i) = p^2\sigma^2$ なる誤差 e_i を発生させ，これよりモデルの式 $r_i = \hat{a} + \hat{b}p_i + e_i$ によって r_i, $i = 1, \cdots, 9$ の疑似データを作る（$\hat{a}$, $\hat{b}$ は原データから推定した値である）．この疑似データから，帰無仮説 $\mathrm{H}_0 : b = \hat{b}$ を検定する統計量 T_b が求められる．われわれは「真の」回帰係数 $b = \hat{b}$ の値を知っていることに注意しよう．このデータは等分散性の仮定 7–4 を満たさない．図 7.10 はこの操作を繰り返し，得られた 1,000 個の T_b のヒストグラムである．帰無仮説の下で T_b を繰り返し作成しているので，このヒストグラムは仮説の下での統計量 T_b の分布を近似している．われわれは，この分布が t 分布（図 7.10 の曲線）であると（理論的に）考え，P-値を求めるが，この評価が誤りであることは図から明らかである．

列を $S^{-1} = \begin{pmatrix} s^{11} & \cdots & s^{1p} \\ & \cdots & \\ s^{p1} & \cdots & s^{pp} \end{pmatrix}$ とするとき，$\mathrm{V}(\hat{b}_k) = \dfrac{\sigma^2 s^{kk}}{n}$，$k = 1, \cdots, p$ である。

[例 7.3]　（クローズアップ 7.3 の続き）トルコの為替レートの対数変換データ分析の残差プロット（図 7.6）には，依然として不規則な変動が見られる。1994 年，2001 年に対応する残差は大きく正の値を示している。残差分布の正規性はやや疑わしく，他の独立変数によってこの部分が説明できる可能性がある。

ここでは，GDP の成長率 g（単位%）（表 7.1）を独立変数に加えてみる。モデルは

$$\log r = a + b \log p + cg + e \tag{7.17}$$

である。以下，一般論との記号の整合性のため $y = \log r$，$x_1 = \log p$，$x_2 = g$，対応する回帰係数を b_1, b_2 とおく。

データから $\bar{y} = 5.456$，$\bar{x}_1 = 8.950$，$\bar{x}_2 = 2.478$ を得る。また分散・共分散は，$s_{1y} = 1.722$，$s_{2y} = -0.433$，$s_{11} = 1.670$，$s_{22} = 36.64$，$s_{12} = -0.0194$ である。これらを係数とする正規方程式を解いて，$\hat{b}_1 = 1.0131$，$\hat{b}_2 = -0.0113$，$\hat{b}_0 = -3.583$ を得る。また，$\mathrm{RSS} = 0.01495$，$\hat{\sigma}^2 = \mathrm{RSS}/(9-2-1) = 0.002492$ である。

回帰係数の標準誤差を (7.16) によって求めれば $\hat{\sigma}_{\hat{b}_1} = 0.0128$，$\hat{\sigma}_{\hat{b}_2} = 0.00275$ である。

この例のように<u>変数の追加</u>を行うときには，追加された独立変数が「真に」従属変数に影響しているか否かを調べる必要がある――「真の」回帰係数 b が 0 であれば，推定値 $\hat{b}_2$ が誤差のため 0 でなくても，真の関係において独立変数 x_2 の変動は y の変動に影響しない。このことは，仮説 $\mathrm{H}_0 : b_2 = b_{20} = 0$ の検定によって検証できる。

データから，検定統計量（まとめ 7.1 の 5 項）を求めると $T_{b_2} = \dfrac{-0.0113}{0.00275} =$

● コラム 7.1　変数選択（モデル選択）●

例 7.3 では，$H_0 : b_1 = 1$ の検定が主たる目的であった。これに対し $H_0' : b_2 = 0$ の検定は変数 g の追加の必要性の検定である。変数の追加は，モデルを精密化し論証の結果をより説得力のあるものとするためである（もちろん，g（経済成長）が，r（為替レート）に影響するか否か，もしするならばそれがどのようなものであるかは，興味深い問題であるが）。

統計的仮説検定は，データ解析の至る所で使われている。従来，あまり強調されていないようであるが，仮説検定の使われ方は，次の 3 つに大きく分類できる。(ⅰ) 科学的命題の論証，(ⅱ) 現象のモデル化および (ⅲ) 意志決定にかかわる推測である。第 6 章では，主として (ⅰ) の側面に沿って説明した。(ⅲ) について，本書では割愛したが，統計的品質学理における抜き取り検査などはこの範疇に入る。

ここでは上の (ⅱ) の点に関連して一言補足する。モデルは現象を説明し，予測し，またあるときは対象を制御するために用いられる。可能な限り簡単なモデルで現実を忠実に近似することが望ましい。候補となる独立変数から従属変数の説明に必要最小限の変数を選ぶことを変数選択あるいはモデル選択という。変数増加法，変数増減法などの変数選択のプロセスでは，上の H_0 のような変数の追加・除去のための検定を繰り返し，探索的に最もよいモデルに到達しようとする。しかしながら，変数選択の目的はある変数を含まない回帰式と含む回帰式の，どちらが現象をよく説明しているかを調べることであり，その意味で「帰無仮説」と「対立仮説」は対等である。両仮説の扱いが非対称である仮説検定は，このような使い方にはなじまないのではないかと筆者は考えている。入門書であるという本書の性格と紙幅の制約で詳述はできないが，モデル選択においては，各モデルと現実（すなわちデータ）の近さを測る基準となる統計量を導入しこれを小さくするモデルを選ぶという方法が用いられる。AIC（Akaike's Information Criterion；赤池情報量規準）はその代表的なものである。

-4.111 である．検定の臨界値，すなわち自由度 $9-2-1=6$ の t 分布両側 5％点は 2.427（$|T_{b_2}|>2.427$）であるから，仮説は棄却される（変数の追加によって，モデルが改良されたと考えてよい）．

最終的に検証したいテーマは，仮説 $H_0: b_1 = 1$ であった．このための検定統計量を求めると，$T_{b_1} = \dfrac{1.0131 - 1}{0.0128} = 1.024 (|T_{b_1}| \leq 2.427)$ であるから，仮説は受容される．

この結果の残差プロット（図 7.11）には，顕著な規則性は見られない（この判断はやや主観的であり，厳密には誤差の正規性の検定が必要である．しかしながら，一般に分布の形に関する検定にはある程度の標本サイズが必要である．$n=9$ は小さすぎると思われる）．

7.2　2値データの回帰分析

回帰分析では，従属変数（目的変数）は，連続的な数量変数である．主たる関心がカテゴリー変数であるようなデータ解析もさまざま見られる．ここではその一例として，2値変数（binary response）を従属変数とするデータの分析を説明する．

7.2.1　確率のモデル

表 7.3 は，ある年ある競馬場の主要 100 レースにおける，一番人気の馬の配当率と勝敗を表したものである．勝敗はランダムな現象であり，その確率 p は，実力と当日のコンディションなどによって定まると考えられる．配当率は，その馬への「投票率」v の逆数の 75％ である．「投票率」を，ファンによる馬の勝率の（主観的な）推定値とみなそう．主観的な勝率 v と客観的な勝率 p の関係を調べることが，分析の目的である．

[例 7.4]　簡単な分析をしてみる．全データを投票率 v の大きさの順に並べ，小さいほうから 10 件ずつ計 10 のグループに分ける．各クラスでの v の平均とそのクラスの勝率を求めたものを，表 7.4 に示した．これに対して，回帰関

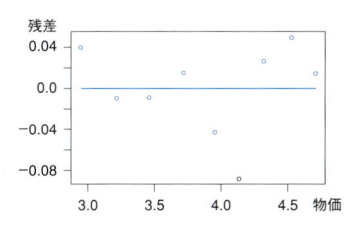

図 7.11 残差（為替レート）

表 7.3 一番人気馬の配当率と勝敗

配当率	勝敗	配当率	勝敗	配当率	勝敗	配当率	勝敗	配当率	勝敗
3.1	L	3.7	L	2.9	L	4.1	L	5.2	L
2.4	L	3.0	W	2.9	L	1.6	W	4.1	L
3.2	L	2.4	W	1.7	L	2.2	L	3.3	L
2.5	L	2.4	L	2.7	W	2.4	W	3.9	W
2.5	L	2.0	W	2.8	L	2.5	L	2.9	L
2.6	W	2.6	W	2.3	L	2.3	W	3.7	L
5.3	L	2.0	L	1.4	W	1.2	L	2.2	L
3.4	L	1.5	L	2.0	L	3.9	W	3.5	W
4.9	L	1.6	L	3.0	L	2.5	W	1.5	W
2.1	W	1.7	W	1.8	L	3.0	L	3.0	L
1.3	L	2.0	L	3.5	L	1.4	W	1.5	L
3.3	W	2.7	L	2.9	L	3.0	L	3.0	L
2.6	L	2.1	L	4.1	L	3.6	L	2.5	L
5.3	L	3.4	W	2.5	W	2.2	L	1.4	L
2.5	L	3.6	L	2.5	L	2.4	W	2.7	L
1.9	L	2.5	L	2.5	W	1.5	L	1.9	W
2.6	L	1.5	L	3.2	L	3.4	L	4.1	L
1.8	W	2.5	W	1.8	L	5.6	L	3.1	L
2.0	W	1.5	W	2.9	W	2.3	W	1.9	L
5.1	L	3.6	W	2.0	W	4.2	L	4.1	L

注：勝敗欄は，W が勝ち，L が負けを示す．投票率 v は，$v = \dfrac{3}{4 \times 配当率}$ と換算する．

表 7.4 主観勝率と実現勝率

$\bar{v}$	0.16	0.21	0.23	0.26	0.29	0.31	0.33	0.37	0.44	0.54
勝率 ($p = y/10$)	0.0	0.4	0.2	0.2	0.3	0.4	0.5	0.5	0.4	0.5
v'	−1.64	−1.35	−1.20	−1.05	−0.91	−0.82	−0.72	−0.51	−0.24	0.14

係 $p = a + bv$ を仮定して単回帰分析を行うと，回帰式 $p = 0.0128 + 1.046v$，$\hat{\sigma}^2 = 0.122^2$，決定係数 $R^2 = 0.513$ を得る．得られた回帰式は $p = v$ に近い（「主観勝率」が実際の勝率にほぼ等しい）．また，回帰係数についての仮説 $H_{a0} : a = 0$，$H_{b0} : b = 1$ の検定のための統計量をそれぞれ，T_a，T_b とする．7.1.4 項の手順に従って，これらを求めると，$T_a = 0.10$，$T_b = 0.13$ である．臨界値は（自由度 $10 - 2 = 8$ の t 分布の 2.5% 点）はだから，H_{a0}，H_{b0} はどちらも棄却されない．

上のような素朴な解析には，いくつかの問題がある．まず回帰分析の仮定について，各グループにおける勝ち数 y（勝率 $p = y/10$）は，2 項分布に従う変数である（非正規性）．また，この分散はグループごとに異なる（不等分散）ことが問題である．もう一つ，回帰式が 1 次式であるから，a, b と説明変数の値によっては，確率 p の推定値が $[0, 1]$ の範囲に収まらないことがある点である．

2 値データの分析には，確率 p が $(0, 1)$ の間に収まるような回帰関数，具体的には，次のような p を変数 x で説明するモデルを用いる．

$$p = F(a + bx) \tag{7.18}$$

ここで，$F(x)$ は $F(-\infty) = 0$，$F(\infty) = 1$ を満たす単調増加関数である．たとえば，

$$F(x) = \frac{e^x}{1 + e^x} \tag{7.19a}$$

$$F(x) = \Phi(x) \tag{7.19b}$$

である．また，(7.19a) の右辺の関数をロジスティック (logistic) 関数という（図 7.12）．$\Phi(x)$ は標準正規分布関数（図 7.13）である（176 ページ）．

ロジスティック関数を用いたモデルをロジット (logit) モデル，正規分布関数を用いたモデルをプロビット (probit) モデルという．

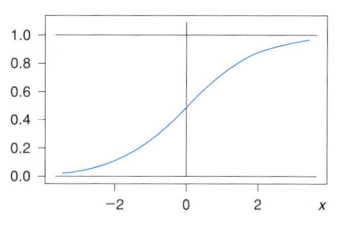

図 7.12　ロジスティック関数

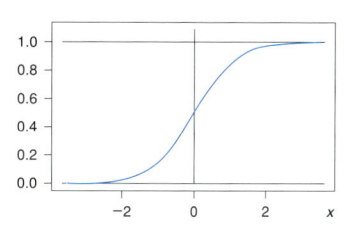

図 7.13　標準正規分布関数

◆ワンポイント 7.4　最尤法と数値計算

モデルが s 個の母数 $\theta_1, \cdots, \theta_s$ をもち，その対数尤度関数が $l(\theta)$, $\theta = (\theta_1, \cdots, \theta_s)$ であるとする．θ の最尤推定値 $\hat{\theta}$ は，各母数 θ_i についての $l(\theta)$ の偏微分係数を 0 とおいて得られる，連立方程式（尤度方程式（likelihood equations）という）$\frac{\partial l}{\partial \theta_i}(\theta) = 0$, $i = 1, \cdots, s$ の解である．

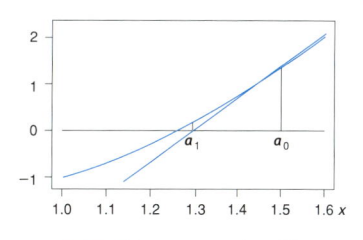

図 7.14　ニュートン法

方程式の数値解を求めるには，ニュートン=ラプソン（Newton-Raphson）法と呼ばれる方法が有名である．

これは，なめらかな関数が，（狭い範囲では）1 次式で近似できることを利用し，適当な近似解（初期値）から出発して，逐次に近似解を改良する方法である．たとえば 2 の 3 乗根は，$f(a) = a^3 - 2 = 0$ の解である．これを求める．$a_0 = 1.5$ を初期値とする．$a = a_0$ のまわりで

$$f(a) \fallingdotseq f(a_0) + f'(a_0)(a - a_0) = (1.5^3 - 2) + 3 \times 1.5^2 (a - 1.5)$$

である（図 7.14）．ここで，右辺 = 0 の解は $a_1 = 1.5 - \dfrac{1.375}{6.75} = 1.2963$ である．得られた $a_1 = 1.2963$ を新しい近似値として，

$$a_{m+1} = a_m - \frac{f(a_m)}{f'(a_m)}, \quad m = 0, 1, \cdots$$

と，必要な精度が得られるまで繰り返す．$a_2 = 1.260930$, $a_3 = 1.259922$, $\cdots$．収束先は，$\sqrt[3]{2} = 1.259921\cdots$ である．これは，1 変数の例であるが，自然に多変数の場合に一般化できる．ニュートン=ラプソン法には多くの変種がある．詳細は数値解析のテキストを参照されたい．

7.2.2 モデルの推定

独立変数の値 $x_1, x_2, \cdots, x_K$ で，それぞれ n_k 回のベルヌーイ試行が行われ y_k 回の「成功」が観察されている．成功確率が，それぞれ p_k であるとすると，y_k は2項分布 $B(n_k, p_k)$ である．ここで p_k に対し前項のモデル（7.18）を仮定すれば

$$p_k = F(a + bx_k) \tag{7.20}$$

である．

a, b はモデルの母数であり，データ $(x_1, y_1), \cdots, (x_K, y_K)$ から推定する．推定には，最尤法（5.4.2項，230ページ）が有効である．各 y_k は互いに独立であるから，その確率は各々の確率の積

$$\binom{n_1}{y_1} p_1^{y_1} (1-p_1)^{n_1-y_1} \times \cdots \times \binom{n_K}{y_K} p_K^{y_K} (1-p_K)^{n_K-y_K}$$

である．ここで $p_k = F(a + bx_i)$ であることに注意すると，母数 a, b の対数尤度は，

$$l(a, b) = c + y_1 \log p_1 + (n_1 - y_1) \log(1 - p_1) + \cdots$$
$$+ y_K \log p_K + (n_K - y_K) \log(1 - p_K) \tag{7.21}$$

であることがわかる．ただし，$c = \log \binom{n_1}{y_1} + \cdots + \log \binom{n_k}{y_k}$ で，これは a, b に無関係な数である（最大化のときに無視できる）．（7.20）を（7.21）に代入すると，対数尤度は

$$l(a, b) = c + y_1 \log F(a + bx_1) + (n_1 - y_1) \log\{1 - F(a + bx_1)\} + \cdots$$
$$+ y_K \log F(a + bx_K) + (n_K - y_K) \log\{(1 - F(a + bx_K)\}$$

と表される．

[例 7.5]（例 7.4 続き）この問題では，説明変数 v も $0 < v < 1$ とその範囲が制約されている．また，$v = F(v')$ となるような変数 $v' = F^{-1}(v)$ を導入し

◆ワンポイント 7.5 重み付き最小 2 乗法

単回帰モデル $y = a + bx + e$ で,説明変数の各値,x_i, $i = 1, \cdots, n$ でそれぞれ,m_i, $i = 1, \cdots, n$ 回(測定値 y_{ij}, $j = 1, \cdots, m_i$ が得られたとしよう(家計の消費支出に関するデータで,同じ可処分所得をもつ世帯が,複数調査対象となった場合がこれに該当する)。添え字を明示して,モデルは

$$y_{ij} = a + bx_i + e_{ij}$$

と表される。誤差平方和 $Q(a, b)$ は,同じ x_i をもつデータをグループと見なせば

$$Q(a, b) = \sum_{i=1}^{n} m_i \{\bar{y}_i - (a + bx_i)\}^2 + \sum_{i=1}^{n} \sum_{j=1}^{m_i} (y_{ij} - \bar{y}_i)^2$$

である。この右辺第 2 項は,a, b を含まないから,最小 2 乗推定値 $\hat{a}$, $\hat{b}$ は第 1 項($\bar{Q}(a, b)$ と書く)の最小化によって得られる。

ところで,$\bar{Q}(a, b)$ は,グループ平均 $\bar{y}$ だけから計算できる。その最小化は,データ $(x_1, \bar{y}_1), \cdots, (x_n, \bar{y}_n)$ に対して直線を当てはめていると見なすこともできる。実際,$\bar{y}$ のモデルは

$$\bar{y}_i = a + bx_i + \eta_i, \quad i = 1, \cdots, n$$

である。ここで,$\mathrm{E}(\eta_i) = 0$, $\mathrm{V}(\eta_i) = \dfrac{\sigma^2}{m_i}$ である。この「不等分散」モデルの回帰係数は,$\bar{Q}(a, b)$ すなわち $\bar{y}$ の分散の逆数を重みとする「重み付き」誤差平方和の最小化によって得られることがわかる。

一般に

$$y_i = a + bx_i + e_i, \quad i = 1, \cdots, n \tag{7.22}$$

で,$\mathrm{V}(e_i) = c_i \sigma^2$ である(その他に関しては回帰分析に関する標準的な仮定を満たす)モデルを考える。ただし,$c_1, \cdots, c_n$ は既知の定数,σ^2 は未知母数とする。このとき,回帰係数の推定値は,重み付きの誤差平方和 $\sum_{i=1}^{n} w_i \{y_i - (a + bx_i)\}^2$ の最小化によって得る。ただし,$w_i = 1/c_i$ である。これを**重み付き最小 2 乗推定量**(weighted least squares eatimator)という。具体的には,最小 2 乗推定値の公式((3.22) 式,112 ページ)で,平均 $\bar{x}$ を重み付き平均 $\bar{x}_W = \sum_{i=1}^{n} w_i/(w_1 + \cdots + w_n)$,分散・共分散を $s_{xy}^{(W)} = \sum_{i=1}^{n} w_i(x_i - \bar{x}_W) y_i - \bar{y}_W/(w_1 + \cdots + w_n)$ などと置き換えればよい。

$$p = F(a + bv') \tag{7.23}$$

と表せば，$a = 0$, $b = 1$ のとき（調べたい仮説を表す）$p = v$ となるので都合がよい．

ここでは $F(x)$ にロジスティック関数を用いよう．このとき $v' = \log\left(\dfrac{v}{1-v}\right)$ である（表 7.4 の最下段）．いくつかの a, b の組について (7.23) のグラフを描いてみると，それぞれ図 7.15（$a = 0$ とし $b = 0.25$, 0.5, 1, 2, 4 と変化させた），図 7.16（$b = 1$, $a = -2$, $\cdots$, 2）のようになる．

このような複雑な関数の最大化は，反復計算を伴う数値的な方法に頼らざるを得ない．母数が 1 ないし 2 個であれば，次のような格子点探索（grid search）がわかりやすい（それだけでなく尤度関数は重要な情報を含んでいるので，できるだけその形状を確認するのがよい）．

母数の領域の十分広い範囲をカバーするように，たとえば $a = -1$, -0.8, $\cdots$, 1 の 11 通り，$b = 0.6$, 0.7, $\cdots$, 1.4 の 9 通り，全部で 99 通りの (a, b) の組合せについて，それぞれ (7.21) に従って対数尤度を計算する．たとえば $a = -0.2$, $b = 0.9$ のときの対数尤度 $l(a, b)$ はつぎのように求める．表 7.4 の左端のデータ値 $(v_1, y_1) = (0.16, 0)$ について $v'_1 = -1.67$ だから，$P_1 = F(-0.2 + 0.9 \times (-1.67)) = e^{-1.68}/(1 + e^{-1.68}) = 0.158$ である．これから，$y_1 \log P_1 + (n - y_1) \log(1 - P_1) = -1.72$ を得る．同様にして (v_2, y_2), $\cdots$, (v_{10}, y_{10}) からそれぞれの対数尤度に対する寄与を求め，それらを合計して $l(-0.2, 0.9) = -61.75$ が得られる．表 7.5 は，計算結果の一部である．これから，対数尤度は $a = 0.2$, $b = 1.1$ の付近で最も大きいことがわかる．次に，この付近を詳しく，たとえば $a = 0.12$, $\cdots$, 0.28 とし，$b = 1.06$, $\cdots$, 1.14, として表 7.6 を求める．必要な精度（小数以下 3 桁）までこれを繰り返して，最尤推定値 $\hat{a} = 0.180$, $\hat{b} = 1.066$, そのときの対数尤度 -61.012 が得られる．推定された回帰曲線を v, p の散布図とともに描くと図 7.17 のようになる．

図 7.15　v–p 関数（a = 0）　　図 7.16　v–p 関数（b = 1）

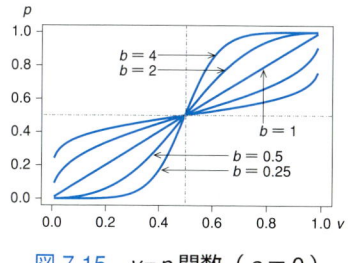

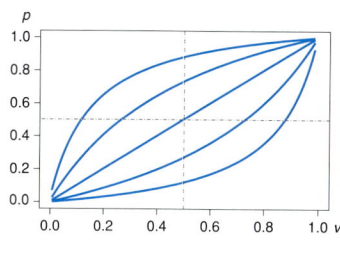

表 7.5　対数尤度（+70）

a \ b	0.9	1	1.1	1.2	1.3
−0.2	8.245	7.861	7.330	6.662	5.868
0	8.886	8.800	5.549	8.146	7.599
0.2	8.684	8.925	8.985	8.875	8.605
0.4	7.592	8.186	8.584	8.795	8.831
0.6	5.575	6.543	7.303	7.863	8.231

表 7.6　対数尤度（+70）

a \ b	1.06	1.08	1.1	1.12	1.14
0.12	8.956	8.935	8.908	8.875	8.835
0.16	8.985	8.978	8.963	8.942	8.914
0.2	8.982	8.987	8.985	8.976	8.961
0.24	8.944	8.962	8.973	8.977	8.974
0.28	8.872	8.903	8.927	8.944	8.954

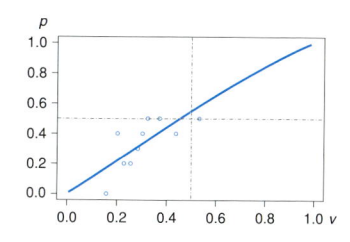

図 7.17　データと回帰曲線

7.2　2 値データの回帰分析

7.2.3 尤度比検定

例 7.4 では，2 つの母数 a, b をもつモデルを考えた。これを **完全モデル**（full-model）という。一方，われわれの関心は $p = v$ すなわち「$a = 0$ かつ $b = 1$」を満たす —— 完全モデルの母数の制限を加えた —— モデルである。これを **部分モデル**（sub model）という。

完全モデルの（最大化）対数尤度は，部分モデルの対数尤度より必ず大きい。例 7.5 で前者は，-61.012 であった。また，$a = 0$，$b = 1$ に対する対数尤度を，(7.21) によって求めると，-61.200 である。仮に仮説が正しければ，$\hat{a}, \hat{b}$ はそれぞれ 0, 1 に近く，部分モデルの尤度は，完全モデルの（最大）尤度に近いと期待できる。一方，仮説が正しくなければ，その差は大きいと予想される。したがって，この差を判定の基準（検定統計量）とすることが考えられる。実際には，

$$\lambda = 2\left(\log\left(\text{完全モデルの最大尤度}\right) - \log\left(\text{部分モデルの最大対数尤度}\right)\right)$$

が用いられる。n が大きいとき仮説の下で λ の分布は $\chi^2(m)$ である（証明等の詳細は数理統計学）。自由度 m は，部分モデルに加えられた制約式の（実質的な）個数と一致する。λ を（対数）**尤度比統計量**（likelihood ratio）といい，これに基づく検定を **尤度比検定** という。

●信頼領域

仮説の検定と信頼区間の構成は，表裏をなす関係にある（257 ページ）。つまり，仮説 $\theta = \theta_0$ が有意水準 α で受容されるような θ_0 の全体が，θ に関する信頼水準 $1 - \alpha$ の信頼区間である。これは，全く同様に母数が複数の場合にも拡張される。すなわち，母数 θ について，仮説 $\theta = \theta_0$ が有意水準 α で受容されるような θ_0 の全体を，θ に関する信頼水準 $1 - \alpha$ の **信頼領域**（confidence region）という。

表 7.7 は，a, b の値を帰無仮説とするときの検定統計量 λ の値を示している。λ の臨界値は $\chi^2_{0.05}(2) = 5.99$ だから，表の値がこれ以下になる (a, b)（表の青字部分）が 95％信頼領域をなす。

表 7.7 λ と信頼領域

b \ a	-0.8	-0.6	-0.4	-0.2	0.0	0.2	0.4	0.6	0.8	1.0	1.2
0	6.8	6.5	8.0	11.4	16.8	24.2	33.6	44.9	58.0	72.9	89.3
0.2	6.2	4.4	4.4	6.2	9.9	15.6	23.3	32.9	44.5	57.8	72.9
0.4	7.2	4.1	2.6	2.8	4.9	8.9	14.9	22.9	32.8	44.5	58.1
0.6	9.4	5.2	2.4	1.2	1.8	4.2	8.5	14.8	23.0	33.1	45.1
0.8	12.8	7.6	3.7	1.2	0.4	1.3	4.1	8.7	15.2	23.6	34.0
1.0	17.2	11.1	6.2	2.6	0.6	0.1	1.4	4.4	9.3	16.1	24.8
1.2	22.5	15.6	9.8	5.3	2.1	0.4	0.3	1.9	5.3	10.5	17.5
1.4	28.4	20.8	14.3	8.9	4.8	2.0	0.7	1.0	3.0	6.6	12.1
1.6	34.8	26.8	19.6	13.5	8.5	4.8	2.4	1.5	2.2	4.4	8.4
1.8	41.8	33.3	25.6	18.8	13.1	8.6	5.2	3.3	2.8	3.8	6.4
2.0	49.1	40.2	32.1	24.8	18.4	13.2	9.0	6.1	4.6	4.4	5.8
2.2	56.8	47.6	39.0	31.3	24.4	18.5	13.6	9.9	7.4	6.2	6.5

◆ **ワンポイント 7.6　統計モデルの推定**

統計モデルは，さまざまな分野で用いられる．5.4.4 項（236 ページ）で述べたように，モデルの推論における尤度に基づく方法は非常に有力な方法である．ここでその入り口を紹介したモデル分析は，とりわけ計量経済分析・経済時系列分析などで頻繁に用いられる．一方，この例でもわかるように，尤度関数は一般に複雑で，その取り扱いは現代のコンピュータの力をもってしても困難であることも少なくない．このため，直接的な最尤法に代わる，実行可能でありかつそれと同等の有効性が保証された方法が提案され，実際に用いられている．

◆ **ワンポイント 7.7　データ分析**

例 7.4 のデータの分析で，説明の流れの中で 10 件ずつまとめた表 7.4 を用いて推論を行った．実は，このようにデータをまとめる必要はない．表 7.3 のデータを直接用いて，モデル (7.23) の尤度を計算することができ，これに基づく推定・検定ができる（問題）．格子点探索による最尤推定値は，$\hat{a} = 0.18$，$\hat{b} = 1.07$，でそのときの最大対数尤度は -60.90 である．一方，$a = 0$，$b = 1$ に対する対数尤度は -61.18 だから $\lambda = 0.565$（$\chi^2_{0.05}(2) = 5.99$）となり，仮説は棄却されない．

問 題

7.1 回帰モデルにおいて，回帰係数 b の推定量の分布が (7.5) 与えられる正規分布であるとき，b の水準 $1-\alpha$ の信頼区間は (7.8) 式であることを示しなさい．

7.2$^{(**)}$ (7.2) を示しなさい．

7.3$^{(*)}$ 日本の人口（表 3.26，121 ページ）を直線で説明する回帰式 (3.31)（120 ページ）の "YEAR" に対する回帰係数 b について（本文と同様 1980 年までのデータを用い）誤差の正規性を仮定して
(1) 仮説 $H_0: b=0$ を有意水準 5％で（片側）検定しなさい．
(2) b の信頼水準 95％の信頼区間を求めなさい．

7.4$^{(*)}$ 日本の人口についての 2 次回帰式 (3.34)（123 ページ）の 2 次の項 $(YEAR-1900)^2$ の回帰係数 b_2 について，問題 7.3 とおなじように，仮説 $H_0: b_2=0$ の検定を行い，また 95％信頼区間を求めなさい．

7.5$^{(*)(**)}$ アーバスノットのデータ（問題 6.15 および問題 6.18 のデータ，286–287 ページ）について，各年の出生数 N と男児比率 p の（仮説：「p が一定」に対する）検定統計量 T の相関係数を求めなさい．T を N に対して回帰する単回帰分析を行い，その係数の有意性（N が大きいとき p が増加／減少する傾向があるか否か）を判定しなさい．

また，p を N で説明する単回帰分析を行い，さらにその場合に注意する点を考えなさい．

7.6$^{(*)}$ 右の表は，さまざまな用量（X mg/l）のロテノン（殺虫剤）溶液を，アブラムシの一種の一群に吹き付け一定時間後に効果のあった個体数（y）を調べたものである．

効果の確率 p に，プロビットモデル（$x=\log(X)$ を独立変数として）

$$p = \Phi(a+bx)$$

を仮定し，係数 a, b を最尤法により推定しなさい．

X	$\log(X)$	n	y
10.2	1.01	50	44
7.7	0.89	49	42
5.1	0.71	46	24
3.8	0.58	48	16
2.6	0.41	50	6
0	—	49	0

● **クローズアップ 7.4　フィッシャーと検定**

図 7.18　ロナルド・A・フィッシャー
（1890–1962）

　現代の数理統計学の直接の祖は，フィッシャーであろう．彼はケンブリッジ大学を卒業し，しばらくしてロザムステッド実験農場で最も生産的な研究生活を送り，その後ロンドン・ユニバーシティ・カレッジ，ケンブリッジで優生学，遺伝学の教授を務めた．本書の内容に限っても，尤度に基づく推論 —— 統計量の十分性・情報量，分散分析，分割表の正確検定，ステューデントによる t 分布の厳密化，適合度検定の完成とくに自由度の扱いはフィッシャーに負うところが大きい．このほか，実験計画法や遺伝に関する研究など膨大な業績を残した．

　フィッシャーはそのまわりに論争が絶えなかったことでも有名である．多くの教科書（すなわち現在の主流の考え）では検定を，帰無仮説の下で第 1 種の誤りの確率を制御（α 以下に）した上で，対立仮説の第 2 種の誤りの確率（β）を最小にするようにデータを得る前に棄却域を決め，その後は機械的に受容・棄却の二者択一的な「決定」を下す手続きであるとしている（仮説検定論：1930 年代にネイマンと E.S. ピアソンによって確立された）．フィッシャーは検定を単純な決定問題と考えることを嫌い，P-値（有意確率ともいう）に基づいて科学的な真実に到達するための判断であると主張した（有意性検定）．

　統計的品質管理で使われる「抜取検査」は，「決定」の側面が端的に表れている仮説検定の利用例である．大量に生産される工業製品はロットという単位で扱われる．ロットは，不良品の割合 p が $p \leq p_0$ のとき「良」であり，$p \geq p_1$ ならば「不良」であるとされる．抜取検査は，ロットからの標本中の不良数によって，良・不良を判定するため，$H_0: p = p_0$，$H_1: p = p_1$ とし，α（生産者（売手側）危険）と β（消費者（買手側）危険）をともに一定値以下にするよう設計された検定手続である．

　筆者は浅学にして論争の本質がよくわかっていないが，検定の利用目的の違い（社会的なニーズの変化）がフィッシャーとネイマン等の間の論争の背景にあるのではないかと思っている．

問 題 略 解

第 1 章 デ ー タ
1.1 略
1.2 略

第 2 章 基本統計量
2.1 （完全データ）平均 $= 53.97$，標準偏差 $= 24.92$。
（度数分布）平均 $= 53.65$，標準偏差 $= 24.77$。

2.2 （完全データ）中央値 $= 59$（度数分布）$49 + \dfrac{101-81}{(105-81)\times 10} = 57.33$ または，$\dfrac{101-81}{24} = 8.33$ だから中央値は 58。

2.3 （完全データ）$Q^{(1)} = 80$, $Q^{(3)} = 100$, （度数分布）$Q^{(1)} = 80$, $Q^{(3)} = 100$

2.4 $3.5, 8$

2.5 略

2.6 $\bar{y} = a + b\bar{x}$, $s_y = bs_x$ であるから，$y_i' = \dfrac{y_i - \bar{y}}{s_y} = \dfrac{a + bx_i - (a + b\bar{x})}{bs_x} = x_i'$。

2.7 65 ページの記号等を用いる。$x_{(1)} \leq x_{(2)} \leq \cdots \leq x_{(n)}$ から $\dfrac{y_i}{y_n} \leq \dfrac{i}{n}$ が得られる。各 x_i に一定値 a を加えると，下から i 番目までの合計 y_i' は $y_i' = y_i + ia$ である。これに対応するローレンツ曲線の y 座標は $\dfrac{y_i + ia}{y_n + na} \leq \dfrac{y_i}{y_n}$ であることがわかる。

2.8 $2.67 \left(= \dfrac{8}{3} \right)$

2.9 $s_x^2 = \dfrac{a^2 + 2}{6}$, $b_2 = \dfrac{1}{2}\dfrac{a^2(a^2 - 4)}{(a^2 + 4)^2}$

2.10 略

2.11 略

2.12 $m_1' = m_1$
$m_2' = m_2 + m_1^2$
$m_3' = m_3 + 3m_2 m_1 + m_1^3$
$m_4' = m_4 + 4m_3 m_1 + 6m_2 m_1^2 + m_1^4$

2.13 イェンセンの不等式より，一般に，$\dfrac{1}{n}\sum_{i}^{n} e^{-y_i} \geq e^{-\bar{y}}$ である。$y_i = \log x_i$ とおけば，これは $\dfrac{1}{n}\sum_{i}^{n} \dfrac{1}{x_i} \geq \dfrac{1}{x_G}$ となる（$\bar{y} = \log x_G$ に注意）。この両辺の逆数をとればよい。

第 3 章　変数の間の関係

3.1 (3.38) 式が成り立つとする。(3.38) 式の共通の値を c_l, $l = 1, \cdots, L$ とおく。各 k, $k = 1, \cdots, K$ について、$q_{\cdot l} = \sum_{k=1}^{K} q_{kl} = \sum_{k=1}^{K} c_l q_{k\cdot} = c_l$ であるから、$q_{kl} = q_{k\cdot} q_{l|k} = q_{k\cdot} q_{\cdot l}$ すなわち (3.5) 式が成り立つ。逆は明らかである。

3.2 (1) $\chi^2 = 18.00$、自由度 2 の χ^2 分布の（有意水準 5% の）臨界点は 5.99 だから、独立性の仮説は棄却される。(2) 男性：$\chi^2 = 2.85$ で独立性の仮説は棄却されない。女性：$\chi^2 = 5.04$ で独立性の仮説は棄却されない。(3) 表 3.28, 3.29 の周辺度数から男女別の意見についての 2×2 分割表を作成できる。これから、$\chi^2 = 33.55$（自由度 1 の臨界点 3.84）だから、男女の意見には高度の有意差がある。

3.3 相関係数は 0。

3.4 誤差平方和 $Q(k)$ は $Q(k) = \sum_i (y_i - kx_i)^2 = k^2 \sum_i x_i^2 - 2k \sum_i x_i y_i + \sum_i y_i^2 = n(s_{xx} + \bar{x}^2)k^2 - 2n(s_{xy} + \bar{x}\bar{y})k + (s_{yy} + \bar{y}^2)$ だから $Q(k)$ は $k = \hat{k} = \dfrac{s_{xy} + \bar{x}\bar{y}}{s_{xx} + \bar{x}^2}$ で最小になる。このとき、残差の和は $\sum_i (y_i - \hat{k}x_i) = n(\bar{y} - \hat{k}\bar{x}) = n\left(\bar{y} - \dfrac{s_{xy} + \bar{x}\bar{y}}{s_{xx} + \bar{x}^2}\bar{x}\right)$。これは必ずしも 0 でない（通常の単回帰の残差の和は 0 である）。

3.5 $\bar{a} = \dfrac{1}{n}\sum_{i=1}^{n} i = \dfrac{n+1}{2} = \bar{b}$, $\overline{a^2} = \dfrac{1}{n}\sum_{i=1}^{n} i^2 = \dfrac{(n+1)(2n+1)}{6} = \overline{b^2}$

より、$s_{aa} = s_{bb} = \dfrac{n^2 - 1}{12}$。一方

$$\sum_i d_i^2 = n\sum_i \{(a_i - \bar{a}) - (b_i - \bar{b})\}^2 = n(s_{aa} - 2s_{ab} + s_{bb})$$

だから、$s_{ab} = s_{aa} - \dfrac{1}{2n}\sum_i d_i^2$。これから

$$\rho = r_{ab} = \dfrac{s_{ab}}{\sqrt{s_{aa}s_{bb}}} = 1 - \dfrac{\sum_i d_i^2}{2ns_{aa}} = 1 - \dfrac{6\sum_i d_i^2}{n^3 - n}$$

となる。

第 4 章　確率論入門

4.1 出席者数を X とする。$P(X = k | A_i) = \dfrac{\binom{i}{k}}{\binom{n}{k}} = \dfrac{i!(n-k)!}{n!(i-k)!} = \dfrac{(i)_k}{(n)_k}$。求める事後確率は

$$P(A_n | X = k) = \dfrac{P(X = k | A_n)}{\sum_{i=k}^{n} P(X = k | A_i)} = \dfrac{(n)_k}{\sum_{i=k}^{n} (i)_k}$$

である。$n = 10$, $k = 1$ のとき、$P(A_n | X = k) = \dfrac{2}{11}$。$n = 30$, $k = 10$ のとき、$P(A_n | X = k) = 0.355$（この計算にはコンピュータが必要）。

4.2 $P(A) = a$ とすると $P(A|B) = \dfrac{a \times 0.9}{a \times 0.9 + (1-a) \times 0.2} = 0.1$ より，$a = \dfrac{2}{83}$。

4.3 一般に，$A = (A \cap B) \cup (A \cap \bar{B})$, $(A \cap B) \cup (A \cap \bar{B}) = \phi$ だから $P(A) = P(A \cap B) + P(A \cap \bar{B})$。一方，$A \supset B$ なので $A \cap B = B$ となる。したがって，$P(A) = P(B) + P(A \cap \bar{B}) \geq P(B)$。後半略。

4.4 ジョーカー数 J について，$P(J=1) = \dfrac{\binom{2}{1}\binom{52}{9}}{\binom{54}{10}} = \dfrac{440}{1431} \fallingdotseq 30.7\,\%$，$P(J=2) = \dfrac{\binom{52}{8}}{\binom{54}{10}} = \dfrac{45}{1431} \fallingdotseq 3.1\,\%$。

4.5 ワンペアの確率：$\dfrac{13 \cdot \binom{4}{2} \cdot \binom{12}{3} \cdot 4^3}{\binom{52}{5}} = \dfrac{352}{833}$

1-pair	2-pair	3 of a kind	straight	flush	full-house	4 of a kind	straight flush
42.26 %	4.75 %	2.11 %	0.353 %	0.197 %	0.144 %	0.024 %	0.0014 %

4.6 $P(A_1 \cup A_2 \cup \cdots \cup A_n) = \dfrac{\binom{n}{1}}{n} - \dfrac{\binom{n}{2}}{n(n-1)} + \dfrac{\binom{n}{3}}{n(n-1)(n-2)} - \cdots$
$= 1 - \dfrac{1}{2!} + \dfrac{1}{3!} - \dfrac{1}{4!} + \cdots + \dfrac{(-1)^{K-1}}{K!}$

4.7 3 個ずつの ○，× (6 個の印) に番号を付けて区別する。1, 2, 3 枚目のカードは，それぞれ表裏が，(○—1, ○—2), (○—3, ×—1), (×—2, ×—3) である。6 個の印は，各々 1/6 の確率で，机上に観察される (これが，個の問題の標本空間)。机上の印が ○ であるとき，裏が ○ であるケースは，3 通りの中で 2 通りであるから，求める条件付確率は 2/3。

4.8 (X, Y) は，実際の執行と所長の答えをそれぞれ表す。基本事象は，(A, B), (A, C), (B, C), (C, B) であり，$P(()A, B) = P(()A, C) = 1/6$, $P(()B, C) = P(()C, B) = 1/3$ である。このとき $P(X = A|Y = B) = 1/3$ である。

4.9 $P(A_1 \cap A_2 \cap A_3) = 0 \neq P(A_1)P(A_2)P(A_3) = 1/8$ だから，この 3 事象は独立ではない。

4.10 2 人の場合 $p_k = \dfrac{2}{3^k}$。3 人の場合 a_k, b_k。それぞれ k 回目のじゃんけん終了時点で，3 人，2 人残っている確率。$a_k = \dfrac{4}{9} a_{k-1}$, $b_k = \dfrac{1}{3} b_{k-1} + \dfrac{4}{9} a_{k-1}$ である。これより，$a_k = \dfrac{4^k}{9^k}$, $b_k = 4\left(\dfrac{4^k - 3^k}{9^k}\right)$。よって求める確率は，$\dfrac{1}{9} a_{k-1} + \dfrac{2}{3} b_{k-1} = \dfrac{4^{k-1} + 24(4^{k-1} - 3^{k-1})}{9^k}$ となる。

4.11 $p_n = P(n$ 門の砲に勝つ$)$ とすると，$\pi_n = (1 - 0.01)^{n + (n-1) + \cdots + 1}$。$p_{11} = 0.515$, $p_{12} = 0.457$。

4.12 3 人が互角とする。最初の 2 人の確率は $\dfrac{3}{8}$，後の 1 人は $\dfrac{1}{4}$。

4.13 A が $a' = m - a$ 勝するまでの B の勝数 X が $b' = m - b$ 未満であれば A の勝ち。

$$P(\text{A の勝ち}) = p^{a'} \sum_{k=0}^{b'-1} \binom{a'+k}{k} (1-p)^k 。$$

4.14 略

4.15 略

4.16 $\tilde{n} = n - z$, $y = \tilde{n} - x$ とすると，$x = 0, 1, \cdots, \tilde{n}$ について

$$P(X_1 = x | X_3 = z) = \frac{n! p_1^x p_2^y p_3^z}{x! y! z! P(X_3 = z)} = C \binom{\tilde{n}}{x} \tilde{p}^x (1-\tilde{p})^{\tilde{n}-x}$$

と表すことができる．ここで，C は x に依存しない定数であり，条件付確率を x について加えると 1 になるから $C = 1$ であることがわかる．

4.17 $P(X_k = x_k, k = 1, \cdots, K) = \dfrac{\lambda_1^{x_1} \cdots \lambda_K^{x_K}}{x_1! \cdots x_K!} e^{-(\lambda_1 + \cdots + \lambda_K)}$ である．これから，$\Lambda = \lambda_1 + \cdots + \lambda_K$ とおいて

$$P(X_k = x_k, k = 1, \cdots, K | X_1 + \cdots + X_K = n) = C \frac{n!}{x_1! \cdots x_K!} \left(\frac{\lambda_1}{\Lambda}\right)^{x_1} \cdots \left(\frac{\lambda_K}{\Lambda}\right)^{x_K}$$

である．ただし，C は $x_1, \cdots, x_K$ に依存しない定数．右辺は，因子 C を除いて，多項分布の確率であるが，条件付確率の和は 1 だから $C = 1$ である．

4.18 $\mathrm{E}(X | X + Y = k) = \dfrac{k}{2}$, $\mathrm{V}(X | X + Y = k) = \dfrac{K^2 - 1}{12}$, ただし，$K = 6 - |k - 7|$．

4.19 略

4.20 $\mathrm{V}(X_i) = p(1-p)$ で X_i は互いに独立だから，$\mathrm{V}\left(\sum_{i=1}^{n} X_i\right) = \sum_{i=1}^{m} \mathrm{V}(X_i) = np(1-p)$．

4.21 サイの目を X とすると，$\mathrm{E}(X) = \dfrac{7}{2}$, $\mathrm{V}(X) = \dfrac{35}{12}$．

4.22 $X \sim \mathrm{NB}(1, p)$ とする．$\mathrm{E}(X) = q(p + 2p^2 + \cdots) = m$ とおく．$mp = q(p^2 + 2p^3 + \cdots)$ を合わせて，$(1-p)m = \dfrac{pq}{1-p}$, すなわち $\mathrm{E}(X) = \dfrac{p}{q}$．$\mathrm{E}\{X(X-1)\} = q(2p^2 + 6p^3 + \cdots) = f$ とする．$fp = q(2p^3 + 6p^4 + \cdots)$ と合わせると，$2m = (1-p)f$ を得る．$\mathrm{V}(X) = \mathrm{E}(X^2) - m^2 = f + m - m^2$ に上の結果を代入すると $\mathrm{V}(X) = \dfrac{p}{q^2}$ を得る．

4.23 $P(X_k = x_k, k = 1, \cdots, K) = \dfrac{n!}{x_1! \cdots x_K!} p_1^{x_1} \cdots p_K^{x_K} = \dfrac{n!}{x_1!(n-x_1)!} p_1^{x_1}(1-p_1)^{n-x_1} \times \dfrac{(n-x_1)!}{x_2! \cdots x_K!} \left(\dfrac{p_2}{1-p_1}\right)^{x_2} \cdots \left(\dfrac{p_K}{1-p_1}\right)^{x_K}$ であるが，右辺第 2 の因子は，$K-1$ 項分布の確率であるから，これを $x_2, \cdots, x_K$ について合計すると 1 になる．したがって

$$P(X_1 = x_1) = \frac{n!}{x_1!(n-x_1)!} p_1^{x_1}(1-p_1)^{n-x_1}$$

となる．

4.24 $P(X = x, Y = y) = \dfrac{n_1!}{x!(n_1-x)!} p^x q^{n_1-x} \dfrac{n_2!}{y!(n_2-y)!} p^y q^{n_2-y}$

$$= \frac{(n)!}{m!(n-m)!}p^m q^{n-m} \times \binom{m}{x}\frac{(n_1)_x (n_2)_{n-x}}{(n)_m}$$

である（ただし，$n = n_1 + n_2$）。右辺第2因子は，超幾何分布 $H(m, n_1, n_2)$ の確率だから，m を固定してこれを x について加えると 1 である。したがって，$P(X + Y = m) = \frac{(n)!}{m!(n-m)!}p^m q^{n-m}$，$P(X = x | X + Y = m) = \binom{m}{x}\frac{(n_1)_x (n_2)_{n-x}}{(n)_m}$ である。

4.25 問題 4.17 の特別な場合．

4.26 $\int x\phi(x)dx = -\phi(x)$ であるから

$$\int x^2 \phi(x) dx = -x\phi(x)\Big|_{-\infty}^{\infty} + \int \phi(x) dx = 1$$

4.27 略

4.28
- $P(1 \le X \le 3) = 0.3438$，近似値 $= 0.4338$
- $P(1 \le X \le 3) = 0.6385$，近似値 $= 0.6967$
- $P(1 \le X \le 3) = 0.1709$，近似値 $= 0.1692$

4.29 略

4.30 (ii) $x_i = ka_k$ とおくと，$\bar{x} = 1$，$v = \frac{\overline{x^2}}{k} = \frac{s_x^2 + \bar{x}^2}{k}$ である。これは，$s_x^2 = 0$，すなわち $a_1 = \cdots = a_k = \frac{1}{k}$ のとき最小で $\frac{1}{k}$ である。

第 5 章　標本抽出と推測

5.1 基本事象は，母集団 $N = 8$ 個の値 $(x_1, \cdots, x_8)$ から $k = 4$ 人を選んで順に並べる並べ方 $(X_1, \cdots, X_4)$ の各々で $(N)_k$ 通り。この中で，$X_i = x_j$，すなわち $X_i = x_j$，$i = 1, \cdots, k$，$j = 1, \cdots, N$，となるものの数は，$(N-1)_{k-1}$ 個ある。したがって，$P(X_i = x_j) = \frac{1}{N}$．

5.2 $E\{(\hat{\theta} - \theta)^2\} = E\{(\hat{\theta} - E(\hat{\theta})) + (E(\hat{\theta}) - \theta)\}^2$
$= E\{(\hat{\theta} - E(\hat{\theta}))^2 + 2(\hat{\theta} - E(\hat{\theta}))(E(\hat{\theta}) - \theta) + (E(\hat{\theta}) - \theta)^2\}$
だから，$E(\hat{\theta} - E(\hat{\theta}))(E(\hat{\theta}) - \theta) = (E(\hat{\theta}) - \theta)E(\hat{\theta} - E(\hat{\theta})) = 0$ である。

5.3 ヒントの式で，右辺第1項は 0，第2項が $N\sigma^2$ であるから。

5.4 $V(X_i) = \sigma^2$，$\mathrm{Cov}(X_i, X_j) = -\frac{\sigma^2}{N-1}$，$i \ne j$（問題 5.3）。
ヒントから $V\left(\frac{1}{n}\sum_{i=1}^n X_i\right) = \frac{1}{n}\sigma^2 - \frac{n-1}{n}\frac{\sigma^2}{N-1} = \frac{N-n}{N-1}\frac{\sigma^2}{n}$ となる。

5.5 抽出率 $\lambda = 0.2$ の非復元抽出データである。母集団平均・分散を，それぞれ μ，σ^2 で表す。標本サイズ $n = 60$ は大きいから，(5.14) 式（(2) のケース）より，99%信頼区間は $z_{0.005} = 2.58$ を用いて $52.1 \le \mu \le 62.3$ を得る。

5.6 略

5.7 問題の条件の下で，95%信頼区間の長さは，$2 \times 1.96 \times \frac{5.5}{\sqrt{n}} \le 1$ であるから，$n \ge 464.9$．

したがって 465 以上必要。

5.8 信頼水準 $1-\alpha$ の信頼上界は，$\hat{\mu}+z_\alpha\sqrt{(1-\lambda)\dfrac{\sigma^2}{n}}$。これより，95％信頼上界は $57.2+1.96\sqrt{0.8\dfrac{17.2^2}{60}}=60.47$，99％は，$57.2+2.33\sqrt{0.8\dfrac{17.2^2}{60}}=61.82$。

5.9 $169.88\leq\mu\leq172.52,\ 10.55\leq\sigma^2\leq27.73$

5.10 尤度 $L(\pi)=\pi^y(1-\pi)^{n-y}$ だから
$$L'(\pi)=\pi^{y-1}(1-\pi)^{n-y-1}\{y(1-\pi)+(n-y)\pi\}=0$$
より，$\pi=\dfrac{y}{n}$ となる。

5.11 略

5.12 $(x_1, x_2, x_3, x_4, x_5)$ で $x_1+\cdots+x_5=3$ を満たすものは 10 通りある。(1, 1, 1, 0, 0), (1, 1, 0, 1, 0), $\cdots$, (0, 0, 1, 1, 1)。求める条件付分布は，そのような各点に $\dfrac{1}{10}$ の確率を与えたもの。

$E(\hat{p})=p$ は明らかである。たとえば，$Y=3$ のとき，上の 10 点の内 $x_1=1$ となるものが 6 個，$x_1=0$ は 4 個あるので $E(X_1|Y=3)=\dfrac{6}{10}=\dfrac{Y}{5}$ である。他の Y の値についても同様である。

5.13 (1) $\mu=E(\bar{X})=89.98$（$\bar{X}$ の不偏性），$\dfrac{100\times 223.18}{119\times 20}=9.38$（(5.6) 式）。
(2) $n=100{,}000,\ S^2=9.325$ から $89.968\leq\mu\leq90.006$。

第 6 章 仮説の検定

6.1 $X\sim B(100, 0.5)$ のとき，$P(X\geq 58)\doteqdot 1-\Phi((57.5-50)/\sqrt{100\times 0.5^2})=0.067$，$P(X\geq 59)\doteqdot 1-\Phi(8.5/5)=0.045$ だから，有意水準 10％の棄却域は $X\geq 59$ または $X\leq 41$ である。

$X\sim B(100, 0.65)$ のとき $P(X\leq 41)\doteqdot \Phi(41.5-65)/\sqrt{100*0.35*0.65}<0.0001$，$P(X\geq 59)\doteqdot \Phi((58.5-65)/4.78)=0.0865$。検出力は 91.35％。

6.2 略

6.3 先攻チームの勝率を p とする。$H_0:p\geq 0.5$，$H_1:p<0.5$ の検定。P-値は $P(X\leq 344)\doteqdot \Phi((344.5-381)/\sqrt{762*0.5^2})=0.41$％。よって先攻は不利である。

6.4 1 問目が正解である確率を p とする。$H_0:p\leq 0.25$，$H:p>0.25$ の検定。P-値は $P(X\geq 59)\doteqdot \Phi((58.5-50)/\sqrt{200*0.25*0.75})=8.3$％。よって風説は正しいとはいえない。

6.5 両リーグの先攻チーム勝率を p_c，p_p とする。$H_0:p_c=p_p$ の両側検定。検定統計量は $T=\dfrac{|171/380-173/382|}{\sqrt{(1/380+1/382)(344/762)(414/762)}}=0.8025$，P-値は，$2(1-\Phi(0.8025))=93.6$％。後半略。

6.6 　大標本の場合の母平均の差の検定：$t = \dfrac{4.06 - 4.44}{\sqrt{\dfrac{9.76 + 10.84}{390}}} = -1.653$ 正規分布の両側 5 ％点は 1.96 だから，有意差は認められない．後半略．

6.7 　$H_0 : p = 1/2$．$T_{obs} = \dfrac{1025.5 - 2009 \times 0.5}{\sqrt{2009 \times 0.5 \times 0.5}} = 0.937$ で，これに対する P-値は 17.4 ％．$H_0 : p = 21/43$．$T_{obs} = 1.98$ P-値は 2.4 ％．

6.8 　$\bar{x} = 5.75$, $\bar{y} = 12.25$, $\hat{\sigma}^2 = 17.25$, $T_{obs} = -2.21$, 自由度 6 の t 分布の 5 ％点は -1.94 だから仮説は棄却され，差があるといえる．

6.9 　それぞれ，$\chi^2 = 4.336$, $\chi^2 = 6.096$．

6.10 　$\hat{p} = 0.33770$, $\chi^2 = 8.180$, 自由度 $11 - 1 - 1 = 9$．有意水準 5 ％の検定の臨界値は 16.91 だから 2 項分布の仮説は棄却されない．P-値 $= 51.6$ ％．

6.11 　$T = \dfrac{|0.5186 - 0.5|}{\sqrt{0.5^2/15000}} = 4.556$, 有意水準 1 ％で有意．なお，P-値 $\fallingdotseq 1/192000$．$n = 1500$ とすると，$T = 1.44$ で仮説は棄却されない．

6.12 　前半略．$T^2 = \dfrac{(\hat{p}_1 - \hat{p}_2)^2}{\dfrac{n_1 + n_2}{n_1 n_2} \hat{p}(1 - \hat{p})}$ に $\hat{p}_1 = \dfrac{n_{11}}{n_{1 \cdot}}$, $\hat{p}_2 = \dfrac{n_{21}}{n_{2 \cdot}}$, $n_1 = n_{1 \cdot}$, $n_2 = n_{2 \cdot}$, $\hat{p} = \dfrac{n_{\cdot 1}}{n_{1 \cdot} + n_{2 \cdot}}$ を代入し整理すれば，$T^2 = \chi^2$ が得られる．

6.13 　一般に，連続確率変数 X の分布関数を $F(x)$, その逆関数（y に対して $y = F(x)$ となる x を対応させる関数）を $F^{-1}(y)$ とする．これを用いて，$Y = F(X)$ とする．分布関数の定義から，$x = F^{-1}(y)$ のとき，$P(X \leq x) = y$ だから，$P(Y \leq y) = P(F(X) \leq F(x)) = y$, Y は $[0, 1]$ 上の一様乱数．

　この問題では，P-値 $= 1 - \Phi(T)$ だから，上の結果から一様乱数である．

6.14 　$\{M \leq x\} = \{\max\limits_i U_i \leq x\}$ は，$\{$すべての i で $U_i \leq x$ である$\}$ だから，$P(M \leq x) = P(U_1 \leq x) \times \cdots \times P(U_K \leq x) = x^K$．

　後半は，$P(m \geq x) = P(U_1 \geq x) \cdots P(U_K \geq x) = (1 - x)^K$ であることによる．

6.15 　(1) 右図：T_i の暦年に対する時系列プロット．
(2) 82 個の T_i について，平均 $\bar{T} = 0.0688$ 不偏分散 $S_T^2 = 2.086$．これから，(a) $t = \dfrac{\sqrt{82} \times 0.0688}{\sqrt{2.086}} = 0.43$ で有意でない．(b) 仮説 $H_0 : V(T) = 1$ のとき，$S^2 \sim \chi^2(81)$ である．$\chi^2(81)$ の上側 5 ％点は，(巻末の χ^2 分布表について，自由度 80, 90 の値を補間) $\dfrac{9 \times 101.88 + 113.15}{10} = 103.01$ であるから，仮説は棄却される（出生性比には年変動が認められる）．

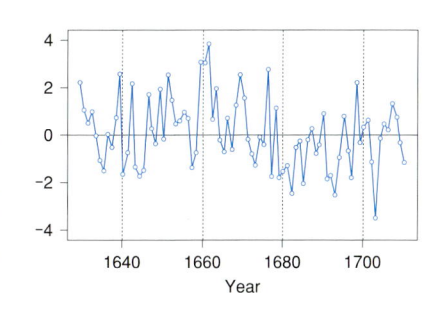

6.16 　$\bar{x} = 90.08$, $s_x^2 = 15.04^2$（シェパードの補正後）を用いて，クラスの境界 (59.5, 69.5,

…) を $\dfrac{59.5 - 90.08}{15.24}$, … のように標準化してクラスの確率・期待度数を求める. $\chi^2 = 8.26$
自由度は 4. χ^2 分布表から（水準 5 %の）臨界値は 9.49 だから仮説は棄却されない.
6.17 $b_1 = 0.517$, 仮説の下で $b_1 \sim N(0, 6/120)$ だから, $T_1 = \sqrt{20} \times b_1 = 2.31$ となり仮説は棄却される（P-値 $= 2.09\,\%$）. この検定は対称性の検定である. この分布は非対称であると考えてよい.

$b_2 = 0.140$, 仮説の下で $b_1 \sim N(0, 24/120)$ だから, $T_1 = \sqrt{5} \times b_2 = 0.314$ となり仮説は棄却されない（P-値 $= 75.3\,\%$）.

6.18 正規近似により $X' \sim N(7200, 59.14^2)$ である. これから $P(7037 \leqq X' \leqq 7363) = P(|Z| \leqq 2.756) = 0.9942$. $\bar{A}$ の起こった回数 X に基づいて, $H_0 : q \leq q_0 = 0.0224$ の検定を行う. $\bar{A}$ の確率 q が小さいので, X の分布を $\lambda = 81 \times q_0 = 1.814$ のポアソン分布で近似すると, P-値は

$$P(X \geq 11) = e^{-1.814} \dfrac{\lambda^{11}}{11!} \left(1 + \dfrac{\lambda}{12} + \dfrac{\lambda^2}{12 \times 13} + \cdots \right) \doteqdot 3.36/10^6$$

だから, 仮説は棄却される.

第 7 章　モデルとその推測

7.1 略

7.2 (7.1a) から, $\hat{e}_i = y_i - (\hat{a} + \hat{b} x_i) = e_i - (\hat{a} - a) - (\hat{b} - b) x_i$. これより, $\hat{b} - b = \dfrac{\overline{xe} - \bar{x}\,\bar{e}}{s_{xx}}$, $\hat{a} - a = \bar{e} - (\hat{b} - b)\bar{x}$ を得る. ここで, $\overline{xe} = \sum x_i e_i / n$. 少しばかりの式の変形をすると

$$\sum e_i\{(\hat{a} - a) + (\hat{b} - b) x_i\} = n\{\bar{e}^2 + (\hat{b} - b)(\overline{xe} - \bar{x}\,\bar{e})\},$$

$$\sum \{(\hat{a} - a) + (\hat{b} - b) x_i\}^2 = n\{\bar{e}^2 + (\hat{b} - b)^2\} s_{xx}$$

を得る. これから,

$$\sum \hat{e}^2 = \sum e_i^2 - n\bar{e}^2 - \dfrac{n(\overline{xe} - \bar{x}\,\bar{e})^2}{s_{xx}}$$

を得る. ここで, 右辺第 3 項の分子の期待値は

$$n\mathrm{E}\,(\overline{xe} - \bar{x}\,\bar{e})^2 = \dfrac{1}{n}\mathrm{E}\left\{\sum x_i e_i - \sum x_i \sum e_i\right\}^2$$

$$= \sigma^2 \left\{\sum x_i^2 - \dfrac{1}{n}\left(\sum x_i\right)^2\right\} = \sigma^2 s_{xx}$$

となり, これらから, $\mathrm{E}\left(\sum_{i=1}^n \hat{e}_i^2\right) = (n - 2)\sigma^2$ が得られる.

7.3 データ長 $n = 22$（誤差の自由度 20), $s_{xx} = 1006.25$, $s_{xy} = 7885.28$, $s_{yy} = 64305.23$ から, $\text{RSS} = 55304.23$, $\hat{\sigma}^2 = 58.59^2$（120 ページの $\sqrt{s_{\hat{e}\hat{e}}}$ と比較せよ), $\hat{b} = 7.836$, $\sigma_{\hat{b}} = 0.353$, $T_b = \hat{b}/\sigma_{\hat{b}} = 22.17$ を得る. 自由度 20 の t 分布の 5 %, 2.5 %点はそれぞれ, 1.724, 2.086 だから（1）仮説は棄却（2）信頼区間は $7.10 \leq b \leq 8.57$.

7.4 前問の計算結果に加え, $s_{12} = 55343.75$, $s_{22} = 3858906$, $s_{2y} = 477232$ から, $\text{RSS} = 55304.23$, $\hat{\sigma}^2 = 13.55^2$, $s^{22} = 1.24210^{-6}$, $\hat{b}_2 = 0.0541$, $\sigma_{\hat{b}_2} = 0.00322$, $T_{b_2} = \hat{b}_2/\sigma_{\hat{b}_2} =$

16.79 を得る．自由度 19 の t 分布の 5％，2.5％点はそれぞれ，1.729 2.093 だから仮説は棄却され，信頼区間は $0.0473 \leq b_2 \leq 0.0608$ である．

7.5 （数値の桁を揃えるため，N は 1/1000 倍した）$\bar{N} = 11.44$, $\bar{T} = 0.0688$, $s_{NN} = 10.38$, $s_{NT} = -1.483$, $s_{TT} = 2.061$, から，相関係数 $r_{NT} = -0.321$, 回帰式は $T = 1.720 - 0.143N$ と推定される．RSS $= 151.61$, $\hat{\sigma}^2 = 1.377^2$, $\sigma_{\hat{b}} = 0.0472$　$t_b = -3.029$, 自由度 80 の t 分布の両側 5％は 1.99 だから，回帰係数は有意（仮説 $b = 0$ は棄却）である．

p （単位％）の関連する統計量を求めると，$\bar{p} = 51.67$, $s_{Np} = -0.798$, $s_{pp} = 0.514$, から，相関係数 $r_{Np} = -0.345$, 回帰式は $p = 52.58 - 0.0769N$ と推定される．RSS $= 37.12$, $\hat{\sigma}^2 = 0.681^2$, $\sigma_{\hat{b}} = 0.0233$　$t_b = -3.295$, である．

この解析は不十分である．T は検定統計量であり，これを N で説明してもその解釈が難しい．p を従属変数とする回帰では，等分散の仮定が成立しない．この例では，p の分散は N に比例すると考えてよいから，N で重みを付けた最小 2 乗法によるのがよい．重み付き最小 2 乗法を用いる場合の推論は，他書を参考にされたい．

7.6　$a = -2.86$, $b = 4.17$

付表 A　標準正規分布の上側確率の表

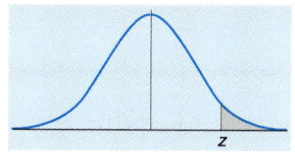

z	0.00	0.01	0.02	0.03	0.04	0.05	0.06	0.07	0.08	0.09
0.00	.50000	.49601	.49202	.48803	.48405	.48006	.47608	.47210	.46812	.46414
0.10	.46017	.45620	.45224	.44828	.44433	.44038	.43644	.43251	.42858	.42465
0.20	.42074	.41683	.41294	.40905	.40517	.40129	.39743	.39358	.38974	.38591
0.30	.38209	.37828	.37448	.37070	.36693	.36317	.35942	.35569	.35197	.34827
0.40	.34458	.34090	.33724	.33360	.32997	.32636	.32276	.31918	.31561	.31207
0.50	.30854	.30503	.30153	.29806	.29460	.29116	.28774	.28434	.28096	.27760
0.60	.27425	.27093	.26763	.26435	.26109	.25785	.25463	.25143	.24825	.24510
0.70	.24196	.23885	.23576	.23270	.22965	.22663	.22363	.22065	.21770	.21476
0.80	.21186	.20897	.20611	.20327	.20045	.19766	.19489	.19215	.18943	.18673
0.90	.18406	.18141	.17879	.17619	.17361	.17106	.16853	.16602	.16354	.16109
1.00	.15866	.15625	.15386	.15151	.14917	.14686	.14457	.14231	.14007	.13786
1.10	.13567	.13350	.13136	.12924	.12714	.12507	.12302	.12100	.11900	.11702
1.20	.11507	.11314	.11123	.10935	.10749	.10565	.10383	.10204	.10027	.09853
1.30	.09680	.09510	.09342	.09176	.09012	.08851	.08691	.08534	.08379	.08226
1.40	.08076	.07927	.07780	.07636	.07493	.07353	.07215	.07078	.06944	.06811
1.50	.06681	.06552	.06426	.06301	.06178	.06057	.05938	.05821	.05705	.05592
1.60	.05480	.05370	.05262	.05155	.05050	.04947	.04846	.04746	.04648	.04551
1.70	.04457	.04363	.04272	.04182	.04093	.04006	.03920	.03836	.03754	.03673
1.80	.03593	.03515	.03438	.03362	.03288	.03216	.03144	.03074	.03005	.02938
1.90	.02872	.02807	.02743	.02680	.02619	.02559	.02500	.02442	.02385	.02330
2.00	.02275	.02222	.02169	.02118	.02068	.02018	.01970	.01923	.01876	.01831
2.10	.01786	.01743	.01700	.01659	.01618	.01578	.01539	.01500	.01463	.01426
2.20	.01390	.01355	.01321	.01287	.01255	.01222	.01191	.01160	.01130	.01101
2.30	.01072	.01044	.01017	.00990	.00964	.00939	.00914	.00889	.00866	.00842
2.40	.00820	.00798	.00776	.00755	.00734	.00714	.00695	.00676	.00657	.00639
2.50	.00621	.00604	.00587	.00570	.00554	.00539	.00523	.00508	.00494	.00480
2.60	.00466	.00453	.00440	.00427	.00415	.00402	.00391	.00379	.00368	.00357
2.70	.00347	.00336	.00326	.00317	.00307	.00298	.00289	.00280	.00272	.00264
2.80	.00256	.00248	.00240	.00233	.00226	.00219	.00212	.00205	.00199	.00193
2.90	.00187	.00181	.00175	.00169	.00164	.00159	.00154	.00149	.00144	.00139
3.00	.00135	.00131	.00126	.00122	.00118	.00114	.00111	.00107	.00104	.00100
3.10	.00097	.00094	.00090	.00087	.00084	.00082	.00079	.00076	.00074	.00071
3.20	.00069	.00066	.00064	.00062	.00060	.00058	.00056	.00054	.00052	.00050
3.30	.00048	.00047	.00045	.00043	.00042	.00040	.00039	.00038	.00036	.00035
3.40	.00034	.00032	.00031	.00030	.00029	.00028	.00027	.00026	.00025	.00024

付表 B　χ^2 分布のパーセント点

D.F.	0.005	0.025	0.050	0.900	0.950	0.975	0.990	0.995
1	0.0^4393	0.0^3982	0.0039	2.7055	3.8415	5.0239	6.6349	7.8794
2	0.0100	0.0506	0.1026	4.6052	5.9915	7.3778	9.2103	10.5966
3	0.0717	0.2158	0.3518	6.2514	7.8147	9.3484	11.3449	12.8382
4	0.2070	0.4844	0.7107	7.7794	9.4877	11.1433	13.2767	14.8603
5	0.4117	0.8312	1.1455	9.2364	11.0705	12.8325	15.0863	16.7496
6	0.6757	1.2373	1.6354	10.6446	12.5916	14.4494	16.8119	18.5476
7	0.9893	1.6899	2.1673	12.0170	14.0671	16.0128	18.4753	20.2777
8	1.3444	2.1797	2.7326	13.3616	15.5073	17.5345	20.0902	21.9550
9	1.7349	2.7004	3.3251	14.6837	16.9190	19.0228	21.6660	23.5894
10	2.1559	3.2470	3.9403	15.9872	18.3070	20.4831	23.2092	25.1882
11	2.6032	3.8157	4.5748	17.2750	19.6751	21.9200	24.729	26.7568
12	3.0738	4.4038	5.2260	18.5493	21.0260	23.3366	26.2169	28.2995
13	3.5650	5.0088	5.8919	19.8119	22.3620	24.7356	27.6882	29.8195
14	4.0747	5.6287	6.5706	21.0641	23.6848	26.1189	29.1412	31.3193
15	4.6009	6.2621	7.2609	22.3071	24.9958	27.4884	30.5779	32.8013
16	5.1422	6.9077	7.9616	23.5418	26.2962	28.8453	31.9999	34.2672
17	5.6972	7.5642	8.6718	24.7690	27.5871	30.1910	33.4087	35.7185
18	6.2648	8.2307	9.3905	25.9894	28.8693	31.5264	34.8053	37.1565
19	6.8440	8.9065	10.1170	27.2036	30.1435	32.8523	36.1909	38.5823
20	7.4338	9.5908	10.8508	28.4120	31.4104	34.1696	37.5662	39.9968
22	8.6427	10.9823	12.3380	30.8133	33.9244	36.7807	40.2894	42.7957
24	9.8862	12.4012	13.8484	33.1962	36.4150	39.3641	42.9798	45.5585
26	11.1602	13.8439	15.3792	35.5632	38.8851	41.9232	45.6417	48.2899
28	12.4613	15.3079	16.9279	37.9159	41.3371	44.4608	48.2782	50.9934
30	13.7867	16.7908	18.4927	40.2560	43.7730	46.9792	50.8922	53.6720
32	15.1340	18.2908	20.0719	42.5847	46.1943	49.4804	53.4858	56.3281
34	16.5013	19.8063	21.6643	44.9032	48.6024	51.9660	56.0609	58.9639
36	17.8867	21.3359	23.2686	47.2122	50.9985	54.4373	58.6192	61.5812
38	19.2889	22.8785	24.8839	49.5126	53.3835	56.8955	61.1621	64.1814
40	20.7065	24.4330	26.5093	51.8051	55.7585	59.3417	63.6907	66.7660
45	24.3110	28.3662	30.6123	57.5053	61.6562	65.4102	69.9568	73.1661
50	27.9907	32.3574	34.7643	63.1671	67.5048	71.4202	76.1539	79.4900
55	31.7348	36.3981	38.9580	68.7962	73.3115	77.3805	82.2921	85.7490
60	35.5345	40.4817	43.1880	74.3970	79.0819	83.2977	88.3794	91.9517
65	39.3831	44.6030	47.4496	79.9730	84.8206	89.1771	94.4221	98.1051
70	43.2752	48.7576	51.7393	85.5270	90.5312	95.0232	100.4252	104.2149
75	47.2060	52.9419	56.0541	91.0615	96.2167	100.8393	106.3929	110.2856
80	51.1719	57.1532	60.3915	96.5782	101.8795	106.6286	112.3288	116.3211
90	59.1963	65.6466	69.1260	107.5650	113.1453	118.1359	124.1163	128.2989
100	67.3276	74.2219	77.9295	118.4980	124.3421	129.5612	135.8067	140.1695
110	75.5500	82.8671	86.7916	129.3851	135.4802	140.9166	147.4143	151.9485
120	83.8516	91.5726	95.7046	140.2326	146.5674	152.2114	158.9502	163.6482

付表C　t 分布の上側パーセント点

D.F.	0.1	0.05	0.025	0.01	0.005	0.001	0.0005
1	3.0777	6.3138	12.7062	31.8205	63.6567	318.3088	636.6192
2	1.8856	2.9200	4.3027	6.9646	9.9248	22.3271	31.5991
3	1.6377	2.3534	3.1824	4.5407	5.8409	10.2145	12.9240
4	1.5332	2.1318	2.7764	3.7469	4.6041	7.1732	8.6103
5	1.4759	2.0150	2.5706	3.3649	4.0321	5.8934	6.8688
6	1.4398	1.9432	2.4469	3.1427	3.7074	5.2076	5.9588
7	1.4149	1.8946	2.3646	2.9980	3.4995	4.7853	5.4079
8	1.3968	1.8595	2.3060	2.8965	3.3554	4.5008	5.0413
9	1.3830	1.8331	2.2622	2.8214	3.2498	4.2968	4.7809
10	1.3722	1.8125	2.2281	2.7638	3.1693	4.1437	4.5869
11	1.3634	1.7959	2.2010	2.7181	3.1058	4.0247	4.4370
12	1.3562	1.7823	2.1788	2.6810	3.0545	3.9296	4.3178
13	1.3502	1.7709	2.1604	2.6503	3.0123	3.8520	4.2208
14	1.3450	1.7613	2.1448	2.6245	2.9768	3.7874	4.1405
15	1.3406	1.7531	2.1314	2.6025	2.9467	3.7328	4.0728
16	1.3368	1.7459	2.1199	2.5835	2.9208	3.6862	4.0150
17	1.3334	1.7396	2.1098	2.5669	2.8982	3.6458	3.9651
18	1.3304	1.7341	2.1009	2.5524	2.8784	3.6105	3.9216
19	1.3277	1.7291	2.0930	2.5395	2.8609	3.5794	3.8834
20	1.3253	1.7247	2.0860	2.5280	2.8453	3.5518	3.8495
22	1.3212	1.7171	2.0739	2.5083	2.8188	3.5050	3.7921
24	1.3178	1.7109	2.0639	2.4922	2.7969	3.4668	3.7454
26	1.3150	1.7056	2.0555	2.4786	2.7787	3.4350	3.7066
28	1.3125	1.7011	2.0484	2.4671	2.7633	3.4082	3.6739
30	1.3104	1.6973	2.0423	2.4573	2.7500	3.3852	3.6460
32	1.3086	1.6939	2.0369	2.4487	2.7385	3.3653	3.6218
34	1.3070	1.6909	2.0322	2.4411	2.7284	3.3479	3.6007
36	1.3055	1.6883	2.0281	2.4345	2.7195	3.3326	3.5821
38	1.3042	1.6860	2.0244	2.4286	2.7116	3.3190	3.5657
40	1.3031	1.6839	2.0211	2.4233	2.7045	3.3069	3.5510
45	1.3006	1.6794	2.0141	2.4121	2.6896	3.2815	3.5203
50	1.2987	1.6759	2.0086	2.4033	2.6778	3.2614	3.4960
55	1.2971	1.6730	2.0040	2.3961	2.6682	3.2451	3.4764
60	1.2958	1.6706	2.0003	2.3901	2.6603	3.2317	3.4602
65	1.2947	1.6686	1.9971	2.3851	2.6536	3.2204	3.4466
70	1.2938	1.6669	1.9944	2.3808	2.6479	3.2108	3.4350
75	1.2929	1.6654	1.9921	2.3771	2.6430	3.2025	3.4250
80	1.2922	1.6641	1.9901	2.3739	2.6387	3.1953	3.4163
90	1.2910	1.6620	1.9867	2.3685	2.6316	3.1833	3.4019
100	1.2901	1.6602	1.9840	2.3642	2.6259	3.1737	3.3905
110	1.2893	1.6588	1.9818	2.3607	2.6213	3.1660	3.3812
120	1.2886	1.6577	1.9799	2.3578	2.6174	3.1595	3.3735
∞	1.2816	1.6449	1.9600	2.3263	2.5758	3.0902	3.2905

索　引

●あ　行

アーバスノット（J. Arbuthnot）　247
赤池情報量規準（Akaike's Information Criterion；AIC）　303
アッヘンワル（G. Achenwall）　91
当てはめ値（fitted values）　114
後知恵　275, 279

イェンセン（Jensen）の不等式　70
位置（location）の統計量　58
位置型分布モデル（location model）　237
1次結合（linear combination）　152
1次変換　56, 57, 179
一様分布（uniform distribution）　170, 235
一様乱数（uniform random number）　171
一致推定量（consistent estimator）　210
一致性（consistency）　210

ウィルコクソンの順位和検定（Wilcoxon's test）　270
上側四分位点（quartile）　40
上側パーセント点（upper percentile）　40, 63

AIC（Akaike's Information Criaterion）　303
aのまわりの平方和　48
M-推定量（M-estimator）　241
円グラフ（pie chart）　14

演算（operation）　132
横断型データ　8
応答変数（response, regressand）　109
OLS　289
オッズ（odds）　81
オッズ比（odds ratio）　81
帯グラフ（bar chart）　16
重み（weight）　42
重み付き最小2乗推定量（weighted least squares eatimator）　309
重み付き最小2乗法　309
折れ線回帰　124

●か　行

回帰（regression）　97, 105, 108
回帰係数（regression coefficients）　110, 116, 291, 298
回帰式　112
回帰直線（regression line）　113
回帰の錯誤（regression fallacy）　119
回帰分析（regression analysis）　105, 108, 111
回帰モデル（regression models）　108, 109, 288
階級　14
階差（difference）　69
χ^2適合度検定（test for goodness of fit）　274
χ^2統計量　274
χ^2分布　225
階乗（factorial product）　147
外挿（extrapolation）　299

索　引　331

ガウス=マルコフ（Gauss=Markov）の定理　193, 294
確率（probability）　132, 133
確率化検定（randomized test）　251
確率収束（converges in probability）　169
確率ヒストグラム　161
確率分布（probability distribution）　145
確率分布関数（probability distribution function）　173
確率変数（random variable）　142, 145
確率法則（distribution law）　228
確率密度関数（probability density function, p.d.f.）　172, 179
確率モデル（stochastic models）　287
加重平均（weighted mean）　42
仮説（hypothesis）　86, 246
仮説検定　245, 249, 250, 257, 259
仮説検定論　315
仮想的な無限母集団　200
片側検定（one-sided test）　254
片側検定の棄却域　259
片側信頼限界　220, 222
偏り（bias）　205
カテゴリー（category）　8
カテゴリーデータ　14, 20
カテゴリー変数　8, 78
加法公式（addition rule）　136
空事象（null event）　134, 135
仮平均（working mean）　59
完全モデル（full model）　312

幾何分布（geometric distribution）　162
幾何平均（geometric mean）　44
棄却（reject）　86, 248
棄却域（critical region）　248
危険率　86, 248
期待値（expectation）　82, 148, 150
既知（known）　141, 212
基本事象（elementary event）　132

基本統計量　99
帰無仮説（null hypothesis）　86, 250, 253
帰無分布（null distribution）　278
キャベンディッシュ（H.Cavendish）　224, 227
行（row）　20
共通（事象）（intersection）　134, 135
共分散（covariance）　96, 102, 154
業務統計　221
行和（row-sum）　20

空間データ（spacial data）　10
区間推定（interval estimation）　210, 218
組合せ（combination）　155
組合せ論的確率　137
クラス（class）　14
クラメール=ラオ（Cramér=Rao）の不等式　234
グラント（J.Graunt）　3, 247
クロスセクションデータ（cross sectional data）　8, 11
クロス表（cross table）　20
群間分散（interclass variance）　104
群内分散（intraclass variance）　104

経験的（empirical）確率　137
経験分布（empirical distribution）　215
計数型　16
計数値　6
系統誤差（systematic error）　122
計量型　16
計量心理学（psychometrics）　2
計量値　6
系列相関（serial correlation）　289
$K \times L$ 分割表（$K \times L$ contingency table）　88
k 次の原点積率　168
k 次の積率（the k-th moment, the moment）　68, 168
結合分布（joint distribution）　20

決定係数（coefficient of determination）
    114
限界消費性向　115
検出力（power）　252
検出力曲線　255
検定（test）　246, 251
検定統計量（test statistic）　84, 248
検定のサイズ（size）　251
原データ　95
原点積率　68
原点の変更　56, 59
ケンドール（Kendall）のτ（タウ）　101
ケンドール（Kendall）の順位相関係数
    101

格子点探索（grid search）　310
公理（axiom）　134
効率（efficiency）　236
公理論的確率論　135
ゴールトン（F. Galton）　97
国勢調査（census）　221
誤差（error）　109, 112, 113
誤差項　119
誤差の自由度　262, 300
誤差の正規性　290
誤差分散　290
コルモゴロフ＝スミノフ検定　261
コンリング（H. Conring）　91

● さ　行

最小2乗推定値（least squares estimate）
    112, 290
最小2乗法（method of least squares）
    110, 112, 113, 127, 294
最小分散不偏推定量（minimum variance
    unbiased estimator）　236
再生性（reproducibility）　184
最大値の分布　277
最頻値（mode）　38
最尤推定　230

最尤推定値（maximum likelihood estimate）　232
最尤推定量（maximum likelihood estimator, MLE）　232, 235, 236
最尤法（method of maximum likelihood）
    232
差の検定（test of two means）　262
差分（difference）　69
残差（residual）　112, 123
残差平方和（residual sum of squares）
    114
算術平均（arithmetic mean）　44
3点分布　153
散布図（scatter plot）　22

GNE　13
シェパード（W. F. Sheppard）　63
シェパードの補正（Sheppard's correction）
    63
視覚化　14
∑（シグマ）　35
時系列（time series）　8, 12
時系列解析（time series analysis）　123
試行（trial）　82, 159
事後確率（posterior probability）　142
指示関数（indicator function）　165
事象（event）　132, 133
事象の独立性　138
事前確率（prior probability）　142
下側四分位点（quartile）　40
実現値（realization）　145
実水準（actual level）　251
実数（real number）　6
質的データ（qualitative data）　8
ジニ係数（Gini's index）　64, 67
四分位範囲（interquartile range）　54
シミュレーション分布　55, 71, 301
尺度（measure）　9
重回帰（multiple regression）　116
ジュースミルヒ（J. P. Süßmilch）　247
重相関係数（multiple correlation coefficient）　118

索引　333

従属変数（dependent variable） 109
自由度（degrees of freedom） 83, 103, 224, 262, 292
十分統計量（sufficient statistic） 238, 241
周辺（marginal）確率 138, 146
周辺分布（marginal distribution） 20, 98, 146
主観説 141
主観的確率（subjective probability） 141
趨勢変動（trend） 123
受容域（acceptance region） 248
受容する（accept） 248
順位（rank） 268
順位相関係数（rank correlation） 95
順位データ 95
順位和（rank sum）統計量 270
順位和検定 270, 273
順序型（ordered） 8
順序カテゴリー 16
順序統計量（order statistics） 38
順列（permutation） 147
条件付確率（conditional probability） 136
条件付期待値（conditional expectation） 158
条件付相対度数 106
条件付標準偏差 106
条件付分散（conditional variance） 106
条件付分布（conditional distribution） 78, 104, 158
条件付平均（conditional mean） 106
乗法公式（multiplication rule） 139
真値 204
信頼区間（confidence interval） 214, 217, 218, 257
信頼係数（confidence coefficient） 212
信頼下界（lower confidence bound） 222
信頼限界（confidence bound） 223

信頼上界（upper confidence level） 223
信頼水準（confidence level） 212, 218
信頼領域（confidence region） 312

推定誤差 291
推定する（estimate） 200
推定値（estimate） 200
推定量（estimator） 200
数値データ 16, 20
数量（quantity, quantitative data） 6
数量変数 90
裾が重い（heavy-tailed） 68
スタージェス（Sturges）の規則 18
スターリング（J. Stirling） 157
スターリングの公式 157
スタイン（Stein）の2段階推定法（double-sampling method） 220
ストック量 10, 11
スピアマン（Spearman）の ρ（ロー） 95

正規確率 178
正規性（normality） 261, 296
正規分布（normal distribution） 27, 62, 174, 178, 217, 235
正規分布表 178
正規方程式（normal equation） 116
正規母集団（normal population） 222, 258
政治算術（political arithmetics） 3, 9, 91
正の（positive）相関 90
精密小標本理論（small sample theory） 222
積事象（intersection） 134
積率（moment） 68
絶対積率（absolute moment） 68, 168
絶対偏差（absolute deviation） 53
切片（intercept） 296
説明変数（explanatory variable, regressor） 109
セル（cell） 20
漸近的（asymptotic） 238

先決変数（pre-determined variable）　109
先験的（a priori）確率　137
全事象（sample space）　134
全数調査（census）　6
剪端平均（trimmed mean）　241
尖度（kurtosis）　66
全平均（overall mean）　106

相関（correlation）　97
相関関係（correlation）　90
相関係数（correlation coefficient）　92, 94, 154
相対度数（relative frequency）　14
双峰型（bimodal）　28
双峰型分布（bimodal distribution）　28
総和記号　35
属性（attribute）　4
測定値（measurement）　145

● た　行

ダービン＝ワトソン検定（Durbin-Watson test）　289
タイ（tie）　38
第1四分位点（lower quartile）　40, 54
第1種の誤り（type I error）　250
第3四分位点（upper quartile）　40, 54
対数正規（log normal）分布　297
大数（の弱）法則（weak law of large numbers）　169
対数変換（log-transformation）　124, 295
大数法則（law of large numbers）　133, 168, 169, 208, 213
対数目盛　12
対数尤度（log-likelihood）　232
第2種の誤り（type II error）　250
大標本（large sample）　226, 296
対立仮説（alternative hypothesis）　250, 253
τ（タウ）　101

互いに独立（mutually independent）　80, 138, 156, 200
互いに独立でない　200
互いに排反（disjoint）　134
多項係数（multinominal coefficient）　166
多項式回帰（polynomial regression）　120, 122
多項分布（multinomial distribution）　166
たたみこみ（convolution）　151
多峰型　28
単位の変更　56
単回帰分析（simple regression analysis）　110
単回帰モデル（simple linear regression model）　110, 288
単事象（simple event）　132
単純平均　44
単峰（unimodal）　28

チェビシェフの不等式　153, 213
チコ・ブラーエ（Tycho Brahe）　263
中央値（median）　34, 37, 39, 53
抽出　4
抽出率　200, 208
中心極限定理（central limit theorem）　182
中心積率（central moment）　68, 168
超幾何分布（hyper geometric distribution）　160, 165
超母集団（hypothetical population）　221
調和平均（harmonic mean）　46
直線の当てはめ（単回帰）　108

通常の（ordinary）最小2乗法　289

t 分布　224, 227
データの変換（transformation of data）　56
適合度検定（test for goodness of fit）

272, 274
でたらめに（at random） 171
点推定（point estimation） 210

等可能性原理　137
統計学（statistics）　2, 91, 199
統計的仮説検定（statistical hypothesis testing）　245
統計的推論（statistical inference）　197, 199
統計的方法（statistical methods）　2
統計モデル（statistical models）　2, 287
統計量（statistic）　31
等高線　24
等高線図（contour plot）　22
同時確率（joint probability）　146
同時分布（joint distribution）　20, 98, 146
等分散性（homoskedasticity）　288
特性値（characteristic）　31
独立　80, 102, 200
独立性　102, 281
独立性の検定（test for independence）　83, 87, 265
独立同一（independently identically distributed；i.i.d.）標本　200
独立変数（independent variable）　109
度数（frequency）　14
度数分布（frequency distribution）　14
度数分布表（frequency table）　14
ド・モアブル（De Moivre）　213, 247

● な　行

2項係数（binomial coefficient）　155
2項分布（binomial distribution）　160, 162, 163, 167
2項分布の正規近似　185
2次回帰（quadratic regression）モデル　122
2シグマ　219
2次元確率分布　151

2次元データ　18
2次元度数分布　22, 98, 99
2次元ヒストグラム　22
2次元分布　105
2重総和記号　89
2値変数（binary response）　304
2変量データ　18
ニュートン=ラプソン（Newton-Raphson）法　307

ノンパラメトリック回帰（nonparametric regression）　108
ノンパラメトリックな推論（nonparametric inference）　233

● は　行

パーセント点（percentile）　40, 170
箱型図（box plot）　41
箱ヒゲ図（box plot）　41
パスカルの三角形　157
外れ値（outlier）　37, 68, 123
パネル（panel）データ　10, 11
幅（width）　16
範囲（range）　52

ピアソン（K. Pearson）　91, 315
ピアソン（Pearson）の積率相関　94
P-値（p-value）　86, 246
ヒゲ（whisker）　41
ヒストグラム（histogram）　14, 18
被説明変数（explained variable）　109
否定事象　134
非標本誤差（nonsampling error）　263
非復元抽出（sampling without replacement）　198, 206, 207
非復元抽出標本　217
非母数型回帰（nonparametric regression）　108
非母数的　233
$100q$ パーセント点　43, 170
$(100 \times q)$ パーセント点（percentile）　40

標準化（standardization）　60
標準回帰係数　97
標準化得点　60, 63
標準誤差（standard error）　71, 210
標準正規分布（standard normal distribution）　176, 177
標準偏差（standard deviation）　48, 49, 152
標本（sample）　4, 5, 55, 197
標本化（sampling）　10
標本空間（sample space）　132
標本数　5, 262
標本中央値（sample median）　55
標本調査（sample survey）　6
標本の大きさ（size）　4
標本のサイズ（size）　4, 5
標本平均（sample mean）　55
比率の検定　254
広がり（dispersion）　52
広がりの統計量　60
頻度（frequency）　14
頻度説　141

フィッシャー（Ronald A. Fisher）　315
フィッシャー（Fisher）情報量（Fisher's information measure）　236
フィッシャーの正確検定（exact test）　267
ブートストラップ法（bootstrap）　233
復元抽出（sampling with replacement）　198
複数の独立変数（重回帰）　116
符号関数（sign function）　53
符号相関　92
負の（negative）相関　90
負の2項分布（negative binomial distribution）　162, 235
部分集合　132
部分モデル（sub model）　312
不偏（unbiased）　202, 290
不偏推定量（unbiased estimator）　202
不偏性（unbiasedness）　202
不偏分散（sample variance）　103, 204, 209
フロー量　10, 11
プロビット（probit）　306
分位点（quantile）　40
分割表（contingency table）　20, 78, 85, 281
分散（variance）　48, 59, 152
分散共分散行列（variance-covariance matrix）　300
分散分析（analysis of variance, ANOVA）　103
分布関数（distribution function）　43
分布族（family of distributions）　167
分布の形（shape）　27, 39
分布の対称性　66
分布の広がり　48

平均（mean）　32, 33, 34, 37, 39, 59
平均差（mean difference）　64
平均寿命（life expectancy）　45
平均成長率　44
平均2乗誤差（mean squared error, MSE）　206
平均の検定（test of a mean）　256
平均偏差（mean deviation）　54
平均余命　47
ベイズ（Bayesian）統計学　141, 229
ベイズの公式（Bayes' rule）　140, 142, 184
ベイズの定理　140
平方和（sum of squares）　50, 51
平方和の分解　114
ペティ（W. Petty）　9
ベルヌーイ（J. Bernoulli）　213
ベルヌーイ（N. Bernoulli）　213, 247
ベルヌーイ（Bernoulli）分布　165, 213
ベルヌーイ試行（Bernoulli trial）　160, 213
偏回帰係数（partial regression coefficients）　118
変換（transformation）　56

偏差（deviation） 33, 48
偏差値 51
変数（variable） 4, 5
変数選択 303
変数の追加 302
変数の和 100
変数変換 122
偏相関（partial correlation） 120
偏相関係数 120
変動係数（coefficient of variation） 62
変量（variate） 4

ポアソン（Poisson）分布 164, 167, 235
包除原理（principle of inclusion and exclusion） 143
包除公式 143
ポートフォリオ（portfolio） 189
補事象（complememt） 134, 135
母集団（population） 4, 5
母集団特性 207
母数 110, 167, 207
母数型分布族（parametric family） 167
母数モデル（parametric model） 230

● ま 行

マイケルソン（A. A. Michelson） 214
マン＝ホイットニー（Mann-Whitney）検定 270

見かけの関係（fallacious relation） 82
幹葉図（stem and leaf diagram） 26
未知（unknown） 198
密度関数 179 →確率密度関数

無限母集団 6
無作為に（at random） 143
無作為標本（random sample） 198
無条件（unconditional）確率 138
無条件平均（unconditional mean） 106
無相関（uncorrelated） 288

名義型（nominal） 8
名目水準（nominal level） 214, 251

モーメント（moment） 68
目的変数（target variable） 109
モデル（model） 105, 230, 231, 287, 308
モデル選択 303
モデル値 114
モンテカルロシミュレーション（Monte Carlo simulation） 55, 215

● や 行

有意差 86
有意水準（significance level） 86, 246
有意性検定（test of significance） 315
有意な（significant） 82
有限補正（finite correction） 187
有効推定量（efficient estimator） 236
尤度（likelihood） 230
尤度関数（likelihood function） 231, 232
尤度比検定 310, 312
尤度比統計量（likelihood ratio） 312
尤度方程式（likelihood equations） 307
ユールの Q 81

予測値（prediction） 112

● ら 行

ラオ＝ブラックウェル（Rao＝Blackwell）の定理 240
ラプラス（P. S. Laplace） 279
ラプラス分布（両側指数分布） 71
ランク（rank） 268
乱数サイ 171
乱数実験 55, 215

離散型（discrete） 144
離散型確率分布 144

離散観測の時系列　10
離散的　7
離散補正　187　→有限補正
量（weight）　9
両側検定（two-sided test）　254
両側指数（two-sided exponential）分布　71
臨界水準（critical level）　248
臨界値（critical value）　86, 248

累積相対度数（cummulative relative frequency）　18
累積度数（cummulative/cummulated frequency）　18

レインジ（range）　52
列（column）　20

列和（col-sum）　20
連（run）　16
連続（continuous）　173
連続型　144
連続型の確率変数　170
連続観測系列　10
連続的　7

ローレンツ（Lorenz）曲線　65
ロジット（logit）　306
ロバスト（robust）　37, 241
ロバスト推定　241

● わ　行

歪度（skewness）　66
和（事象）（union）　132, 135

著者紹介

西尾　敦（にしお　あつし）

1952 年　東京で生まれる
1975 年　東京大学工学部計数工学科卒業
1981 年　東京大学大学院工学研究科満期退学
同　年　東京工業大学工学部経営工学科助手
1986 年　明治学院大学経済学部専任講師
現　在　明治学院大学経済学部教授　工学博士

1992 年　Copenhagen 大学統計学科客員研究員
1999 年　European University Institute（Florence）
　　　　経済学科客員研究員

●グラフィック[経済学]— 8

グラフィック 統計学

2006 年 12 月 10 日 ©　　　　初　版　発　行
2013 年 3 月 25 日　　　　　初版第 2 刷発行

著　者　西尾　敦　　　　発行者　木下敏孝
　　　　　　　　　　　　印刷者　林　初彦

【発行】　　　　　株式会社　新世社
〒151-0051　　東京都渋谷区千駄ヶ谷1丁目3番25号
編集 ☎ (03)5474-8818(代)　　　サイエンスビル

【発売】　　　　　株式会社　サイエンス社
〒151-0051　　東京都渋谷区千駄ヶ谷1丁目3番25号
営業 ☎ (03)5474-8500(代)　　　振替 00170-7-2387
FAX ☎ (03)5474-8900

印刷・製本　太洋社
《検印省略》

本書の内容を無断で複写複製すюること は，著作者および出版者の権利を侵害することがありますので，その場合にはあらかじめ小社あて許諾をお求め下さい．

サイエンス社・新世社のホームページのご案内
http://www.saiensu.co.jp
ご意見・ご要望は
shin@saiensu.co.jp まで．

ISBN4-88384-103-0

PRINTED IN JAPAN

グラフィック[経済学]

1. グラフィック 経済学
　　浅子和美・石黒順子共著　368頁・本体2200円

2. グラフィック マクロ経済学　第2版
　　宮川　努・滝澤美帆共著　424頁・本体2500円

3. グラフィック ミクロ経済学　第2版
　　金谷貞男・吉田真理子共著　328頁・本体2500円

4. グラフィック 財政学
　　釣　雅雄・宮崎智視共著　320頁・本体2600円

5. グラフィック 金融論
　　細野　薫・石原秀彦・渡部和孝共著　312頁・本体2700円

8. グラフィック 統計学
　　西尾　敦著　352頁・本体2400円

※表示価格はすべて税抜きです。

発行　新世社　　　　　発売　サイエンス社